无线电科技活动辅导用书

经典电子设计与实践 DIY2

周宝善　编著

中国科学技术出版社
·北　京·

图书在版编目（CIP）数据

经典电子设计与实践 DIY2/周宝善编著. —北京：中国科学技术出版社，2021.2
无线电科技活动辅导用书
ISBN 978-7-5046-8851-4

Ⅰ.①经… Ⅱ.①周… Ⅲ.①无线电电子学—电路设计 Ⅳ.①TN014

中国版本图书馆 CIP 数据核字（2020）第 199304 号

策划编辑 王晓义
责任编辑 浮双双
封面设计 孙雪骊
责任校对 邓雪梅
责任印制 徐 飞

出　　版 中国科学技术出版社
发　　行 中国科学技术出版社有限公司发行部
地　　址 北京市海淀区中关村南大街 16 号
邮　　编 100081
发行电话 010-62173865
传　　真 010-62179148
网　　址 http://www.cspbooks.com.cn

开　　本 787mm×1092mm 1/16
字　　数 310 千字
印　　张 12
版　　次 2021 年 2 月第 1 版
印　　次 2021 年 2 月第 1 次印刷
印　　刷 北京荣泰印刷有限公司
书　　号 ISBN 978-7-5046-8851-4/TN·52
定　　价 48.00 元

前　言

电子科技在日常生活中已是越来越重要了。然而，一些家长、老师对学生的电子科技专业学习、培训辅导常常会力不从心。学生在中小学期间经常会遇到一些与电子科技相关的问题。家长和老师如何解答学生提出的问题，需要买些什么书籍，讲哪些知识，如何激发学习兴趣才能让学生对电子科技津津乐道、乐此不疲，成为关注的焦点。

研究表明：学生最喜欢的电子科技普及活动方式是自己动手制作一些有趣好玩的电子作品，确保制作成功。

此前，笔者编写了一本《经典电子设计与实践 DIY》，教学生动手制作 50 多种经典电子小制作，确保制作获得成功。结果，许多学生对电子制作产生了兴趣，希望笔者能继续开发更多的电子制作作品，并能编写一本面向初学者、浅显易懂的电子科普用书。

时隔 10 年，笔者根据多年的教学经验和制作实践编写了《经典电子设计与实践 DIY2》，目的仍然是激发在校中小学生学习电子科技的兴趣、培养动手实践的能力。希望他们在老师的辅导下，在家长的帮助下，真正地动起手来，通过制作一系列从简单到复杂的电子制作作品，培养科技兴趣，增长专业才干，练就过硬本领，为实现中华民族伟大复兴做好素质和能力储备，有朝一日能成为对国家和社会有用的栋梁之材！

与《经典电子设计与实践 DIY》不同的是，本书讲述了电子爱好者应了解的相关知识、受关注的热点话题，并收录了一些深受喜爱的电子制作实例。本书的主要特点是：

（1）深入浅出，通俗易懂

本书以讲故事方式呈现若干电子科技趣事，从目标问题开始，厘清研究思路，再现发生背景，最终得出解决方案。突出演示实验和动手实践，让学生在动手制作中，找到成功自信，体验兴奋快乐，在提高动手能力的同时，激发长久学习的兴趣与动力。在相关专业知识讲解过程中，本书力求生活化、口语化，以方便初学者学习使用。

（2）联系实际，学以致用

本书尤其注重理论联系实际，知识学以致用。电是什么？电从哪里来？电能如何输送？如何预防触电？这些电子科技知识无不与日常生活息息相关。动手做系列制作实例，创新设计理论辅导，让学生在知识应用中感到知识可贵，学有所用。另外，本书还列举了一些国内外重大的科技成就，以激发学生学习科技的自豪感与坚定献身科研的理想信念。

（3）切实可行，行之有效

本书收录的演示实验和制作实例，均经过笔者多年教学实践反复检验，证明确实可行有效，利于学生在动手制作中找到快乐、自信，从而激发长久学习的兴趣与热情，进而快速提升动手实践能力及发明创造能力。

笔者以为，电子爱好者，尤其是初学者，应了解的电子科技知识包括：

（1）电源与电能

电是什么？对于大多数中小学生来说，即使学习多遍，也还是不好理解。原因是：电这种东西看不见、摸不着，不知道该如何探究学习。面对这种情况，与其死记硬背结论，倒不如结合实际、动手实践。比如，大家对于摩擦起电现象是非常熟悉的，由此探究“电荷间相互作用”是比较容易的。借助高压静电实验箱，学生们了解一些简单的电现象、电学特性，可以说是一种极好的探究学习方式，而且还能很好地激发学习理论的兴趣与动手实践的热情。而“电从哪里来？发电机如何发电？电能如何输送？”这些问题涉及更多更深奥的电学概念及规律，它们又只是复杂抽象的电学体系中的冰山一角。如何在较短时间内快速了解？笔者的做法是：采用大量简明扼要的图片、生动形象的动画、短小精干的视频方式，让学生形象直观地去了解、去发现。

（2）电学科学家

为纪念伏特、安培、欧姆、法拉第等电学科学家，人们将他们的名字当作电学中电压、电流、电阻、电容等物理量的单位名称。本书介绍这些科学家对电学理论做出过的重大贡献。也介绍了在网络高速发展的今天，面对众多搜索到的网上资料，如何快速学习、简单了解。笔者的做法是：节选科学家一小段人生趣事，了解可贵的科学精神与品质，精选重大科学成就，学习电学知识。这些做法比较切实可行、简单有效。

（3）家用电器

家用电器是生活中不可或缺的好帮手。你知道的家用电器有哪些？分为哪几类？你喜欢什么样的家用电器？你会正确使用家用电器吗？调查显示：大多数中小学生对这些问题很少深入地、系统地思考，更不用说了解掌握这些家用电器的工作原理、发明创新一些实用的新型家用电器。究其原因，学生们不懂电学知识、不懂电子技术。笔者的做法是：以“你喜爱的家电”为题展开充分讨论，辅之以《电视机的发明》《电冰箱工作原理》视频短片，拓宽学生对家用电器的电学知识、电子技术的重要性了解，扩大知识面，增强求知欲。

（4）安全用电

多数中小学生基本不了解电。电对于他们来说，是一片神秘莫测、充满迷茫的未知世界。为什么这么说呢？这是因为电非常抽象，不好理解。而且，电是一种有危险的东西。许多家长自己不懂电，于是禁止孩子触碰电。因此，许多中小学生对于一些新型电器设备视而不见、听而不闻了，不知所以、不敢触碰。笔者的做法是：引领学生实地考察家庭电路组成、了解电能表和断路器的作用与工作原理；现场体验真实的触电实验（在保证安全的前提下），增强在生活中自觉加强安全用电意识；通过播放幻灯片方式，向学生展示一幅幅生动逼真的安全用电漫画图片，以直观了解一些安全用电常识。

（5）电子制作

运用电烙铁动手成功制作一件又一件简单有趣的电子小制作，对于绝大多数中小学生来说，是一件非常值得期盼的事。因为制作成功可大大增强他们学习的自信心、好奇心、成就感，进而激发学习主动性与积极性。问题是：如果没有人教会运用电烙铁、偏口钳等工具，如果动手制作过程中被烫伤或者制作不能成功，那么，他们很可能一辈子都不会动手做电子制作品，更不用说对电子制作产生什么兴趣。笔者的做法是：教会规范使用工具，设计系列简单有趣的电子制作实例，让学生对电子制作有丰富、具体、直观的认识，为深入学习电子技术奠定基础。

（6）集成电路

什么叫集成电路？集成电路分为哪几类？常见集成电路有哪些？这些知识对于绝大多数成年人来说都算是高深莫测，更不用说中小学生了。然而，集成电路由于具有体积小、重量轻、寿命长、可靠性好、成本低、便于大规模生产等特点，在现代信息社会中、在各行各业中正发挥着极其重要的作用，因此，很有必要较为系统地了解一下。笔者的做法是：通过集成电路专题视频介绍集成电路特点、生产工艺、作用，让学生对集成电路加工制造、功能优点有一个较直观的认知，然后讲解集成电路概念、分类，列举常见的典型集成电路应用，方便学生学有所用、学以致用。

（7）发明创新

培养学生的创新精神和创新能力，是素质教育和创新教育的核心与宗旨。如何培养中小学生发明创新意识、创新精神，提升动手实践能力、发明创新能力？这是一个非常值得深入研究的课题。笔者选取“爱迪生发明电灯”这一最为典型的发明事件，辅之以《“发明大王”爱迪生发明电灯》视频短片展开学习，目的是启发中小学生要像爱迪生那样认真做事、追求完美、不辞艰辛、精益求精搞发明。同时，了解发明的新颖性、实用性、创造性三大特征，了解发明创新的重要意义，以及电灯的发明历程，以此领会“发明没有最好，只有更好”的思想。

（8）发明创造

什么叫发明创造？为什么要发明创造？如何去发明创造？改变世界的高新科技发明有哪些？中华人民共和国成立后取得哪些重大科技成就？关于这些问题，很显然不能三言两语说得清楚。笔者以《创造美好明天》为题，简明扼要地述说了发明创造概念、特征、重要性，并列举若干典型发明事件，以讲述发明创造方法。目的是：提出问题来思考，激发学生发愤图强，希望在今后的学习工作中有意识、有目的地努力奋斗，取得更大进步，自发投入到发明创造大军中去，为明天生活更加美好做出应有的贡献！为实现中华民族伟大复兴梦努力奋斗！

据了解，电子制作深受电子爱好者喜爱，然而，家长、学校、社会更希望学生发明创新。试想，如果没有电子爱好者对电子制作的喜爱，就一定不会有在电子科技上发明创新的学生。

我们经常讲素质教育、科教兴国。中国科学院、中国工程院院士师昌绪认为，让青少年对科学感兴趣，是提高民族科学素质、使我国从大国走向强国的必由之路。

当前，科普的首要任务是从小培养青少年对科学的兴趣，启发好奇心，激发对科学的热爱，引导孩子从小就想着如何充分发挥自己的聪明才智。开展系列有趣好玩的电子制作，辅之以必备的理论知识探究学习，是培养、启迪广大在校中小学生热爱电子科技的有效途径。

大多数中小学生由于没有看见过、接触过电子制作，如果没有老师或家长引导，很可能他们一辈子也不会去了解。然而，一旦有人稍加引导，即便是小学一年级的学生，也是可熟练掌握电子制作的基本技能与技巧的。尤其是在学习焊接实践的最初阶段，精心选择一件难度适中、有趣好玩的制作实验，确保安全成功地完成制作，获得成功的学生很可能喜欢上电子制作。精选系列经典电子制作，让他们一次又一次获得成功，就可以大大激发学习兴趣，增强动手实验能力，为今后运用知识解决实际问题、发明创新奠定坚实基础。

书中所有的单片机程序均经作者在 WindowsXP 及以上版本操作系统通过伟福 V 系列仿真器集成调试软件编译验证成功。

由于作者学识有限，书中难免有错误和不尽如人意之处，敬请有关专家与广大读者批评指正。

目录 CONTENTS

第1章 无线电的秘密 …… **1**

第1节 初探电的世界 …… **1**

一、电是什么 …… 1

二、电与电之间的作用 …… 2

三、验电器 …… 4

四、电源 …… 5

五、电能 …… 5

六、高压静电实验 …… 7

第2节 耐人寻味的规律 …… **10**

一、伏特与伏打电堆 …… 10

二、安培与安培定则 …… 13

三、欧姆与欧姆定律 …… 14

四、法拉第与电磁感应定律 …… 16

第3节 走近身边的家电 …… **18**

一、家用电器 …… 18

二、电视机、电冰箱、洗衣机 …… 23

三、家用电器使用常识 …… 25

第4节 安全用电常识 …… **27**

一、家庭电路 …… 27

二、预防触电 …… 30

三、安全用电注意事项 …… 33

第5节 绝对简单的制作 …… **35**

一、电子焊接基础知识 …… 35

二、规范使用焊接工具 …… 35

三、动手做简单的制作 …… 37

四、面包板实验 …… 39

五、万用表测量 …… 50

第 6 节　规模庞大的电路 …… 62
一、集成电路 …… 62
二、集成电路的类型 …… 62
三、555 时基集成电路 …… 63
四、运算放大器 …… 63
五、三端集成稳压器 …… 65
六、功放集成电路 …… 66
七、AT89C2051 单片机 …… 68
八、其他常用集成电路 …… 69
第 7 节　精益求精的发明 …… 72
一、电灯是谁发明的 …… 72
二、爱迪生发明电灯 …… 72
三、白炽灯、荧光灯与 LED 灯 …… 73
四、创新设计台灯 …… 74
第 8 节　创造美好的明天 …… 76
一、发明、创造、创新与发现 …… 76
二、改变世界的高新科技发明 …… 78
三、中华人民共和国成立后的重大科技成就 …… 81
四、学会发明创造，创造美好明天 …… 85
第 2 章　经典电子电路设计实例 …… 88
一、变色灯 …… 88
二、爱心灯 …… 88
三、助听器 …… 89
四、风力小车 …… 90
五、电子风车 …… 91
六、电子骰子 …… 92
七、幸运转盘 …… 93
八、FM 收音机 …… 94
九、变色鱼灯 …… 94
十、USB 充电器 …… 95
十一、警笛发声器 …… 96
十二、20 秒录音机 …… 96
十三、SL8002 功放 …… 97
十四、TDA1517P 功放 …… 97
十五、锂电池保护器 …… 98
十六、NE555 光电开关 …… 99
十七、风雨报警测谎器 …… 100

十八、带喇叭的 FM 收音机 …… 100
十九、TL431A 可调稳压电源 …… 101
二十、LM317 可调稳压电源 …… 102
二十一、单片机七彩灯 …… 103
二十二、单片机跑马灯 …… 106
二十三、单片机摇摇棒 …… 108
二十四、单片机电子骰子 …… 115
二十五、单片机幸运转盘 …… 120
二十六、单片机光电开关 …… 127
二十七、单片机寻迹小车 …… 128
二十八、单片机五路抢答器 …… 132
二十九、单片机五键密码灯 …… 135
三十、单片机步行节拍器 …… 138
三十一、单片机摩尔斯电码灯 …… 139
三十二、单片机程控音乐播放器 …… 142
三十三、单片机可控音乐播放器 …… 156
三十四、单片机限时 1min 提醒器 …… 166
三十五、单片机 99min 可调定时器 …… 168
三十六、单片机 4 位数字显示电子表 …… 171

参考文献 …… 178

后记 …… 179

第1章　无线电的秘密

第1节　初探电的世界

一、电是什么

公元前585年，希腊哲学家泰勒斯无意中发现了一种很神奇的现象，就是用布、木块摩擦过的琥珀，能吸引羽毛、碎草片等轻小物体。

实验1：两种不同物质互相摩擦吸引羽毛、碎纸片

实验器材：橡胶棒、玻璃棒、丝绸、毛皮、泡沫塑料（注：泡沫塑料是由大量气体微孔分散于固体塑料中而形成的一类高分子材料，具有质轻、隔热、吸音、减震等特性，广泛用做绝热、隔音、包装材料及制车船壳体等）、玻璃板、气球、羽毛、碎纸、细棉线、头发丝。

实验方法：

1. 用丝绸快速摩擦玻璃棒，如图1.1.1所示。然后，用玻璃棒吸引羽毛、碎纸片。
2. 用毛皮快速摩擦橡胶棒，用橡胶棒吸引羽毛、碎纸片。
3. 用泡沫塑料快速摩擦玻璃板，再用泡沫塑料吸引羽毛、碎纸片。

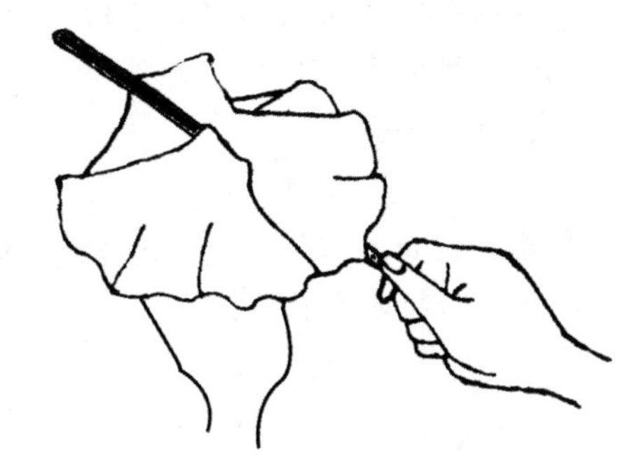

图1.1.1　用丝绸摩擦玻璃棒

实验结果：

1. 玻璃棒（能、不能）吸引羽毛、碎纸片。
2. 橡胶棒（能、不能）吸引羽毛、碎纸片。
3. 泡沫塑料（能、不能）吸引羽毛、碎纸片。

思考题：

1. 怎样做，能吸引羽毛、碎纸片？
2. 除了能吸引羽毛、碎纸片，还能吸引什么？

人们把能吸引轻小物体的物质叫作电，通过摩擦方式使物体带电叫摩擦起电。

1660年，德国马德堡市市长盖利克用硫黄制成形如地球仪的球体，用干燥的手掌摩擦转动球体，发明了第一台摩擦起电机。

思考题：

1. 在元旦联欢会上，同学们把五颜六色的气球与窗户上的玻璃或黑板摩擦几下后，气球就会被玻璃和黑板“粘”住，不会掉下来，这是为什么？

2. 在天气干燥的冬天，用塑料梳子梳头，头发有时会随塑料梳子上下飞舞，这是为什么？

3. 用塑料笔杆在头发上快速摩擦几下，塑料笔杆可吸引碎纸片，这是为什么？

4. 将两个气球充气后挂起来，如图 1.1.2 所示，用羊毛衣摩擦其中的一个气球，然后将两个气球撞在一起，松开手后，发现这两个气球不再“粘”在一起了，这是为什么呢？

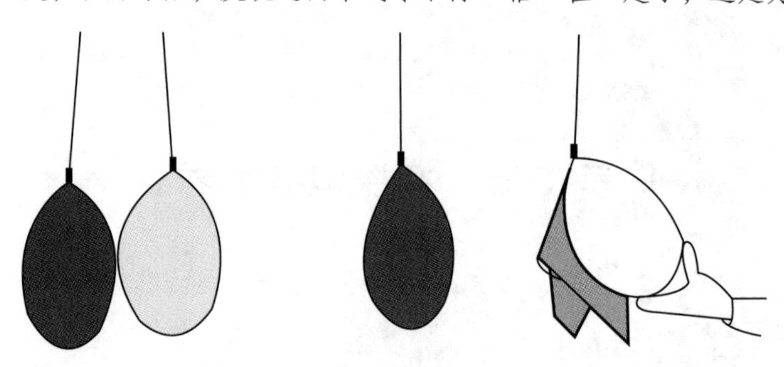

图 1.1.2　两个气球不再“粘”在一起

二、电与电之间的作用

1733 年，法国人迪费发现，任何两个物体互相摩擦都可以起电。玻璃上带的电叫“玻璃电”，树脂带的叫“树脂电”。“玻璃电”与“玻璃电”互相排斥，“树脂电”与“树脂电”也是互相排斥。但“玻璃电”与“树脂电”互相吸引。

实验 2：电与电之间的作用

实验器材：橡胶棒（2 根）、玻璃棒（2 根）、丝绸（1 块）、毛皮（1 块）、铁架台（2 个）、细棉线（2 根）、泡沫塑料、玻璃板、气球、羽毛、碎纸、头发丝。

实验方法：

1. 先将玻璃棒用细棉线悬挂在左边的铁架台上，再将橡胶棒用细棉线悬挂在右边的铁架台上，如图 1.1.3 所示（注意：细棉线只有系在玻璃棒或橡胶棒正中央，玻璃棒或橡胶棒才能保持水平状态）

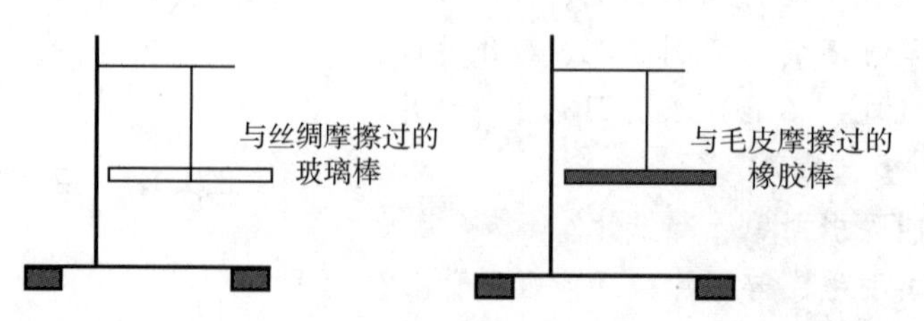

图 1.1.3　将玻璃棒和橡胶棒用细棉线分别悬挂在两铁架台上

2. 先用丝绸快速摩擦左边的铁架台上的玻璃棒，再用毛皮快速摩擦右边的铁架台上的橡胶棒。注意：摩擦后，抽出棒的速度要快。

3. 先用丝绸快速摩擦另一根玻璃棒，再用另一根玻璃棒靠近左边的铁架台上的玻璃棒，观察铁架台上的玻璃棒有没有反应？

4. 先用丝绸快速摩擦另一根玻璃棒，再用另一根玻璃棒靠近右边的铁架台上的橡胶棒，观察铁架台上的橡胶棒有没有什么反应？

5. 先用毛皮快速摩擦另一根橡胶棒，再用另一根橡胶棒靠近左边的铁架台上的玻璃棒，观察铁架台上的玻璃棒有没有什么反应？

6. 先用毛皮快速摩擦另一根橡胶棒，再用另一根橡胶棒靠近右边的铁架台上的橡胶棒，观察铁架台上的橡胶棒有没有什么反应？

7. 先用泡沫塑料摩擦玻璃板，再用泡沫塑料靠近左边的铁架台上的玻璃棒，观察铁架台上的玻璃棒有没有什么反应？

8. 先用泡沫塑料摩擦玻璃板，再用泡沫塑料靠近右边的铁架台上的橡胶棒，观察铁架台上的橡胶棒有没有什么反应？

实验结果：

1. 玻璃棒与玻璃棒之间（互相吸引、互相排斥、无反应）。
2. 玻璃棒与橡胶棒之间（互相吸引、互相排斥、无反应）。
3. 橡胶棒与玻璃棒之间（互相吸引、互相排斥、无反应）。
4. 橡胶棒与橡胶棒之间（互相吸引、互相排斥、无反应）。
5. 泡沫塑料与玻璃棒之间（互相吸引、互相排斥、无反应）。
6. 泡沫塑料与橡胶棒之间（互相吸引、互相排斥、无反应）。

思考题：

1. 同种电荷（带电的物体）之间，互相吸引、互相排斥、无反应？
2. 异种电荷之间，互相吸引、互相排斥、无反应？
3. 泡沫塑料带的电与玻璃棒带的电相同还是不同？理由是什么？
4. 泡沫塑料带的电与橡胶棒带的电相同还是不同？理由是什么？
5. 自然界有没有与玻璃棒带的电、与橡胶棒带的电都不同的电？

自然界只有 2 种电。科学家们规定：丝绸摩擦过的玻璃棒带的电为正电，毛皮摩擦过的橡胶棒带的电为负电。电荷间互相作用规律是：同种电荷互相排斥，异种电荷互相吸引，如图 1.1.4 所示。

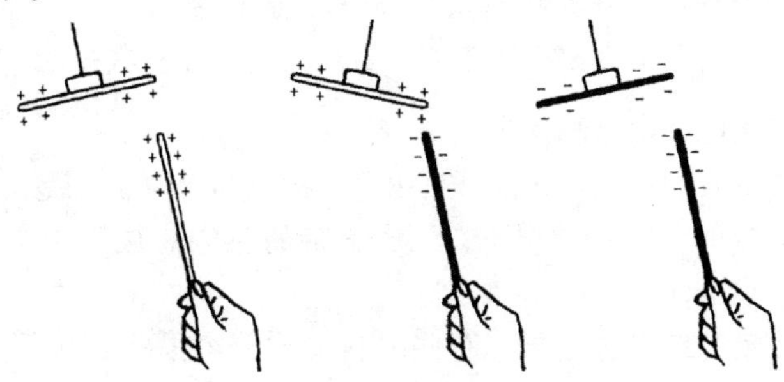

图 1.1.4　电荷间相互作用

三、验电器

1. 验电器结构：由金属球、金属杆、金属箔和外壳组成，如图 1. 1. 5 所示。

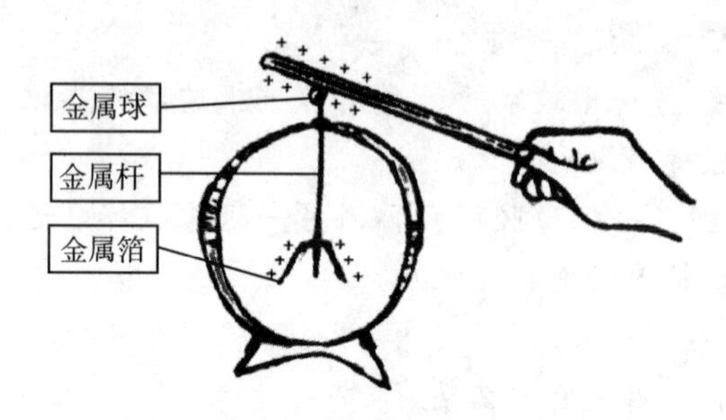

图 1. 1. 5　验电器结构示意

2. 验电器作用：检验物体是否带电。如果被检验的物体带电，验电器的金属箔由闭合状态变为张开状态；反之，如果被检验的物体不带电，验电器的金属箔不发生变化。

3. 验电器的工作原理：同种电荷，互相排斥。

实验 3：用验电器检验物体是否带电

实验器材：橡胶棒、玻璃棒、丝绸、毛皮、验电器。

实验方法：

1. 用手接触验电器的金属球，使验电器的金属箔处于闭合状态。
2. 用丝绸快速摩擦玻璃棒，再用玻璃棒接触验电器的金属球，观察金属箔状态。
3. 用手接触验电器的金属球，使验电器的金属箔处于闭合状态。
4. 用毛皮快速摩擦橡胶棒，再用橡胶棒接触验电器的金属球，观察金属箔状态。
5. 再一次用丝绸快速摩擦玻璃棒，将玻璃棒接触验电器的金属球，观察金属箔状态。

实验结果：

1. 用丝绸快速摩擦玻璃棒，用玻璃棒接触验电器的金属球：接触前，验电器的金属箔处于闭合状态；接触后，验电器的金属箔处于（闭合状态、张开状态）。

2. 用毛皮快速摩擦橡胶棒，再用橡胶棒接触验电器的金属球：接触前，验电器的金属箔处于闭合状态；接触后，验电器的金属箔处于（闭合状态、张开状态）。

3. 再一次用丝绸快速摩擦玻璃棒，再用玻璃棒接触验电器的金属球：接触前，验电器的金属箔处于（闭合状态、张开状态）；接触后，验电器的金属箔（保持闭合状态、保持张开状态、由张开变闭合、由闭合变张开、由张开变闭合再张开）。

问题：摩擦能产生电，电从哪里来？

近代科学研究告诉我们：任何物体都是由原子构成的。原子又是由带正电的原子核和核外带负电的电子组成的。通常情况下，原子核带的正电荷数等于核外电子带的负电荷数，因此整个原子不显电性。

由于有些材料比较容易失去电子，有些材料又比较容易得到电子，在摩擦起电过程中，失去电子的物体呈现出带正电状态，得到电子的物体呈现出带负电状态。

摩擦起电原因是：在摩擦过程中电子发生转移，失去电子的物体带正电，得到电子的物体带负电。

不同的物质摩擦，电子发生转移顺序如下：

⊕空气→人手→石棉→兔毛→玻璃→云母→人发/尼龙/羊毛→铅→丝绸→铝/纸→棉花→钢铁→木→琥珀→蜡→硬橡胶→镍/铜→黄铜/银→金/铂→硫黄→人造丝→聚酯→赛璐珞→奥纶→聚氨酯→聚乙烯→聚丙烯→聚氯乙烯→二氧化硅→聚四氟乙烯⊖

比如：玻璃棒跟丝绸摩擦，玻璃棒上的电子转移到丝绸，玻璃棒失去电子而带正电，丝绸得到电子而带负电。兔毛皮跟硬橡胶棒摩擦，兔毛皮的电子转移到橡胶棒上，兔毛皮失去电子而带正电，橡胶棒得到电子而带负电。

四、电源

运用摩擦的方法可以产生电、获得电。但是，运用摩擦获得的电通常为静电，而且数量有限。如何能产生并获得源源不断、取之不尽、用之不竭的电呢？

1800 年，意大利物理学家伏特发明了一种可源源不断提供电的装置。这个装置的名称叫伏打电堆（注："伏特"与"伏打"为同一人，由于音译缘故）。

伏打电堆实质上是一种电池，和我们在日常生活中使用的干电池、蓄电池和手机上的锂电池工作原理一样，都是将化学能转换为电能，都能提供稳定的、持续的电流。

1831 年，英国物理学家、化学家法拉第发现电磁感应现象，发明了第一台发电机。他将一个封闭电路中的导线穿过电磁场，转动导线，电路中便有电流通过。后来，法国人皮克希、德国人韦纳 · 冯 · 西门子、意大利人帕其努悌、比利时人格拉姆对发电机做了大量重要改进，使得发电机性能越来越好，输出功率越来越大。

发电机产生的电，有的电流方向不随时间变化，这种电流叫直流电，这种发电机叫直流发电机；有的电流方向随时间周期性变化，这种电流叫交流电，这种发电机叫交流发电机。

发电机是基于电磁感应现象、将机械能转换为电能的装置。发电机也能提供稳定的、持续的电流。

电源是提供电能的装置，如干电池、蓄电池、锂电池、发电机、太阳能电池、燃料电池。

问题：在日常生活中，电能从哪里来？

（1）来自各式各样的电池。

（2）来自不同种类发电站的发电机。

比如：水力发电站（此类发电站污染小，环保）、风力发电站（此类发电站污染小，环保）、火力发电站（此类发电站污染大，可导致大气污染、固体废物污染、水污染和热污染等，需做好一系列环保措施）及核电站（此类发电站不会造成空气污染，但热污染及放射性污染严重，需慎重处理）。

五、电能

电荷定向移动形成电流。电流通过电动机可使电动机转动；电流通过电烙铁可使电烙铁发热，这些现象是电流做功的表现。电流做功的本领即电能。电流做功时将电能转变成其他形式的能。

比如：电流使电灯发光，是将（　　）能转变为（　　）能。

电流使电风扇转动，是将（　　）能转变为（　　）能。

电流使电饭锅发热，是将（　　）能转变为（　　）能。

问题 1：用什么动力带动发电机转动呢？

比如：人力、水力、火力、风力、蒸汽机、内燃机……

很显然，用水力带动发电机转动是最佳选择。水力资源丰富，运转成本低，不消耗任何燃料，不污染环境。因此，在发电机发明后，水力发电工业得到迅速发展。

问题 2：如何将发电机发出的电能输送到远方的城市？

在水力发电工业，人们面临的最大难题是：水力发电厂通常建设在山川河流的上游，而需用电的工厂和居民在远方的大城市里。如何将发电机发出的电能输送到远方的城市？

（1）直接用电线输送电能行不行？

比如：发电机输出的电压为 100V，输送到 10km 远的城市，可得到的电压为 90V，输送到 50km 远的城市，可得到的电压为 50V，输送到 100km 远的城市，可得到的电压几乎为 0V。由此看来，直接用电线输送不可行，这是怎么回事？

这是因为输送电能的导线有电阻。当电流流过较长的导线时，长导线两端将损耗掉一部分电压，而且输送电的距离越远，长导线的电阻越大，长导线两端损耗电压越多。

实际上，直接用电线输送电能，最多只能输送 1km 远，而且电能损耗巨大。

（2）在输送电能过程中如何有效降低导线损耗的电压？

方法一：用特别粗的导线。这样做的好处是：可减小导线的电阻，从而减小导线两端损耗电压，但这需花费极昂贵的成本，根本不可能实现。

方法二：提高输送电压。这样做的好处是：可减小输送的电流，在导线的电阻不变情况下，导线两端损耗电压将减小。比如：输送电压升高 10 倍，输送的电流可减小为 1/10，输电导线损耗电压将减小为原来的 1/10，输电导线损耗电能将减小为原来的 1/100。

（3）如何升高、降低输电导线上的电压呢？

1868 年，英国物理学家格罗夫发明了世界上第一只交流变压器。交流变压器可十分方便地升高或降低交流电压。

1873 年，德国西门子公司的阿特涅发明了交流发电机。

1882 年，法国人高兰德和英国人吉布斯发明了将 3000V 变成 100V 的交流变压器。1884 年，他们在意大利都灵技术博览会成功展示了这种交流远距离输电技术，即将 3kV、30kW、133Hz 的交流电输送到 40km 远的地区。

这种以 3000V 电压输电方式与 100V 电压输电方式相比，输电电压高出 30 倍，输电电流降低为 1/30，输电导线损耗电能降低为 1/900。

现如今，采取高压交流电输送电能，距离长达 300km 远。

问题 3：交流电和直流电哪个更好？

交流电最大的好处是：运用变压器即可升高或降低交流电的电压，用于远距离传输电能，可节省大量传输线材，大大降低输电导线损耗电能。另外，交流发电机结构和制造成本大大优于直流发电机。

直流电最大的好处是：比较容易获得。比如：通过化学方式或太阳能可直接产生直流电。在许多用电场合下，交流电必须转换为直流电才能使用，比如：电视、电脑、手机、直流电机等。

在特定的应用场合下，交流电和直流电各有各的好处！

问题4：如何判断直流电和交流电？

方法一：用一只发光二极管与电阻器串联。

将串联有电阻器的发光二极管的两端分别连接电源的两极，然后将串联有电阻器的发光二极管的两端调换，再分别连接电源的两极。如果上述两种接法都能使发光二极管发光，表示电源为交流电。如果上述只有一种接法能使发光二极管发光，表示电源为直流电。

注：此方法适用于辨别电压为2～30V的电源，推荐使用0.25W 1kΩ电阻器。如图1.1.6所示。

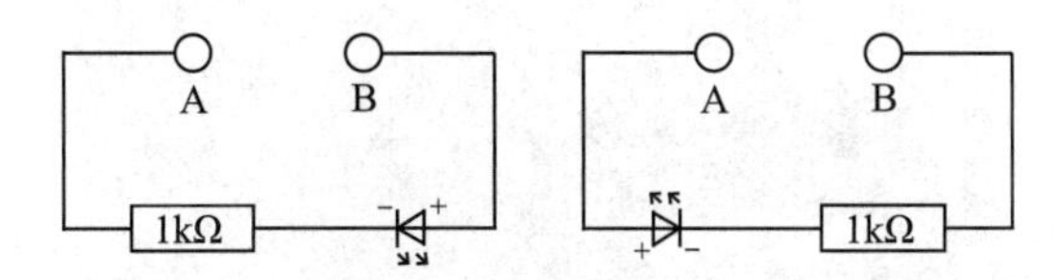

图1.1.6　辨别直流电与交流电的实验方法

方法二：用万用表测量电压。

使用直流档测试有效，为直流电；使用交流档测试有效，就是交流电。

方法三：用示波器测量波形。

直流电的波形为在基准线上方或下方有直线或曲线，交流电的波形为在基准线上方和下方都有直线或曲线。

六、高压静电实验

实验1：空气是否导电

实验器材：电子起电机、静电实验装置（注：此装置发明人朱国平，由北京日月星云科技发展公司制造，经反复实验，能确保实验成功，确保使用安全）。

思考题：

1. 大家见到的导线最外层通常是塑料或橡胶，最里面是金属铜或铝，这是为什么呢？

2. 人们根据物质是否容易导电（注：常温环境下），将容易导电的物质叫导体，比如：金属、石墨、人体、大地、酸碱盐的水溶液（注：水银是液态的金属）；将不容易导电的物质叫绝缘体，比如：陶瓷、玻璃、橡胶、塑料、油、蒸馏水（注：蒸馏水是用蒸馏方法制备的纯水）、干木头等［注：自然界中的矿泉水内含有钙、镁、铁等多种盐，还含有机物、微生物、溶解的气体（如二氧化碳）和悬浮物等，不属于纯净水］；导电性能介于导体与绝缘体之间的物质叫半导体，比如：半导体硅。问题是：导体、绝缘体和半导体哪一类材料更有用呢？

3. 潮湿的木棍是导体吗？潮湿的空气是导体吗？干燥的空气能导电吗？玻璃能导电吗？导体是导电的物体，绝缘体是不导电的物体，对吗？

特别说明：潮湿的木棍是导体，潮湿的空气是绝缘体。比如：下雨天，人们从高压电线下走过，却不会直接触电，就是因为潮湿的空气是绝缘体（注：如果高压电线距离地面较近，仍会因高压电场导致电击现象发生）。

然而，在特定条件下，空气也能导电。比如：闪电，就是一种空气导电现象。又比如，电子起电机将电压升高至10000V时，可见电极之间的空气出现连接的放电火花，如图1.1.7所示。这都说明空气能导电。将玻璃加热至红炽状态（约800℃），玻璃也能导电。

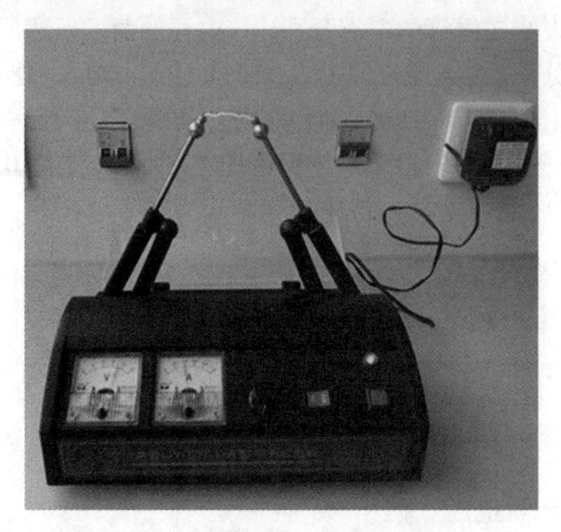

图1.1.7　电子起电机高电压放电实验

在日常生活中，我们应特别警惕那些不容易导电的物体导电，以避免重大安全事故。

实验2：酒精燃爆实验

实验器材：酒精，其他同实验1。

特别说明：酒精，化学名称为乙醇，容易燃烧，是常用的燃料、溶剂和消毒剂，也用于制取其他化合物。医用酒精含酒精浓度约75%，工业酒精含酒精浓度95%～99%。本实验使用的是含酒精浓度95%工业酒精。实验时，用棉花浸泡少许工业酒精，在阻燃塑料瓶内壁擦拭一圈，然后盖上密封盖子，在气温较冷的情况下，可用暖和的热手紧握塑料瓶，使瓶内酒精液体受热变成酒精蒸气。接下来，用两根导线将塑料瓶上的两放电金属片分别与电子起电机两高压电极连接，如图1.1.8所示。

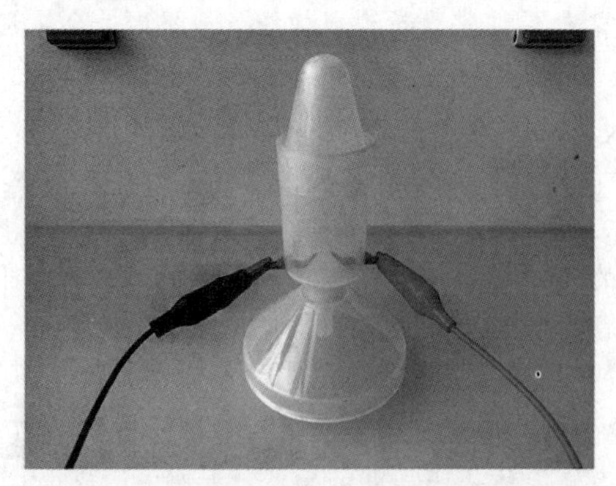

图1.1.8　高压静电引爆酒精蒸气实验

连接前，请将两高压电极事先用导线短路一下，避免残余高压静电放电。注意：在接通电子起电机电源开关前，要做好安全预案。比如：避免酒精燃爆时，塑料瓶盖伤人。确保无安全隐患后，接通电子起电机电源开关。这时，塑料瓶内酒精气体瞬间燃爆，“砰”的一声将塑料瓶盖冲开，飞至天花板，弹射到教室某个角落。同时，可见塑料瓶内闪现一小团火光周围伴随有少量白气。本实验目的是：说明酒精极易燃烧，使用时必须小心。另外，汽车发动机点火系统就是运用高压电火花引燃汽油，推动汽车发动机运转的。

实验 3：静电吸引实验

实验器材：泡沫塑料球，其他同实验 1。

特别说明：将球形泡沫塑料放置在实验盒内，如图 1.1.9 所示。

图 1.1.9　泡沫塑料球被静电吸引实验

用两根导线将实验盒两侧金属板分别与电子起电机两高压电极连接。接通电子起电机电源开关，调整输出电压，可见泡沫塑料球在实验盒内的两侧金属板之间来回滚动，而且，随输出电压变化，来回滚动速度也将随之发生变化。此实验说明，电是一种具有吸附轻小物体的物质。

实验 4：高压静电置绒实验

实验器材：绒毛，其他同实验 1。

特别说明：将红色或其他颜色绒毛放置到静电置绒实验盒内，如图 1.1.10 所示。

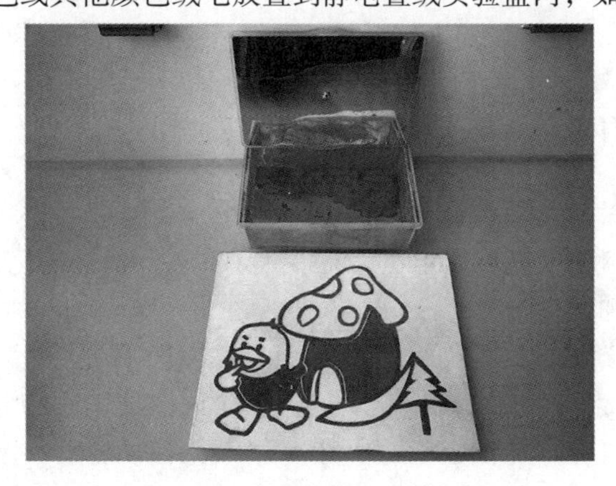

图 1.1.10　高压静电置绒实验

将不干胶贴画揭去部分区域盖在实验盒上方。注意：有不干胶一侧朝向实验盒内。然后，盖上实验盒上盖。实验盒上盖和下底均覆盖有一层金属板。用两根导体将实验盒上盖和下底金属板分别与电子起电机两高压电极连接。之后，接通电子起电机电源开关，调整输出电压，可见绒毛被吸附至上盖，不干胶贴画露出不干胶区域粘住绒毛，形成均匀细密的绒毛群，就好像是被种植上一片整齐的绒毛。此实验目的是用于说明工厂静电置绒原理。

实验5：高压静电除尘实验

实验器材：香柱，其他同实验1。

特别说明：将点燃冒烟的香柱放置到静电除尘实验盒内，如图1.1.11所示。

图1.1.11　高压静电除尘实验

将静电除尘实验盒内两根金属柱用两根导体分别与电子起电机两高压电极连接。接通电子起电机电源开关，调整输出电压，可见实验盒内上升的烟尘变少，甚至完全消失。此实验目的是用于说明工厂静电除尘原理。

第2节　耐人寻味的规律

一、伏特与伏打电堆

1. 伏特

1745年，亚历山德罗·伏特出生在意大利科莫一个非常富裕的天主教家庭里。伏特小的时候特别喜爱读书和做实验。

1791年，伏特看到伽伐尼写的一篇名为《蛙腿实验》的文章。伽伐尼说：我把青蛙剥皮后，用各种金属接触青蛙的小腿，没想到青蛙的小腿都会抽动起来，好像活的一样，而且，在使用某些金属时，收缩尤其强烈。然而，使用诸如玻璃、橡胶、松香、石头和干木头，青蛙的小腿则不会产生任何反应。

伏特对这篇文章很感兴趣，于是开始动手实验。他把两种不同金属相互接触后放在舌头上，而不是青蛙的大腿上，结果舌头产生了一种极特殊的感觉，有的是酸味，有的是咸味，咸得有点发苦，有的特别的麻，特别的涩。伏特认为，这是一种放电现象，蛙腿收缩是放电的另一种表现，两种不同金属的接触是产生电现象的真正原因。

1800 年，伏特在给英国皇家学会会长约瑟爵士的一封信中，向世人公开了他最为神奇的发明——伏打电堆。

伏特在水平桌面上放置一块圆形银板和一块圆形锌板，然后再放上一块浸盐的布片，这是第一层；接下来，在布片上方再放置一块圆形银板和一块圆形锌板，以及一块浸盐的布片，这是第二层；如此，以同样的方式，放置 50 ~ 60 层，就形成了一个高到不至于自己垮下来的圆柱，结果是这个堆的一端带正电，另一端带负电，这就是伏特发明的伏打电堆。

伏特的这一发明在当时引起极大的轰动，因为它是第一个能产生稳定、持续电流的装置。有了较大的持续的电流（比从静电起电机上得到的电流强度大上千倍），人们可进行各种电学实验研究。因此，科学界用他的姓氏“伏特”作为电势、电势差（电压）的单位。

1782 年，伏特被选为法国科学院的通讯院士。

1791 年，伏特被聘为英国皇家学会会员。

1794 年，伏特因创立伽伐尼电的接触学说获英国皇家学会颁发的科普利奖章。

1801 年拿破仑一世召他到巴黎表演伏打电堆实验并授予他金质奖章和伯爵称号。

2. 伏打电堆的发明与革新

1600 年，英国科学家吉尔伯特发明了验电器，为电的研究提供了检验装置。

1660 年，德国马德堡市市长盖利克发明了第一台摩擦起电机。

1732 年，美国科学家富兰克林提出“电流”的概念，认为电是一种没有重量的流体。他曾冒着生命危险证明天上雷电和地上琥珀电是同一回事。

1746 年，荷兰莱顿大学物理学教授马森布罗克研制出可以存储静电的莱顿瓶。

1767 年、1785 年，蒲力斯特里与库仑分别发现了静态电荷间的作用力与距离平方成反比的定律。

1786 年，意大利物理学家、医生伽伐尼在实验室解剖青蛙时发现，用刀尖触碰剥了皮的蛙腿上外露的神经，蛙腿会剧烈地抽动，同时出现电火花，他认为动物身体上存在“动物电”。

1799 年，意大利物理学家伏特把锌环放在铜环上（银环上更好），再放置一块浸有盐水的纸，然后再放上锌环、铜环和一块浸有盐水的纸，如此重复堆放，便产生了明显的电流，堆放层数越多，产生的电流就越强，这便是伏打电堆。

伏特经过实验研究发现：不同金属相互接触时，表面就会产生不同的电荷。“锌、锡、铅、铜、银、金”这个序列中，排序在前的金属与排序靠后的金属相互接触时，总是排序在前的金属带正电，排序靠后的金属带负电。比如：在伏打电堆中，伏特认为锌板为电堆的正极，银板为电堆的负极（注：伏特序列结论不正确，正确的结论是：“锌、锡、铅、铜、银、金”这个序列中的两种金属相互接触时，排序在前的金属带负电，排序靠后的金属带正电）。

根据电化学反应理论，将两种活泼性不同的金属插入电解质溶液中，用导线连接起来，形成闭合回路，当金属发生氧化还原反应时，排序在前的、活泼性较强的金属（容易失去电子、流出电子）称为电池的负极，排序靠后的、相对不活泼的金属称为电池的正极。在伏打电堆中，圆形锌板和圆形银板夹着几张浸入盐水泡过的布片，银板为电堆的正极，锌板为电堆的负极。

1800 年 3 月 20 日，伏特正式对外宣布：电荷就像水一样，能在电线中流动，而且会由电压高的地方向电压低的地方流动，产生电流。

1836 年，英国科学家丹尼尔对“伏打电堆”进行改良：使用稀硫酸作电解液，解决了电池极化问题，制造出能保持平衡电流的锌铜电池。因为这种电池能充电，可以反复使用，所以称它为“蓄电池”。

1887 年，英国人赫勒森发明了干电池。这种电池的电解液为糊状，不会溢漏，便于携带，因此获得了广泛应用。

1890 年，发明大王爱迪生发明了可充电的铁镍干电池。

我们现在使用的干电池是用石墨棒作为电池的正极，用锌皮做外壳作为电池的负极，用糊状氯化铵作导电物质。

伏打电池的原理：不同的金属片插入电解质溶液中，一些金属更容易失去电子，形成电池的负极，这些金属在溶液中形成的阳离子在另一种金属表面得到电子，另一种金属形成电池的正极。

实验 1：自制水果电池点亮发光二极管

实验器材：水果 3 个（柠檬、酸橙、苹果、梨、菠萝都可以），光亮的铜片 3 片（铜丝也可以），镀锌的螺丝钉 3 颗（铝丝也可以），导线 4 根（最好两端带有夹子），发光二极管 1 个，小刀 1 把，钢丝球 1 个或细砂纸 1 张，电压表。

实验方法：

1. 用小刀小心地、缓慢地在 1 个水果上切开两个小口。然后，在其中一个小口处插入铜片，另一个小口处插入螺丝钉，做成了 1 个水果电池。

2. 然后，制作第 2 个和第 3 个水果电池。

3. 用导线 1 将发光二极管的正极与水果 1 上的铜片连接起来，用导线 2 将水果 1 上的镀锌与水果 2 上的铜片连接起来，用导线 3 将水果 2 上的镀锌与水果 3 上的铜片连接起来，用导线 4 将水果 3 上的镀锌与发光二极管的负极连接起来。如图 1.2.1 所示。

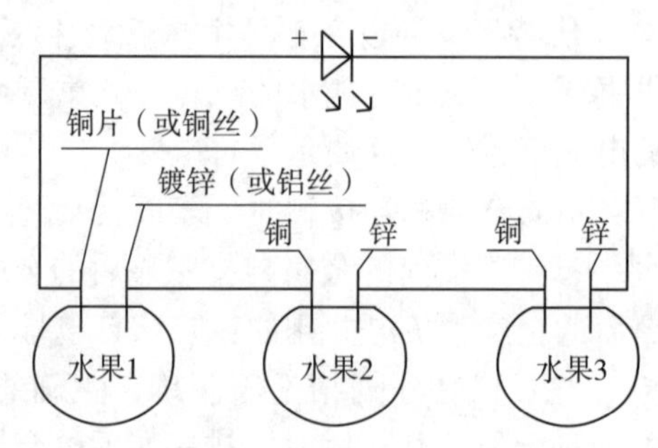

图 1.2.1　水果电池实验接线示意

实验结果：发光二极管（点亮，不亮）。

思考题：

1. 发光二极管不亮，是怎么回事？该怎么办？
2. 发光二极管点亮了，但不够亮，该怎么办？

二、安培与安培定则

1. 安培

从前，有一位长相帅气、衣着讲究的年轻小伙在街上一边走一边思考着什么问题。突然，他似乎想起什么重要的事情，又似乎正在找什么东西，样子十分着急。走在马路上的人们看见他有些异常，想看看这位帅哥究竟想干什么。过了一会儿，这位帅哥从口袋里掏出什么，跑到一辆马车的车厢背面像是要写什么字、画什么画。这位帅哥刚写一笔，那辆马车便要走了，帅哥说："呀！真怪呀！这黑板怎么会动啊！"于是，帅哥跟着马车向前走，一边走一边思考问题。后来，马车越走越快，帅哥跑得满头大汗。最后，帅哥实在追赶不上马车，仍旧一边跑一边喊："嘿！等一等！我的黑板！我的公式还没写完呢！"街上许多人看到他这个样子笑得前仰后合。

这个人做学问实在是太专注了，简直到了痴迷的程度。这位帅哥名叫安培，是法国物理学家。

1775 年，安德烈·玛丽·安培出生于法国里昂的一个富裕家庭。安培小的时候，父亲为他创建了一个藏书特别丰富的私人图书馆，所以他从小就博览群书。安培在学习和研究时，通常都是思想高度集中，神情极度专注，因此在他的生活中经常会发生类似上述那一幕忘我痴迷情景。

据说，为了专心研究问题，防止别人打扰他，安培曾在自己的家门口贴了一张"安培先生不在家"的字条。结果，当他返回家门口时，看见门上字条，转身走开了，还自言自语地说："噢！安培先生不在家，那我回去吧！"

安培对电磁学中的基本原理有重要发现，比如：安培定律（电流产生的磁场强度与电流强度成正比）、安培定则（直线电流产生的磁场方向与电流方向的关系、螺线管电流产生的磁场方向与电流方向的关系）、分子电流等。后来，人们为了纪念他，以他的名字作为电流强度单位。

2. 安培定则

1820 年，丹麦物理学家奥斯特发现通电导线的周围存在磁场。

实验 2：通电导线使静止的小磁针转动

实验器材：小磁针、铜导线、电池。

实验方法：

1. 在静止的小磁针上方放置一条导线，导线方向与小磁针平行。如图 1.2.2 所示。
2. 将导线两端连接到电池的正负极上约 2s 后断开。
3. 改变电池的正负极性，将导线两端连接到电池的正负极上约 2s 后断开。

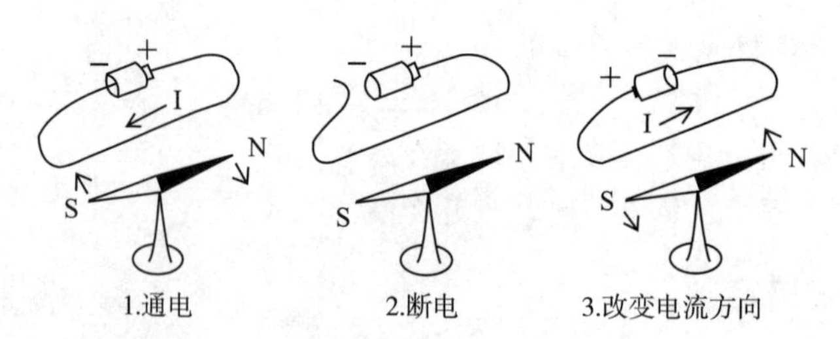

图 1.2.2　通电导线使静止的小磁针转动实验

实验结果：

1. 导线连接到电池的正负极上，小磁针（发生偏转，保持不动）。

2. 改变电池的正负极性，导线连接到电池的正负极上，小磁针（发生偏转，保持不动）。

思考题：

1. 导线连接到电池的正负极上，小磁针保持不动，是怎么回事？

2. 导线连接到电池的正负极上，小磁针向哪个方向偏转？请画图说明。

3. 改变电池的正负极性，导线连接到电池的正负极上，小磁针向哪个方向偏转？请画图说明。

法国物理学家安培反复试验奥斯特实验，发现通电导线周围的磁场方向与电流方向的关系，以及通电螺线管周围的磁场方向与电流方向的关系，并总结出两条容易记忆的规则，这便是安培定则。安培定则，也叫右手螺旋定则。如图 1. 2. 3 所示。

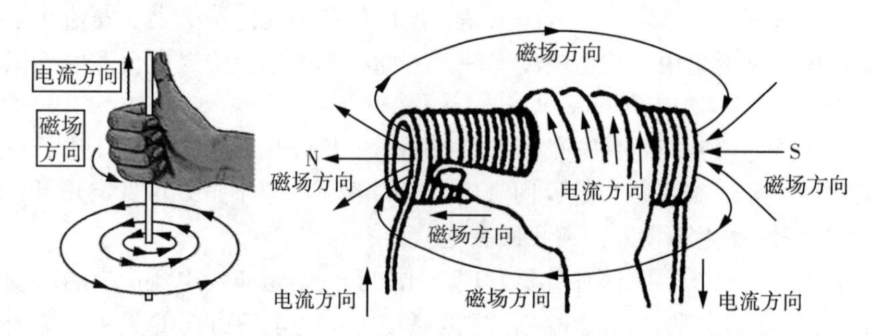

图 1. 2. 3　通电导线周围的磁场方向与电流方向的关系示意

安培定则一：用右手握住通电直导线，让大拇指指向电流的方向，那么四指的指向就是磁感线的环绕方向。

安培定则二：用右手握住通电螺线管，使四指弯曲与电流方向一致，那么大拇指所指的那一端是通电螺线管的 N 极。

三、欧姆与欧姆定律

1. 欧姆

1787 年，乔治 · 西蒙 · 欧姆出生于德国埃尔朗根城。欧姆的父亲是一个技术熟练的锁匠。他的技术对欧姆后来的研究工作特别是自制仪器有很大的帮助。

1805 年，欧姆进入到当地的埃尔郎根大学研究数学、物理学及哲学。由于他们家实在太穷，刚上大学不久，便不得不中途退学，直到 26 岁才完成博士学业（注：当时的博士学位和现在的博士学位不一样)。

欧姆博士毕业后当了一名中学物理老师。在教学过程中，欧姆遇到了一个令人十分头疼的问题，就是不知道如何精确测量电流的大小。

欧姆用一根扭丝悬挂一根磁针，设计出一款电流扭秤，扭丝中通电流，磁针将发生偏转，磁针偏转角度与电流大小成正比。运用这台电流扭秤，欧姆发现：导体中的电流与导体两端的电压成正比，与导体自身的电阻成反比，这便是著名的欧姆定律。

1826 年，欧姆将“导体中的电流与导体两端的电压成正比，与导体自身的电阻成反比”的实验规律发表出来。很多物理学家都不能正确理解，反而对欧姆提出尖锐批评与无端指责。这使欧姆感到万分痛苦和失望。直到 15 年后，即 1841 年英国皇家学会授予欧姆科学界最高荣誉奖——科普利金奖，这才引起德国科学界的高度重视。

欧姆以一种对科学执着与高度负责任的态度完美地阐述了“导体中的电流与导体两端电压以及自身电阻的关系”。更重要的是，他在人生危难关头，生活极度困窘时期，仍然坚持科学实验研究。这种“热爱科学，永不放弃”的精神，成为人们学习的典范。人们为了纪念欧姆，以他的名字作为电阻单位。

2. 欧姆定律

实验 3：研究通过导体的电流与导体两端的电压以及导体自身的电阻的关系

实验器材：电流表，电压表，稳压电源，5Ω、10Ω、20Ω 的定值电阻，导线若干。

实验方法：

1. 按如图 1.2.4 所示电路图连接好。电阻器选用 10Ω。

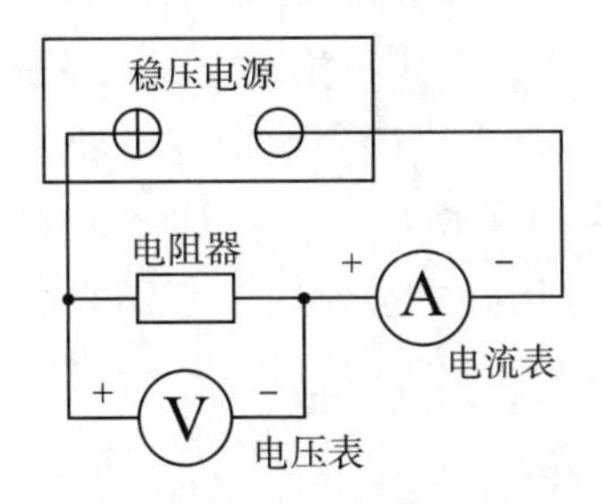

图 1.2.4　研究电流与电压和电阻的关系实验电路

2. 电阻器固定不变，改变稳压电源电压为 5V、10V、15V，记录电压表、电流表示数。

3. 固定稳压电源电压 10V 不变，改用 5Ω、10Ω、20Ω 的定值电阻，分别记录电压表、电流表示数。

实验结果：

1. 电阻器固定不变，改变稳压电源电压，如表 1.2.1 所示。

表 1.2.1　电阻器固定不变，改变稳压电源电压

序号	电阻器	电压表	电流表
1	10Ω		
2	10Ω		
3	10Ω		

电阻器固定不变，电流随电压变化规律是，电压增大 2 倍，电流（　　），电压增大 3 倍，电流（　　）。

2. 稳压电源电压值固定不变，改用不同的定值电阻器，如表 1.2.2 所示。

表 1.2.2　稳压电源电压值固定不变，改用不同的定值电阻器

序号	电阻器	电压表	电流表
1	5Ω	10V	
2	10Ω	10V	
3	20Ω	10V	

电压固定不变，电流随电阻变化规律是，电阻增大 2 倍，电流（　　），电阻增大 4 倍，电流（　　）。

思考题：

1. 如果已知电阻器的电阻为 10Ω，电阻器两端的电压为 20V，那么通过电阻器的电流是多少？

2. 如果已知电阻器两端的电压为 20V，通过电阻器的电流是 4A，请问实验用的电阻器的电阻是多大？

四、法拉第与电磁感应定律

1. 法拉第

1791 年，迈克尔·法拉第出生于英国萨里郡纽因顿一个穷苦家庭。父亲是一名铁匠。母亲差不多是一位文盲，识字不多。在法拉第 9 岁时，父亲去世。法拉第因此辍学，去文具店当学徒。法拉第 14 岁时，去书店当图书装订工。谁知这份工作竟然使他有机会接触到各类书籍，尤其是百科全书和有关电的书。这些书简直使他着了迷。更让人想不到的是，这个男孩子长到 20 岁时，竟然有机会倾听一位著名化学家戴维爵士演讲。他每次听讲都很认真，并记好笔记。最后，他把听课笔记装订成册，并写了一封自我介绍信于 1812 年圣诞节前夕寄给化学家戴维爵士。

年轻的化学家戴维爵士当时正在家里养病。一个大清早，仆人把一大堆信件整整齐齐摆放到戴维爵士身边沙发旁边的茶几上。戴维爵士随手拿起那封最厚的信件，拆开一看，是一本厚厚的书，有 368 页，封面上烫有金光闪闪的一行大字《戴维爵士讲演录》，装订非常精致、漂亮。“奇怪，是哪个出版商连招呼都不打一声，就把我的讲演出版发行了？”

翻开封面，仔细一看，这书中的 300 多页纸竟然是手工抄写的，十分整齐漂亮，而且还有许多精美插图。这位化学家感到非常意外，“是谁这么认真听我讲课，而且又这么认真做笔记？更重要的是，他为什么要把装订得如此精美的书送给我？”随后，戴维爵士发现了一封短信，信的大意是：“我是一个刚刚出师的订书学徒，很热爱化学，有幸听过您 4 次讲演，整理了这本笔记，现送上。如能蒙您提携，改变我目前的处境，将不胜感激。您的忠实听众迈克尔·法拉第。”戴维爵士将信看了两遍，想想自己也是贫苦出身，多亏伦福德伯爵的提携才有了今天，想到这里，不由得对法拉第的不幸产生同情心。在戴维爵士的介绍下，法拉第十分荣幸地进入了英国皇家学院实验室并当了戴维爵士的助手。

后来，法拉第由于异常勤奋、刻苦、认真、执着，经过长期实践、大胆探索，在化学、电化学、电磁学等领域都做出过杰出贡献，堪称勤奋好学、自学成才的典范。法拉第在电磁学领域取得了极高成就，因而被称为“电学之父”和“交流电之父”。比如：法拉第发现了电磁感应现象、磁致光效应、法拉第冰桶实验等，尤其是，发现电磁感应现象导致了发电机的诞生，预示着电气化时代即将来临，这在物理学上起到了极重大的作用。法拉第在化学、电化学领域也取得了一些重大成就。比如：法拉第在担任戴维助手期间，用氯化钠的水溶液中通电获得氯气，并发现了两种碳化氯。法拉第曾发明一种加热工具（即本生灯的前身）在实验室内被广泛应用。法拉第发现了苯等多种化学物质。法拉第还发现了电解定律，对于化学的进步起到了积极作用。人们为了纪念法拉第，以他的名字法拉（farad）作为国际单位制中的电容单位。

1831 年，法拉第发现电磁感应现象，只要使闭合电路中的导体有规律地不断切割磁力线，那么就能产生一股持续的电流，并发明出一种圆盘发电机。当法拉第在英国皇家学会上表演他的发明时，一位贵妇人问“你这个玩意儿，能有什么用呢?”法拉第说：“夫人，您不应当问一个刚出生的婴儿能有什么出息，谁都不能预料到婴儿长大成人后将会怎么样。”一位税务工作人员问：“你这堆石头和铜丝，究竟有什么用?”法拉第说：“我的这个发明，至少可以让国家税收翻两番。”

2. 法拉第电磁感应定律

因磁通量变化产生感应电动势的现象，叫电磁感应现象。

闭合电路的一部分导体在磁场里做切割磁感线的运动时，导体中就会产生电流，这种现象也叫电磁感应现象。

法拉第电磁感应定律内容是：电路中感应电动势的大小，跟穿过这一电路的磁通量的变化率成正比。

实验 4：自制发电机点亮 LED 灯

实验器材：3V 玩具小电动机 2 只，能装两节 5 号电池的电池盒 1 个，5 号电池 2 节，发光二极管 1 只，塑料管 2 厘米（塑料管内径稍小于电动机转轴直径），电源开关 1 个，小木板（或纸板）1 块，导线若干。

实验方法：

1. 按图装配，如图 1.2.5 所示，将 2 只小电动机转轴分别插入塑料管两端。

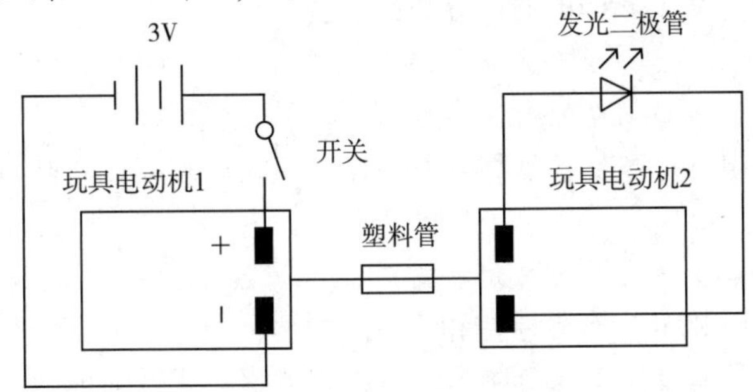

图 1.2.5　电动机与发电机实验

2. 将2只小电动机固定到小木板上，尽量保证2只小电动机的转轴在同一条直线上。

3. 将发光二极管两端用导线与电机2的电刷焊接起来。

4. 将电池盒的正极线与开关的一只脚连接，将开关的另一只脚通过导线与电机1的电刷焊接起来，将电池盒的负极线与电机1的另一个电刷焊接起来。

5. 将电池装入电池盒，接通开关，电机1与电机2同时转动起来，观察发光二极管是否点亮。

实验结果：发光二极管（点亮、不亮）。

思考题：

1. 电机1在转动过程中，将（电能、机械能）转换为（电能、机械能）。
2. 电机2在转动过程中，将（电能、机械能）转换为（电能、机械能）。

第3节　走近身边的家电

一、家用电器

家用电器，是指在家里使用电的器具（包括在学校、医院、办公室等场所也可以使用）。

家用电器是家庭生活不可或缺的好帮手，是现代科技发展的产物，是社会进步的标志。

家用电器让人们从繁重、琐碎、费时的家务劳动中解放出来，过上更加舒适、健康的美好生活；家用电器让家务劳动变得更加轻松，文化娱乐变得更加丰富，学习工作变得更加充实。家用电器让生活变得更加精彩。

走近身边的家用电器，就是走近现代科技、走近幸福生活。生活需要科技，科技来自生活。勤于思考实践，勇于探索创新，与现代科技同行，生活将变得更有意义。

1. 常见的家用电器

据统计，当今家用电器有近千种。时常去商场走一走，到网店逛一逛，你会发现一些家用电器性能日新月异，新品层出不穷，令人眼花缭乱，目不暇接。

2. 家用电器分类

按功能用途分类，当今家用电器可分为：

（1）照明供暖类

手电筒、日光灯、LED灯等各种室内外照明灯具、整流器、启辉器、智能开关、家用调压器、电加热器、电热取暖器、远红外取暖器、油式取暖器、电热毯、电热被、远红外线电热炉等。

LED吸顶灯，如图1.3.1所示，是一种由几十只甚至上百只LED发光管制作而成的吸顶灯，耗电功率10～20W，有带遥控和不带遥控两种。

恒温电热毯控制器，如图1.3.2所示，运用热敏感应元件对电热毯温度进行感应，通过温控器调节控制，使电热毯温度稳定在设定温度区间。

图 1.3.1　LED 吸顶灯

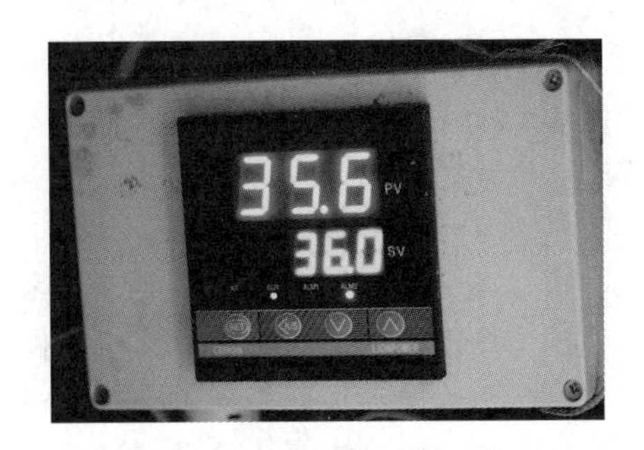

图 1.3.2　恒温电热毯控制器

（2）音频视频类

收音机、录音机、收录机、录音笔、话筒、扩音机、组合音响、家庭影院、MP3、MP4、复读机、CD 机、音乐门铃、随身听、蓝牙耳机、黑白电视机、彩色电视机、数字电视机顶盒、录像机、VCD 机、DVD 机、摄像机、影碟机、投影仪、学习机、电子词典、照相机等。

多功能扩音器，如图 1.3.3 所示，是一款可插 U 盘或 TF 卡播放 MP3 音乐的播放器，插入有线话筒可扩音，有的还能接收 FM 调频收音机信号，支持蓝牙音乐播放，长时间录音等功能。

网络电视盒子，如图 1.3.4 所示，是一个将电视机连接到互联网的设备，电视机通过它可收看很多很多的网络电视节目。

可播放 MP3 音乐的 U 盘，如图 1.3.5 所示。具有 U 盘功能，可播放 MP3 音乐，可录音，插入耳机还可接收 FM 调频广播电台。

可播放无损音乐的录音笔，如图 1.3.6 所示，可播放 WAV、FLAC、APE 等多种格式的无损音乐，可查看电子书，可播放特定格式图片和视频，可播放 MP3 音乐，可录音，插入耳机可接收 FM 调频广播电台。

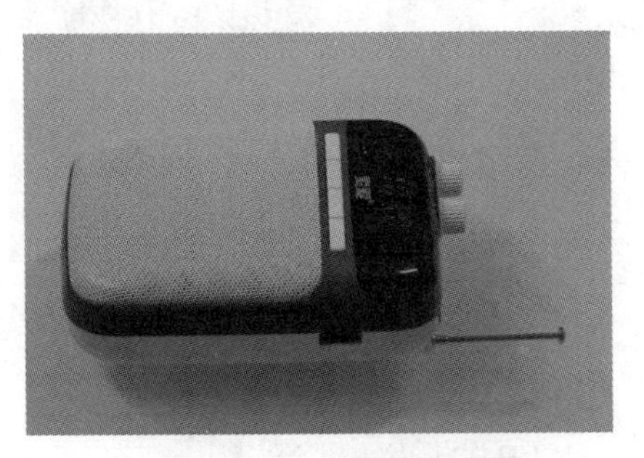

图 1.3.3　多功能扩音器

图 1.3.4　网络电视盒子

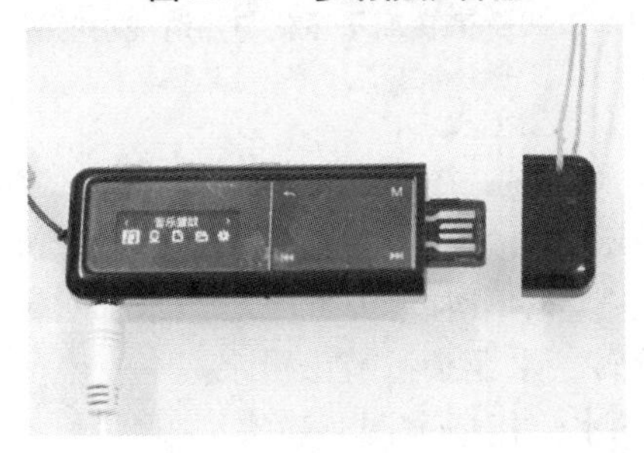

图 1.3.5　可播放 MP3 音乐的 U 盘

图 1.3.6　可播放无损音乐的录音笔

（3）空调制冷类

电风扇、空调、加湿器、除湿器、干衣机、空气负离子发生器、空气净化器、电冰箱、冰柜、冷藏箱、制冰器等。

（4）厨具工具类

热得快、电炉子、电热水器、电热水壶、饮水机、电饭锅、电饭煲、电火锅、电烤箱、电饼铛、微波炉、电磁炉、豆浆机、榨汁机、咖啡机、绞肉机、排风扇、燃气灶、抽油烟机、打蛋机、电动搅面机、电动压面机、烤面包机、自动包饺子机、家用碾米机、消毒碗柜、洗碗机、电动工具、电动缝纫机、电熨斗、挂烫机等。

电饭锅，如图 1. 3. 7 所示，可设置煮饭、煮粥、煲汤等多种模式，可预约做饭。

电热水壶，如图 1. 3. 8 所示，用电热丝加热水，水开后自动断电。

挂烫机，如图 1. 3. 9 所示，用高温蒸汽熨烫衣服，可设置棉布、丝织等多种熨烫模式。

带熄火保护的燃气灶，如图 1. 3. 10 所示，带有高电压电子打火开关和熄火自动关断燃气保护功能。

抽油烟机，如图 1. 3. 11 所示，带有带负离子净化空气功能、热清洗排风机功能、红外感应开机，定时关机等功能。

图 1. 3. 7　电饭锅

图 1. 3. 8　电热水壶

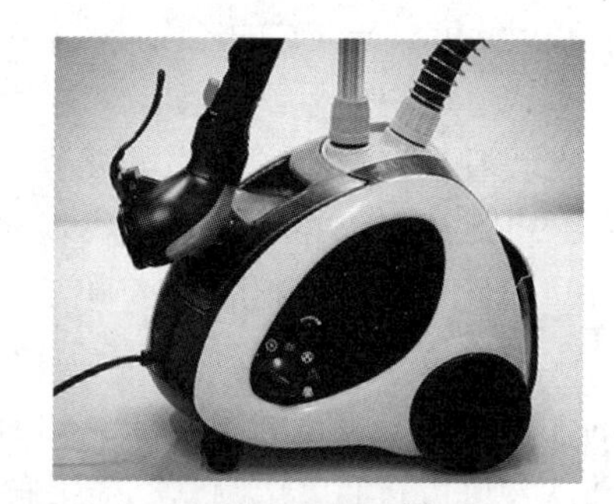

图 1. 3. 9　挂烫机

图 1. 3. 10　带熄火保护的燃气灶

图 1. 3. 11　带负离子净化与热清洗功能的抽油烟机

（5）卫生洗浴类

电热水器、电热水龙头、电暖器、电吹风、换气扇、浴灯、浴霸、自动烘手器、洗衣机、甩干机、电动牙刷、电动洗牙器、擦鞋机、吸尘器、厕所除臭器、地板打蜡机等。

电热水龙头，如图 1. 3. 12 所示，将开关向左旋转，水龙头可流出热水，水流速度较快时，流出热水的温度相对较低，将开关向右旋转，水龙头可流出冷水。

电动洗牙器，如图 1. 3. 13 所示，将水槽装满水，接通电源，喷头可喷出脉动的水流，用于冲洗牙龈沟和牙缝内食物残屑，消除因口腔卫生差产生的口臭。

图1.3.12　电热水龙头

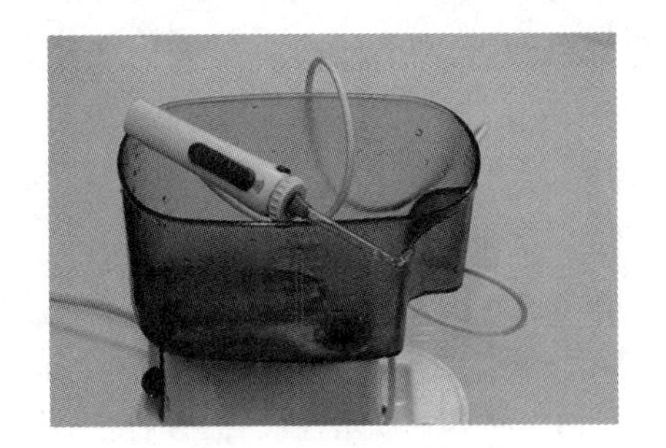

图1.3.13　电动洗牙器

（6）美容保健类

电吹风、电动剃须刀、电热卷发器、电推剪、离子烫、电子体重计、电动按摩器、超声波洗面器、负离子发生器、周林频谱仪、电子血压计、电子血糖仪、电子理疗仪、按摩器、跑步机、健身器、减肥美容器、足底按摩器、摇摆机、音频电疗器、电子灭蚊器、助听器、电苍蝇拍、电子驱蚊器等。

带存储功能的电子体重计，如图1.3.14所示，可记忆多个人上次测量的体重，并自动判断这个人的体重比上次是增重了还是减轻了，具有自动断电功能。

带存储功能的电子血压计，如图1.3.15所示，可测量高压、低压、脉搏，可记忆多个人曾经测量的血压值。

电苍蝇拍，如图1.3.16所示，又叫电蚊拍，使用4V可充电的高容量铅酸电池或2.4V镍氢/镍镉电池，也有用干电池的。工作中，经升压电路在双层电网间产生直流1850V左右的高压电（电流小于10mA，对人、畜无害），两电网间的静电场有较强的吸附力，当蚊蝇等害虫接近电网时，能将它们吸入电网间，产生短路电流瞬间将它们电死。

高精度计重计数秤，如图1.3.17所示，可测量0.1g至15kg重物，可累计计重，可自动计数。

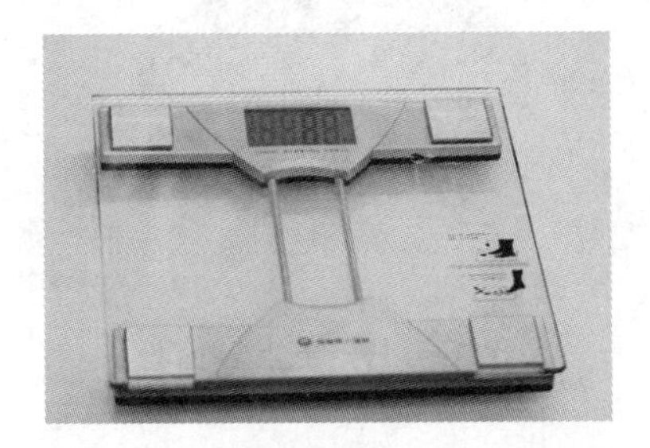

图1.3.14　带存储功能的电子体重计

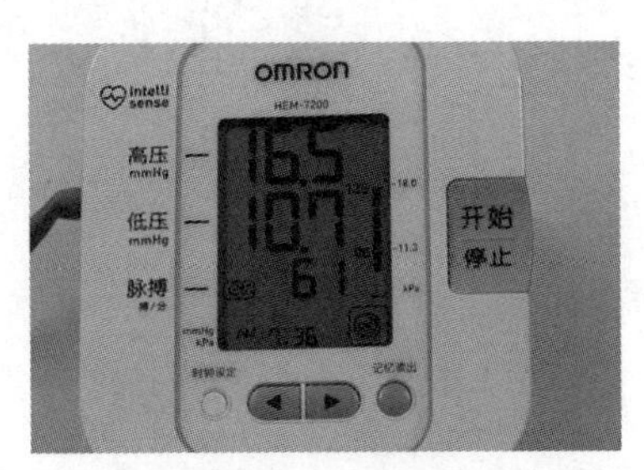

图1.3.15　带存储功能的电子血压计

图1.3.16　电苍蝇拍

图1.3.17　高精度计重计数秤

（7）办公娱乐类

打印机、复印机、扫描仪、传真机、电子玩具、电子游戏机、电子琴、电子钢琴、电子乐器、跳舞毯等。

（8）电子信息类

电子手表、电子时钟、电子闹钟、计算器、家用计算机、台式电脑、笔记本电脑、平板电脑、保险柜密码锁、无线鼠标、无线键盘、调制解调器、无线路由器、无线音乐门铃、电话、手机、充电器、遥控器、GPS 定位系统、报警器、防盗器、可视对讲机、烟火报警器、防盗监视器等。

无线音乐门铃，如图 1.3.18 所示，在室外安装一个无线信号发射装置按钮，可控制室内多个无线信号接收装置，可选择播放多首经典音乐，通过喇叭发出音乐声音，或通过发光管闪光提醒。

无线路由器，如图 1.3.19 所示，可将家中宽带网络信号通过天线转发给附近的无线网络设备（比如：笔记本电脑）。常用的无线路由器覆盖信号半径 10 ~ 50 米。

光控触摸闹钟，如图 1.3.20 所示，这种闹钟在白天以液晶形式显示时钟、日期、温度，在晚上以微弱蓝色背光形式显示时钟、日期、温度，可设置多个闹钟，多种循环模式，多首经典乐曲作闹铃，可通过触摸方式点亮蓝色背光、中断闹铃发声。

闹钟小音箱，如图 1.3.21 所示，主面板显示时钟，可设置多个闹钟，多种循环模式，多首经典乐曲作闹铃，其实它还是一个多功能小音箱，可插 TF 卡或 U 盘播放音乐，可接收 FM 调频广播电台和蓝牙音频信号，可定时开机与关机等。

手表式手机，如图 1.3.22 所示，它既是一款电子表，又是一部手机。

电子密码保险柜，如图 1.3.23 所示，可随意修改电子密码。

图 1.3.18　无线音乐门铃

图 1.3.19　无线路由器

图 1.3.20　光控触摸闹钟

图 1.3.21　闹钟小音箱

图 1.3.22　手表式手机

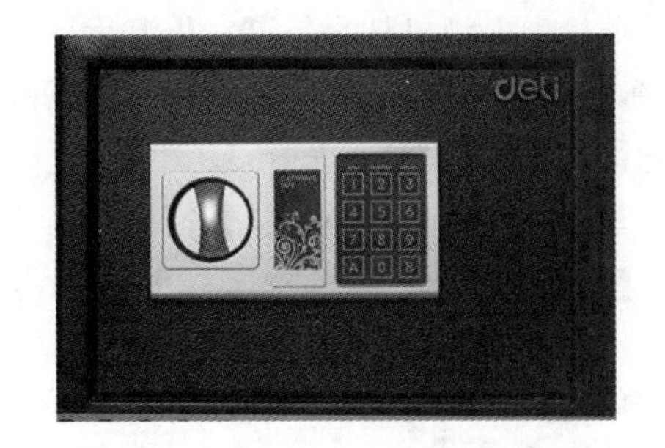

图 1.3.23　电子密码保险柜

在我国，商家将家用电器大致分为：电热器具、电炊器具、电动器具、电子器具、声像器具、照明器具、制冷器具共七类。

在国外，有人将家用电器分为：①白色家电（可以帮助人们做家务，比如：洗衣机、洗碗机、电饭锅、扫地机、擦地机等）；②黑色家电（可以为人们提供娱乐，比如：电视机、收音机、音响、跳舞毯、游戏机等）；③米色家电（特指电脑信息产品）；④绿色家电（指高效节能，对人体和环境无害，报废后可以回收利用）。

在美国，有人将家用电器分为：①大件器具；②小件器具；③空调器具；④家用电子消费器具；⑤办公室业务用电器设备；⑥商业和公共设施用器具；⑦售货及钱币器具共七类。

当今社会，家用电器随处可见，无处不在，家用电器大大地改善和提高了人们的生活质量，同时，也无时无刻影响着人们的身体健康，家用电器成为现代家庭生活的必需品。

将来的家用电器发展趋势：①操作简单化，菜单电子化；②设计模块化，功能集成化；③节能智能化，环保人性化；④组合网络化，外观时尚化。

思考题：

1. 你知道 10 年前你家的家用电器有哪些吗？现在呢？家用电器的变化说明了什么？
2. 家用电器给我们的生活带来什么便利？如果没有家用电器，我们的生活将会怎样？
3. 你喜欢国产家用电器还是进口家用电器？为什么？
4. 废旧家用电器应怎样处理？
5. 你对未来的家用电器有哪些看法及要求？

二、电视机、电冰箱、洗衣机

1. 电视机

电视机即电视信号接收机。它是用来接收电视广播的装置，由复杂的电子线路、喇叭和屏幕组成。

电视机通过天线接收电视台发射的全电视信号，再通过电子线路分离出视频信号和音频信号，分别通过屏幕和喇叭还原为图像和声音。

1924 年，英国电子工程师约翰·贝尔德发明了第一台黑白电视机。

1929 年，美国科学家伊夫斯发明了第一台彩色电视机。

此后，电视机从小屏幕发展到大屏幕，从显像管发展到液晶、等离子，从单功能发展到多媒体，从模拟发展到数字，从低清晰度发展到高清晰度，从非智能无法上网发展到智能化网络化，从 2D 发展到 3D。

使用电视机时应注意：打雷下雨天不可以收看电视，而且还需拔掉电源插头，以防雷击。电视画面或声音异常，或电视机内出现冒烟等情况，应立即拔掉电源插头，停止使用。

用遥控器关闭电视机后，还需关断电源开关，以节约用电。

遥控器要用透明塑料袋包好，防水防摔。

不要频繁地开关电视机。

2. 电冰箱

电冰箱是一种使食物或物品保持恒定低温的制冷设备。

1822 年，英国物理学家、化学家法拉第发现氨气、氯气等气体在加压的条件下可变成液体，在气压降低时，又会变成气体。令人惊奇的是：氨气、氯气由气体变成液体时会释放大量的热量，由液体变成气体时又会吸收大量的热量，并使周围的温度迅速下降。

1879 年，德国化学家、工程师卡尔·冯·林德发明了以氨作制冷剂、以蒸汽机驱动的家用冰箱。

1923 年，瑞典工程师布莱顿和孟德斯发明了用电动机带动压缩机工作的电冰箱。

电冰箱的发明，让人类延长了食物保鲜时间，在最炎热的天气享受到冰爽美味的饮料与食品。

现在的电冰箱与过去相比，最主要进步表现在：无氟，计算机控制，低噪声，长使用寿命。

使用电冰箱时应注意：熟食品必须凉透后才能放入冰箱，从冰箱取出的熟食品必须加热后才能食用，冷冻食品应缓慢解冻，食物解冻后不要再放进冰箱里。清洁冰箱内胆前，应切断电源，等冰箱内胆冰块自然融化后，再用清水、温水或中性洗涤剂清洗擦干，敞开冰箱门通风干燥后继续使用。

电冰箱压缩机运转时可产生一定量的电磁辐射。冰箱应避免安放在人们活动的区域，比如客厅里。

电冰箱最怕摆放倾斜，因为电冰箱的压缩机是用弹簧挂扣在容器中，如果倾斜就容易导致脱钩。

多次打开电冰箱门会造成压缩机频繁启动，使压缩机实际工作电流高于额定值的 5 ~ 7 倍，甚至损坏压缩机。

冰箱与墙壁应保持不少于 10cm 的间距，以利于散热。

3. 洗衣机

洗衣机是利用电能产生机械作用来洗涤衣物的器具。

洗衣机洗衣原理：利用电能产生的机械旋转、冲刷作用和洗涤剂的润湿、渗透、乳化、分散、增溶作用，将污垢拉入水中，从而实现洗净衣物的目的。

1858 年，美国人汉密尔顿·史密斯发明了世界第一台人力驱动洗衣机。

洗衣机代替人工洗涤，省时省力，使人们从繁重的洗衣劳动中得到解放，给人们生活带来方便，因此，深受人们喜爱。

现在的洗衣机最主要有搅拌式洗衣机、波轮式洗衣机、滚筒式洗衣机，另外还有离心式洗衣机、超声波洗衣机、负离子超声波洗衣机、臭氧洗衣机、电磁去污洗衣机等。

问题：波轮式洗衣机和滚筒式洗衣机哪个更好?

波轮式洗衣机利用叶轮高速旋转拨动洗衣桶内的水，制造强劲水流冲洗带动衣物来洗净衣物。

优点：价格便宜，洗涤时间短，省电；缺点：费水（比滚筒洗衣机费1倍多的水），洗涤不干净，易损坏衣物。

滚筒式洗衣机让衣物在滚筒内不断被抛高、摔下，以此方式来洗净衣物。

优点：节水，洗涤干净，对衣物磨损小；缺点：价格昂贵，洗涤时间较长，费电。

三、家用电器使用常识

现在的家用电器越来越高科技了。新的家用电器买回家后，一定要先认真阅读使用说明书，搞清楚基本功能、使用方法、注意事项以及简单故障排除方法。

我们在享受现代家电带来的欢乐的同时，要尽可能避免或减轻家用电器的负面影响，比如：防止触电，避免各种家用电器引发的火灾以及各种电气伤害（比如：机械伤害、热电伤害、噪声伤害、光照伤害、电磁污染等）。

问题1：厨房油锅突然起火，该怎么办?

第一，迅速关闭燃气阀门。

第二，迅速盖上锅盖。盖上锅盖后，油锅里的火因为缺少氧气将很快、自动地熄灭。注意：千万不要往锅里泼水灭火，因为水遇油会产生“油炸”现象，燃烧着的油滴会溅出来，引燃厨房的其他可燃物。

第三，如果家中有干粉灭火器，可用干粉灭火器灭火。干粉灭火器适用于扑灭油锅、煤油炉、油灯和蜡烛等引起的初期火灾，也能扑灭固体可燃物燃烧引起的初期火灾（注：初期火灾指火灾初始阶段，一般在起火的十几分钟之内，只要采取得当的方法，比如使用灭火器，就能将火扑灭）。如果家中有灭火毯，可用灭火毯盖住油锅灭火，如图1.3.24所示。灭火毯是由玻璃纤维等材料经过特殊处理编织而成的，能起到隔离热源及火焰的作用，可用于扑灭油锅大火或者披覆在身上逃出火场。

图1.3.24　用灭火毯盖住油锅灭火

第四，如果火势过大过猛，不好控制，还应迅速断开电源，呼叫邻居请求帮助，并拨打 119 火警电话报警求救。另外，将大火周围的易燃物移到安全距离外，防止火势扩大。

拨打 119 火警电话时，要讲清楚着火地点、着火情况、报警人真实姓名、联系电话，方便消防人员迅速、准确到达起火地点，快速了解起火原因、火势情况等信息。

问题 2：家用电器冒烟、着火，该怎么办？

第一，迅速拔掉电源插头、断开总电闸开关。

第二，断电后，如果仍有火苗上蹿，可用湿毛巾、湿棉被覆盖灭火，如图 1.3.25 所示。如果身上衣服着火，不要乱跑，应就地打滚或用厚重衣物压灭火苗。注意：在没有切断电源的情况下，千万不要用水或泡沫灭火剂灭火，以免触电。

第三，如果家中有干粉灭火器和灭火毯，可用干粉灭火器灭火，或用灭火毯盖住电器，采用窒息灭火。

第四，如果火势过大过猛，不好控制，还应迅速断开燃气阀门，呼叫邻居请求帮助，并拨打 119 电话帮忙灭火。另外，将大火周围的易燃物移到安全距离外，防止火势扩大。

图 1.3.25　用湿棉被覆盖灭火

问题 3：怎样安全使用接线板？

第一，要选一只品质过硬的接线板。如果插头出现破损，或延长线绝缘皮出现破损如图 1.3.26 所示，请及时更换新插头，或使用绝缘胶布包裹好破损处。插头与插座插接松动，易导致接触不良，并引发火灾，请不要使用。

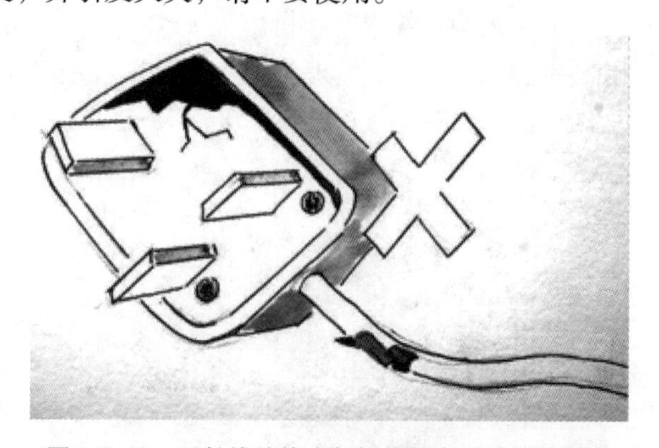

图 1.3.26　延长线绝缘皮与插头处出现破损的插头

第二，要注意插接在接线板上的所有电器的功率总和不要超过接线板的最大使用功率。比如：接线板的最大使用功率为 2500W，不可以同时使用 2000W 和 800W 的家用电器。

第三，潮湿的环境中禁止使用接线板。接线板进水后，应立即断开总电源，停止使用，以免触电。

第四，不要用湿手插接插头。不要用力拉延长线。过分弯折或挤压延长线，很容易折断延长线内部的铜丝，导致使用电流下降。不使用接线板时，应将接线板从插座上拔下来。

第五，自制接线板，应选用阻燃性好的优质插座。2 芯延长线的接线板，请不要用于三脚插头家用电器。空调插头最小电流不小于 16A。空调插座只能供空调单独使用。空调插座的导线横截面积不小于 $4mm^2$。

问题 4：洗衣机能否改用两只脚的插头？

邻居家买了一台洗衣机，打算放在阳台上。阳台上只有一个双孔插座，而洗衣机插头是三只脚。邻居家的儿子打算用钳子拔去一只脚，然后将插头插入两脚插座中。你认为可行吗？

不行。第三只脚为接地线，如果洗衣机漏电，可通过地线，将洗衣机金属外壳带的电流入大地，从而避免触电事故发生。

问题 5：安装空调要买多粗的导线？

一台冷暖空调，制冷功率为 1300W，制热功率为 1500W，要买多粗的导线呢？

此空调最大功率为 1500W，根据公式计算为 1500W/220V＝6.8A。

根据铜导线性能规格：$1mm^2$ 允许通过 6A 电流，此空调应选用铜芯线截面积为 $1.2mm^2$ 的铜导线。考虑到空调启动电流比较大，以及导线穿管、温度等因素，建议使用规格是 $2.5mm^2$ 铜芯导线。

观看视频《电视机的发明》与《电冰箱的工作原理》。

第 4 节　安全用电常识

一、家庭电路

1. 家庭电路组成

家庭电路由零线、火线、电能表、闸刀开关、保险盒、开关、用电器、插座、断路器等部分组成。如图 1.4.1 所示。

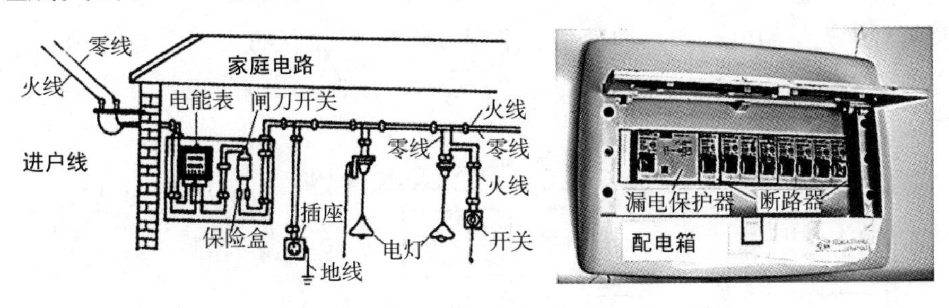

图 1.4.1　家庭电路的组成

2. 零线

零线又叫中性线。在星形接法的三相电源电路中，由接地中点引出的导线叫零线。在对称的三相电路中，零线上的电压为 0V，在不对称的三相电路中，零线上的电压不为 0V。

在家庭电路中，零线对地的电压为 0V。

3. 火线

在家庭电路中，火线对地的电压为 220V。

4. 电能表

电能表是测量一段时间内消耗电能多少的仪表。电能表又称电度表，单位：千瓦小时（kW·h），俗称：度。

1 度表示功率为 1kW 的家用电器正常工作 1h 所消耗的电能。

电能表分为感应式和电子式两大类：

感应式电能表采用电磁感应的原理把电压、电流、相位转变为磁力矩，推动铝制圆盘转动。圆盘转动的过程即时间量累积的过程。此表的好处是：直观、动态连续、停电不丢数据。

电子式电能表运用模拟或数字电路得到电压和电流向量的乘积，然后通过模拟或数字电路实现电能计量功能。此表的好处是：分时计费，可预付费。如图 1.4.2 所示。

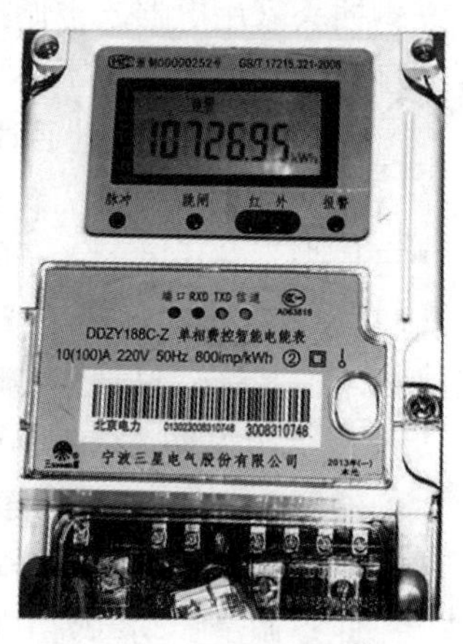

图 1.4.2 电子式电能表

5. 保险盒

保险盒指安装保险丝的盒子（也称保险丝座）。保险盒内有保险丝。

保险丝由电阻率比较大而熔点较低的铅锑合金制成。保险丝又叫熔断器。

保险丝的作用是：当电路中的电流过大，保险丝发热熔化，起到自动切断电路的作用，避免烧毁电路，引发火灾。

6. 用电器

用电器即使用电的装置，可将电能转变为其他形式的能。

电灯可将（　　）能转变为（　　）能。

电烙铁可将（　　）能转变为（　　）能。

电动机可将（　　）能转变为（　　）能。

7. 三脚插座

问题：现在哪些家用电器需用三脚插头？

用金属做外壳的用电器都必须使用三脚插头。三脚插座的第三个插孔是接地线，如图 1.4.3所示。地线的作用是：当金属外壳带电时，可通过地线将电流入大地，避免触电事故发生。

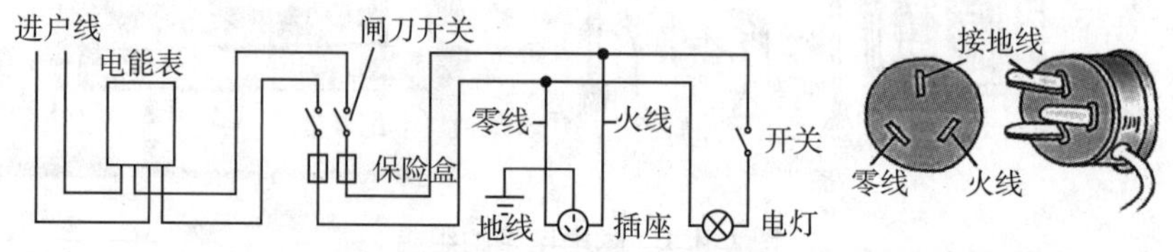

图 1.4.3 家庭电路电气接线图（左）与三脚插座（中）和三脚插头（右）

8. 断路器

空气开关即空气断路器。空气开关工作原理：以空气作为绝缘介质，当电路中通过的电流过大，加热器发热产生热量，使断路器内部的双金属片受热向上弯曲，推动顶杆，推开挂钩，触点断开，切断电源，即自动跳闸。如图1.4.4所示。

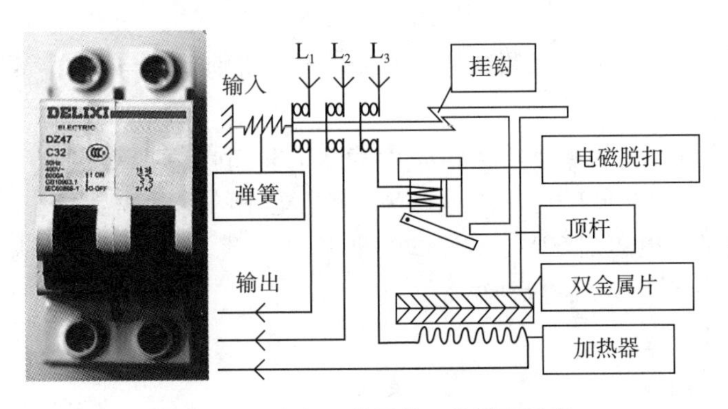

图1.4.4　空气开关及其工作原理示意

断路器的作用是：当电路中的电流过大，断路器自动断开电路，起到防止严重超载和短路保护作用，断路器可反复使用。

漏电保护器是防止漏电的装置。漏电保护器工作原理：当人体接触火线后，火线通过人体与地面形成一个回路，从而导致输入装置的电流与输出装置的电流出现差异，引发装置自动跳闸，起到漏电保护的作用。如图1.4.5所示。

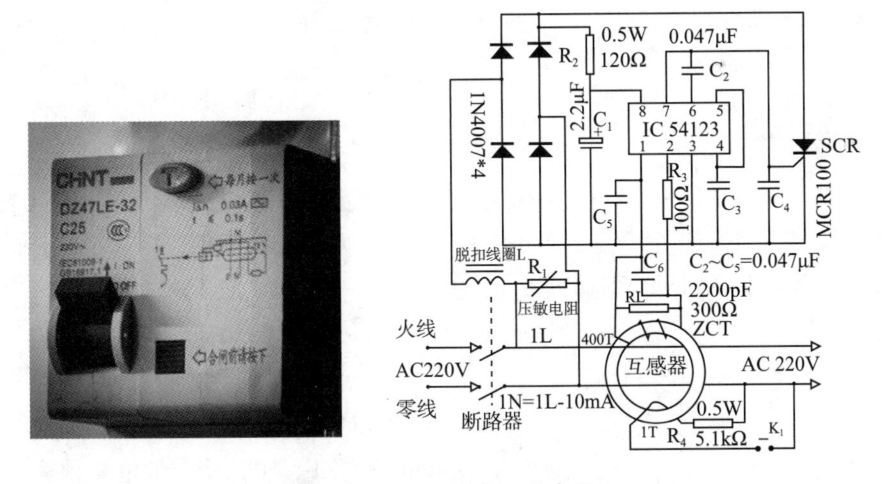

图1.4.5　漏电保护器及其电原理

漏电保护器的作用是：当电路中发生漏电现象时，漏电保护器自动断开电路，避免触电事故发生。

9. 测电笔

测电笔，又叫试电笔。由笔尖金属体、电阻、氖管、弹簧、笔尾金属体、外壳组成。如图1.4.6所示。

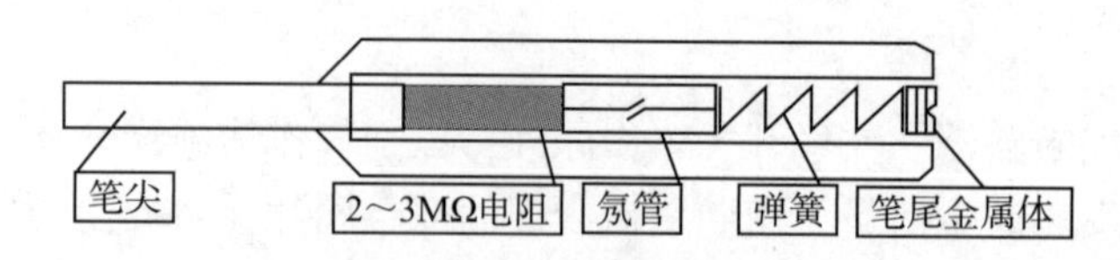

图 1.4.6　测电笔结构示意

测电笔的作用是：可以用来测试电线是否带电、辨别零线与火线。测电笔测试的电压范围为 60～500V。

测电笔工作原理是：当测电笔测试带电导线时，带电导线通过测电笔与人体构成通路。当带电导线与大地之间的电压超过 60V，测电笔中的氖管就会发光。测电笔内的电阻约 2MΩ，氖管的发光电压是 60V，被测试电压 220V，流过人体的电流为 $(220-60)\div 2=80\mu A$，人体对于小于 1mA 的电流没有感觉。

测电笔的使用方法是：

1. 使用时，手指接触（　　），笔尖接触（　　）。

2. 氖管发光，表示接触的是（　　）线，氖管不发光，表示接触的是（　　）线。

使用测电笔注意事项：

1. 使用测电笔前，必须检验测电笔内部是否有电阻，以及是否受潮或进水。必须检查合格才能使用。

2. 使用测电笔时，手指不可以触碰笔尖金属体，以免触电。手指必须接触笔尾金属体，否则氖管不发光。

3. 氖管不发光，并不能说明接触的电线一定不带电，需特别注意，以免误判引发安全事故。氖管不发光可能原因是：①测电笔坏了；②测试方法不对；③被测电线带电电压低于 60V。

二、预防触电

曾经，在一个小乡村里，有一名小男孩看见屋顶上的一根电线垂到地上，就去捡那根电线。谁也没有想到，这名男孩当场死去。后来，有人过去搀扶他，结果搀扶他的人也惨遭不幸。这究竟是怎么回事？他们触电了！

1. 什么叫触电

（网络）论坛发帖，讨论触电。

网友 tianxian 说：触电是个触目惊心的事情！小时候装“矿石收音机”爬到房顶上安装天线，手碰到了破了皮的电线，顿时手被麻得像脱臼一样难受。触电是致命的安全事故，一刻也不能放松警惕。

网友 qilimin 说：前两天天气冷，坐着上网，冻得腿失去知觉。于是想了一招，打了一盆热水，一边上网一边泡脚。没想到的是，当从电脑上往 MP3 里拷东西时，刚一插 MP3，手就被电了一下，差点没把 MP3 掉水盆里。

网友 zhangxiai 说：一次给同事修理照相机的闪光灯，由于忘记放电，手接触到升压变压器的一瞬间，从指尖到胳膊到全身“嗖”的一下，有一种说不出的感觉。再看指尖有一块小米粒大小的烧焦痕迹，胳膊麻木，心脏狂跳不止……现在想想，还心有余悸。

实验：1 节干电池通过 9V 电源变压器升压触电

实验器材：9V 电源变压器，5 号干电池 1 节。

实验方法：

1. 请参加实验的同学手拉手站成一圈，最左边的同学的左手捏住 220V 电源变压器端左侧连接线，最右边的同学的右手捏住 220V 电源变压器输出端右侧连接线。如图 1.4.7 所示。

2. 实验老师将电源变压器 9V 端两根连接线分别连接到 1 节五号干电池的正极和负极上，然后断开连接线。

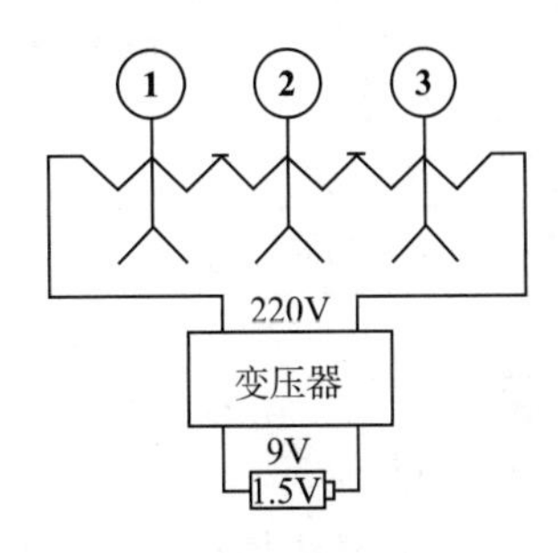

图 1.4.7　电源变压器互感升压实验

实验结果：当断开与电池的连接线的一瞬间，所有参与实验的同学将（有、没有）电击感。

思考题：

1. 当接通连接线的一瞬间，所有参与实验的同学没有电击感，原因是什么？
2. 当断开连接线的一瞬间，所有参与实验的同学有电击感，原因是什么？

触电，从字面意义上讲，就是接触"电"这种东西；从物理学角度上讲，由于人体具有导电性，触电就是有电流通过人体，并由此引发电击、电伤，甚至死亡事故。如果人体不小心接触到带电的电线，并且有电流通过人体，这很可能会导致人的生命危险。

问题 1：小鸟站在高压电线上会电死吗？

不会，因为小鸟是站在一根高压电线上，两只"脚"之间的电压很小，流过小鸟身体的电流很小，所以小鸟不会被电死。

问题 2：高压静电放电算不算触电？

在日常生活里，有时由于穿着、气候、摩擦等原因，在我们身体上时常会聚集一些静电。当我们的手指突然碰到金属时，有时会发生很明显电击现象，并伴随有疼痛感觉，有时还能看到明显的闪光，并能听到清晰的噼啪声响。这种现象多发生在干燥的冬天。有时在晚上脱毛衣时，同样会发生类似现象。这其实也是一种触电现象。通常情况下，高压静电放电时间极短暂，故高压静电对大多数人来说是安全的。为避免高压静电触电，可通过金属钥匙靠近金属水管进行放电。

2. 触电有多危险

论坛"触电的瞬间真的会像电视上那样，看到电流通过，并且全身发光吗？"

网友"腿大宝"说：我触电过。被电的时候，你只有思想没有行动，甚至连"啊"都发不出。你身体完全失控。

网友"飞逝的流星"说：以前，我被插座电过，感觉就是整个胳膊和左半身全麻，胳膊抽了一下，相当可怕。

网友"闪光 V 仔受"说：以前玩小霸王的时候也电过一次，把手伸到柜子后面去插插头的时候，一不小心碰到了金属的部分，突然脑袋一片空白……

正常情况下，对人体安全的电压不高于 36V，安全电流不高于 10mA（表 1.4.1）。

表 1.4.1 触电后人体反应

流过人体的电流	人体的感觉和反应
1mA	开始感觉发麻
8～10mA	手摆脱电极已感到困难，手指关节有剧痛感
20～25mA	手迅速麻痹，不能自主摆脱电极，呼吸困难
50～80mA	呼吸困难，心房开始震颤
90～100mA	呼吸麻痹，3s 后心脏开始麻痹，停止跳动

在潮湿的环境下，高于 12V 的电压对人体也是不安全的。

原因是：人体皮肤在干燥时导电性能差，抗电压高，在潮湿时导电性能好，抗电压低。

3. 触电分哪几类

按电压高低，触电可分为低电压触电和高电压触电，如图 1.4.8 所示。

图 1.4.8 单线触电与双线触电和跨步电压触电

（1）低电压触电

低电压触电又分为单线触电与双线触电。触电原因是：人体直接或间接与火线接触造成。家庭电路电压（又称照明电压）为 220V，工厂电路电压（又称动力电压）为 380V。

（2）高电压触电

高电压触电又分为高压电弧触电与跨步电压触电。

在雷雨天，不要走近高压电线杆、铁塔、避雷针的接地导线周围 20m 内。

当遇到高压线断落时，在它的周围 10m 之内禁止人员进入；若已经在 10m 范围之内，应单足或并足跳出危险区。

4. 触电应急措施

问题：如果有人触电了，该怎么办？

第一，迅速寻找总电源开关或电源插头，立即拉下控制总电源的电闸的闸刀手柄（或空气开关的开关把手），或拔去电源插头，越快越好。注意：不能直接救人，直接拉触电人将导致救助人触电，如图 1.4.9 所示。

第二，如果无法断开电源，可用绝缘良好的电工钳或有干燥木柄的利器（刀、斧、锹等）砍断电线，或用干燥的木棒、竹竿、塑料管等绝缘物挑开电线，让触电者尽快脱离电

图 1.4.9　有人触电应立即拉下电闸的闸刀手柄

源。或者戴上绝缘手套、穿上橡胶雨鞋，或用干燥的衣物包在手上，拉走电线。也可以站在绝缘垫或干燥的木板上，拉开电线。还可以直接抓住触电者干燥而不贴身的衣服，拖动触电者离开带电体，但要注意此时不能碰到金属物体和触电者裸露的身躯。

对高压触电，应立即通知有关部门停电，或迅速拉下开关，或由有经验的人采取特殊措施切断电源。

如果有人触电，自己无能为力时，可向周围人呼叫“有人触电了，快来人啊!”千万不要直接拉触电者。

三、安全用电注意事项

（1）不接触高于 36V 的低压带电体，不靠近高于 1000V 的高压带电体（室外高压线、变压器旁）。

（2）在家庭电路中安装空气断路器和漏电保护器，并定期检验灵敏度。

（3）墙壁上的插座不要安装得太低。教育小孩子要远离开关、插座。

（4）安装、检修电器时应首先切断电源。

（5）不要用湿手扳开关、插入或拔出插头。

（6）不要超过接线板允许的最大使用功率。

（7）人走之前断电，用完之后断电。

（8）要定期检查用电器、开关、接线板的插头和导线是否老化、破损。如果老化要及时更新，如果破损要及时修理。

（9）打雷下雨时，不要继续使用收音机、电视机、电话机，以避免雷击。

（10）电炉不要靠近电线，以免电线被烤焦而埋下隐患。

（11）不要在电线上晾晒、搭挂衣物。

（12）发现有人触电，首先要尽快切断电源，然后用干燥的木棒挑开电线，千万不要直接拉触电者。

（13）使用 220V 交流电的家用电器损坏后，要请专业人员或送修理店修理。严禁非专业人员自行拆开，再通电使用。

（14）不要乱拉乱接电线、乱接用电设备。

（15）插座固定不牢固及插头与插座松动，必须修理好才能使用。

（16）插头、插座、延长线不可以在潮湿或高温环境中使用，比如：在浴室里、在火炉旁边。

（17）老式的电熨斗不可长时间通电发热。

（18）不要用白炽灯泡、电暖器烘烤衣物。

（19）三脚插座上的接地线必须接地良好。

（20）警惕不应该带电的物体带了电和本来应该绝缘的物体导了电。

问题 1：保险丝能不能用铜丝、铁丝代替？

某同学在家里由于用电不当，造成保险丝烧断。于是，他找了一根细铜丝、铁丝代替保险丝。这样做妥当吗？为什么？

不行。因为细铜丝和细铁丝在电流过大时不一定熔断，起不到保险丝的作用。保险丝烧断可能原因是：用电器总功率过大，或电路中存在漏电、短路现象，必须彻底查明原因，以免引发安全事故。

问题 2：如图 1.4.10 所示的漫画中，用电是否安全？

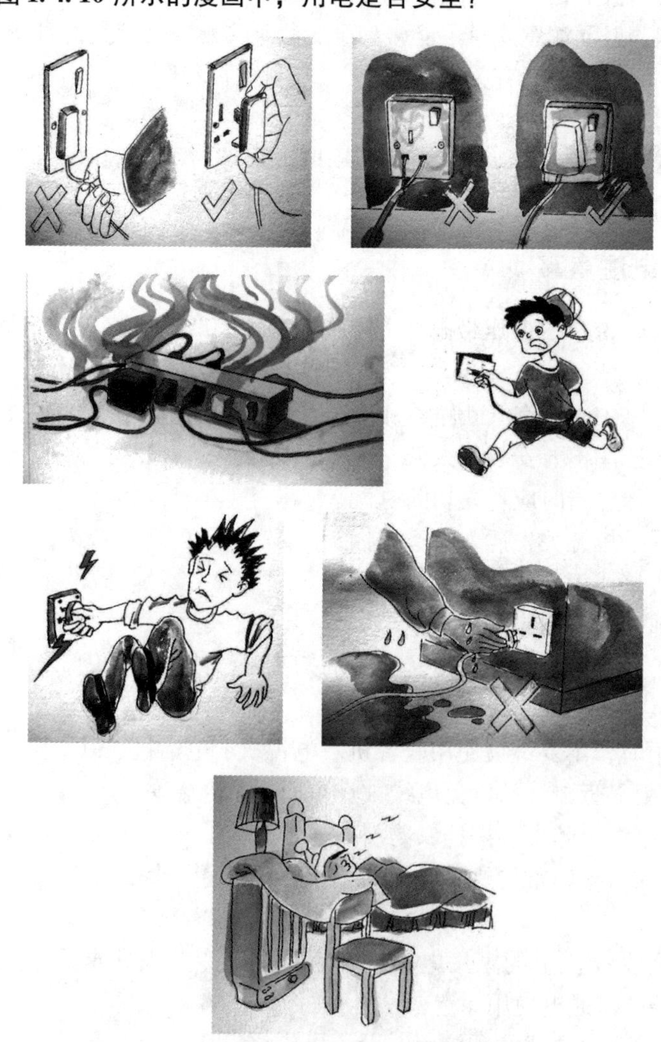

图 1.4.10　几种不安全用电示意

第 5 节　绝对简单的制作

一、电子焊接基础知识

1. 焊接

焊接，从字面上讲，“焊”这个字是火字旁，是与火、温度、加热有关的意思，“接”这个字就是连接的意思，“焊接”就是运用加热方式进行连接的意思。焊接，是一种运用加热、高温（或高压）的方式使金属（或其他）材料结合起来的制造工艺及技术。

常用的焊接工具有电烙铁和热风枪。电烙铁是最常用的焊接工具。热风枪是用热风进行焊接或拆除元件的工具。

2. 电烙铁

电烙铁由烙铁头、烙铁芯、手柄和导线组成。按照发热元件烙铁芯所在的位置，通常可将电烙铁分为内热式电烙铁和外热式电烙铁，如图 1.5.1 所示。

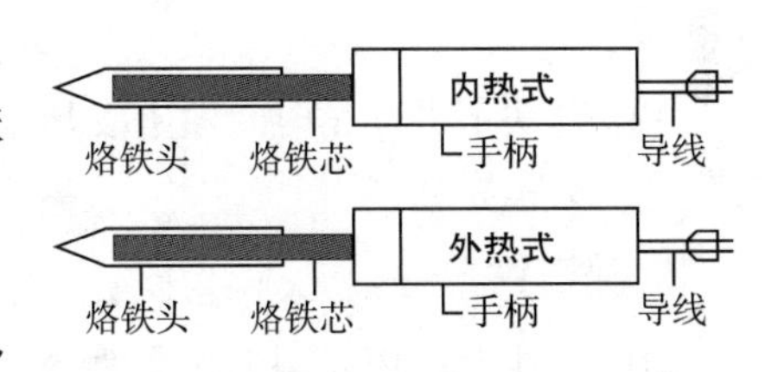

图 1.5.1　电烙铁结构示意

问题：在电子制作活动中需选用什么规格的电烙铁？

在电子制作活动中，推荐使用一支实益牌 20W 内热式、合金头、尖形头电烙铁。理由是：电烙铁手柄塑料耐高温，合金烙铁头使用寿命长，不容易氧化，粘锡性能良好。烙铁头结构为内热式，具有体积小，发热快，热效率高等特点。烙铁头的温度一般可达300～350℃，适合焊接较小焊点，电热丝电阻 2.4kΩ。

3. 焊锡丝

焊锡丝是用熔点低的锡镉合金制成的。有的焊锡丝内含有焊锡膏。常用焊锡丝含锡 63%，直径 0.8mm，熔化温度 183℃。焊锡丝的作用是：运用熔化的金属锡将电子元件引脚固定在电路板焊盘上并具有良好导电性能。

4. 焊锡膏

焊锡膏主要成分是松香，有的内部加入了凡士林、氯化锌和其他的化学药品。由于焊锡膏具有腐蚀性，在电子制作过程中不经常使用。焊锡膏的作用是，清除金属表面的杂质，增加焊锡的浸润作用。

二、规范使用焊接工具

1. 电烙铁

（1）使用前

①要检查电线是否破损。如果破损，请务必用绝缘胶布包裹好。

②要检查烙铁头是否光亮。如果不光亮，导热性能将变差，可用湿布擦亮。

③检查电烙铁通电是否发热。如果不发热，可能是电源开关没有开启，或是插头没有插好或电线断了。

（2）使用时

①用手握住电烙铁的手柄（类似于握笔的方式）。注意不要碰到电烙铁的金属部件。另外，需要将电源线放置在手背外。

②用烙铁尖同时加热元件脚和电路板的焊盘，使用 20W 内热式电烙铁加热的时间是 2～3s。

③电烙铁使用完毕，要放在电烙铁架上。焊接过的元件多余的脚要用偏口钳剪到刚好能看出元件脚的轮廓为止。

（3）注意事项

①要注意安全，避免烫人、烫物、触电。

②避免电烙铁的温度过高，以防焊剂飞溅。如有焊剂飞溅，应关断电源，降温 30s。

③眼睛距离焊接点 25cm 以上，以防焊剂飞入眼中。如有焊剂飞入眼中，请使劲眨眼睛或用水冲洗，千万不要用手揉眼睛。如果比较严重，请及时送往医院，以免耽误最佳治疗时机。

④电烙铁不可以长时间通电发热，否则将造成电烙铁头温度过高，氧化变黑，导热性能变差，不容易粘锡。

2. 偏口钳

偏口钳外形结构如图 1.5.2 所示。

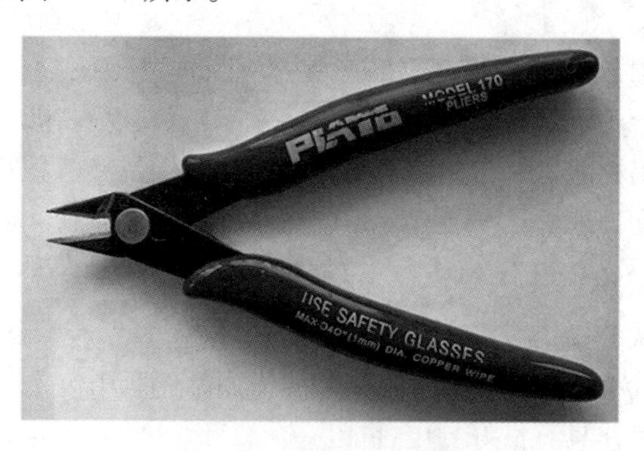

图 1.5.2　偏口钳外形结构

偏口钳作用：主要用来剪断焊接后多余的元件引脚和细导线。

偏口钳的使用方法：用右手的虎口和四指握住偏口钳的手柄末端（这样做比较省力），将偏口钳的剪切口较平的一面贴近电路板，在稍高于焊接点的位置处剪去元件引脚多余部分。

3. 剥线钳

剥线钳外形结构如图 1.5.3 所示。

剥线钳作用：主要用来剥去导线外的绝缘皮层，露出导线内的细铜丝。

剥线钳的使用方法：用右手的大拇指和四指抓住剥线钳的手柄末端（这样做比较省力），将导线放入剪切口内 5～8mm，用力捏手柄，即可看到导线外的绝缘皮层被剥去，导线内的铜丝将露出来。

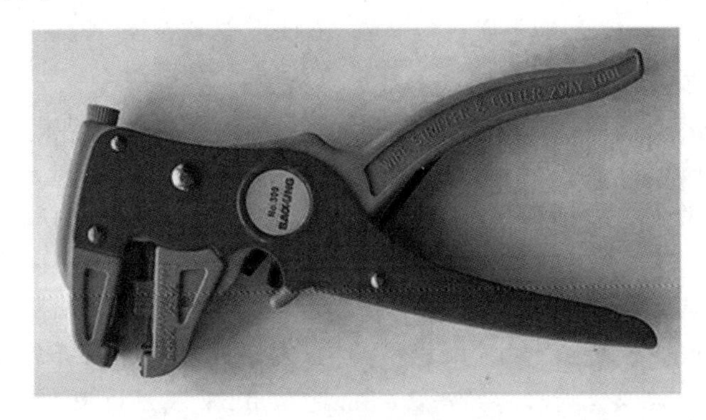

图 1.5.3　剥线钳外形结构

4. 吸锡器

吸锡器由吸嘴、顶杆、吸筒、活塞、弹簧、按钮、活动杆组成，如图 1.5.4 所示。

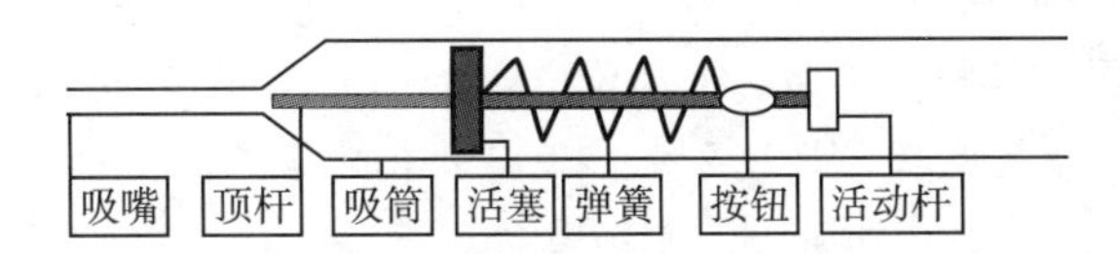

图 1.5.4　吸锡器结构示意

吸锡器作用：主要用来吸收熔化的焊锡，拆除故障元件，清除短路的焊点。

吸锡器的使用方法：先将活动杆下压到吸筒的中央，再用电烙铁加热需清除的焊点。焊点熔化后，电烙铁仍需继续加热，同时将吸锡器的吸嘴正对着熔化的焊点，用力按下吸筒的中间部位的按钮开关。吸筒内的弹簧收缩，带动活塞，推动活动杆向上弹起，熔化的焊锡就这样被吸锡器的吸嘴吸到吸筒里了。再次下压活动杆时，可见被吸到吸筒里的焊锡从吸嘴口中吐出来。

如果吸筒内吸入的焊锡过多，无法从吸嘴口中吐出来怎么办?

可拆开活动杆，将焊锡从吸筒内倒出来。

三、动手做简单的制作

1. 制作可充电的 LED 手电

实验材料：白光 LED 灯 1 只，0.25W 100Ω 电阻 1 只，旧手机锂电池 1 块，轻触开关 1 只，1N4148 二极管 1 只，导线 5 根，带安装孔的小塑料盒 1 个。

制作方法：

（1）按图 1.5.5 所示装配，将 LED 灯和轻触开关插入带安装孔的小塑料盒上。

（2）将 100Ω 电阻两引脚分别连接到 LED 灯负极引脚和轻触开关上方引脚，再用电烙铁焊接好，最后用偏口钳剪去多余引脚。

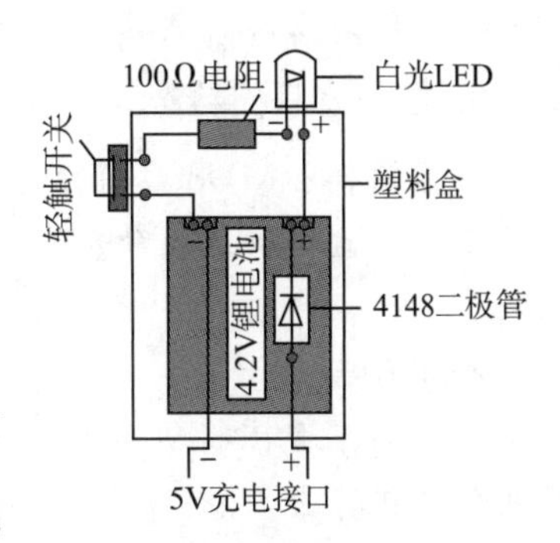

图 1.5.5　可充电的 LED 手电装配

(3) 在锂电池的正极片和负极片上分别焊接两根导线，将正极片上的一根导线的另一端与 1N4148 二极管的负极连接并焊接好。在 1N4148 二极管的正极上再焊接另外一根导线。用偏口钳剪去多余引脚和引线。

(4) 将锂电池放入盒内，再将锂电池正极片用导线与 LED 灯正极连接起来并焊接好。最后，将锂电池负极片用导线与轻触开关下方引脚连接起来并焊接好。

(5) 将锂电池的负极上导线引到塑料盒负极孔的外边，再将 1N4148 二极管的正极上导线引到塑料盒正极孔的外边，作为充电端口。

(6) 扣上塑料盒盖板，即完成制作。

实验效果：按下轻触开关，白光 LED 灯发出刺眼的亮光。松开轻触开关，LED 灯熄灭。这件 LED 手电，在天黑时，可照亮 2 ~ 3m 远，用 5V 稳压电源充电约一晚上，以每天平均使用 30min 计算，可使用时间长达 3 个月之久。

元件说明：上述白光 LED 发光时耗电电流约 20mA，一块 1000mA · h 的锂电池，可供上述白光 LED 连续使用 50h。

2. 制作七彩闪光二极管

实验材料：七彩闪光二极管 1 只，0.25W 200Ω 电阻 1 只，4 节五号电池及电池盒 1 套，开关 1 只，导线 2 根，带安装孔的装饰品 1 只。

制作方法：

(1) 按图 1.5.6 所示装配，将闪光二极管和开关插入带安装孔的装饰品上。

(2) 将 200Ω 电阻两引脚连接到闪光二极管负极引脚和开关中间引脚上，用电烙铁焊接好。最后，用偏口钳剪去多余引脚。

(3) 将电池盒的正极线与闪光二极管正极引脚连接并焊接好。

(4) 将电池盒的负极线与开关下方引脚连接并焊接好。

(5) 扣上塑料盒盖板，即完成制作。

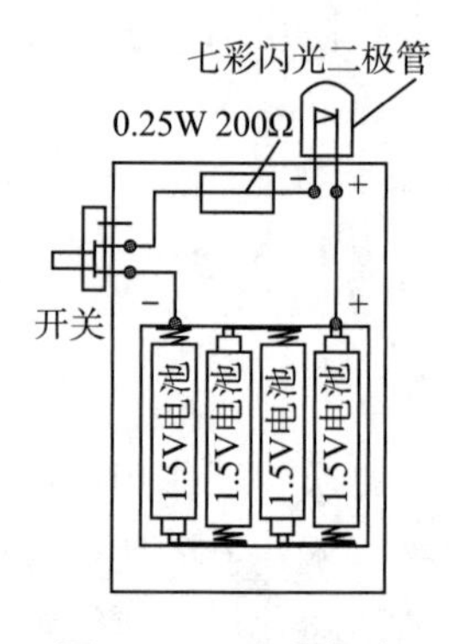

图 1.5.6 七彩闪光二极管装配

实验效果：接通电源开关，七彩闪光二极管发出漂亮的七色光。

元件说明：七彩闪光二极管里有一个正方形的黑色东西。它其实是一个集成电路，用于控制红、绿、蓝发光芯片，实现自动闪烁、循环发光。七彩闪光二极管具有动态变色的装饰效果，可以广泛用于汽车饰品、电话机、仪器信号灯、光纤饰品、展览灯饰、广告、玩具、圣诞灯及各种装饰品。七彩发光二极管工作电压为 3.5 ~ 4.5V。

3. 制作音乐门铃

实验材料：KD9300 音乐芯片 1 只，9014 三极管 1 只，2 节五号电池及电池盒 1 套，轻触开关 1 只，喇叭 1 只，导线 2 根，带安装孔的外壳 1 只。

制作方法：

(1) 按装配图将 9014 三极管插在 KD9300 音乐芯片上并焊接好，再用偏口钳剪去多余引脚，如图 1.5.7 所示。

(2) 将电池盒的正极线、负极线分别与 KD9300 音乐芯片上正极焊盘、负极焊盘连接并焊接好。

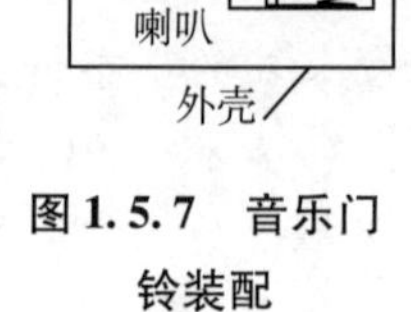

图 1.5.7 音乐门铃装配

(3) 将喇叭的两个焊点分别与 KD9300 音乐芯片上第 1 个和第 3 个焊盘连接并焊接好。

(4) 将电池盒、音乐芯片、喇叭放入塑料盒内，将轻触开关安装到塑料盒上，再用导线将轻触开关的两只脚分别与 KD9300 音乐芯片上第 1 个和第 2 个焊盘连接并焊接好。

(5) 扣上塑料盒盖板，即完成制作。

实验效果： 接通电源，按下按钮开关，喇叭将发出一首好听的音乐，直到乐曲播放完毕。如果再次按下按钮开关，喇叭将再次发出好听的音乐。

元件说明： 音乐芯片是一种集振荡器、节拍器、音色发生器、只读存储器、地址计数器和控制器等电路于一体的 CMOS 芯片。音乐芯片外接少量的分立元件，就能产生各种音乐信号，广泛用于音乐卡、电子玩具、电子钟、电子门铃、家用电器等场合。

四、面包板实验

1. 什么是面包板

面包板是一块为电子电路实验设计的带有许多小插孔、免焊接的板子，如图 1.5.8 所示。

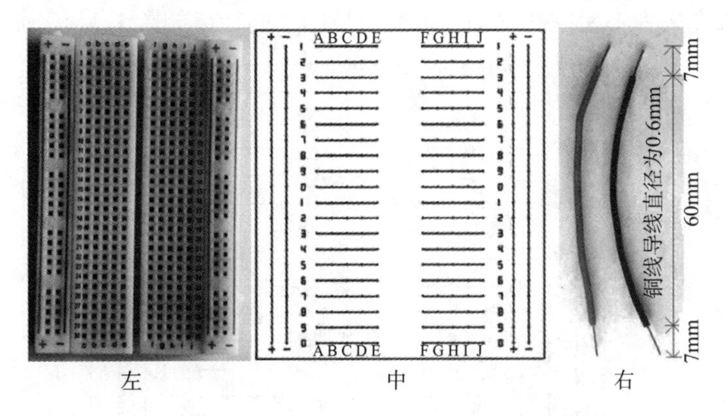

图 1.5.8　面包板实物图、电原理图及实验用连接线

左为 400 孔面包板实物图；中为面包板电原理图；右为面包板用连接线（自制）

面包板的作用：根据电路设计需要，在面包板上安装各种电子元件和导线，可进行各种电子电路实验。

面包板结构组成：将面包板竖直平放，可见正中央有一条凹槽，凹槽的左右两侧各有数十行小插孔。左侧每行有 5 个小插孔，用一条金属弹片连接在一起。右侧每行也有 5 个小插孔，也是用一条金属弹片连接在一起。左右两侧同一行互不连接。

面包板的左右两边各有 2 列分别用金属弹片连接在一起，共 4 列，互不连接。

将集成电路芯片沿中央凹槽插入面包板上，芯片两边引脚正好插入板子两侧的插孔内，集成电路的各引脚正好互不连接。

2. 面包板实验方法

将面包板竖直平放，电阻器、光敏电阻、电容器、2 脚按钮开关、蜂鸣器、三极管、电位器、集成电路等元件（4 脚按钮开关除外）的引脚不可以插入同一行，因为将元件引脚插入面包板的同一行，将导致元件引脚短路，如图 1. 5. 9 所示。

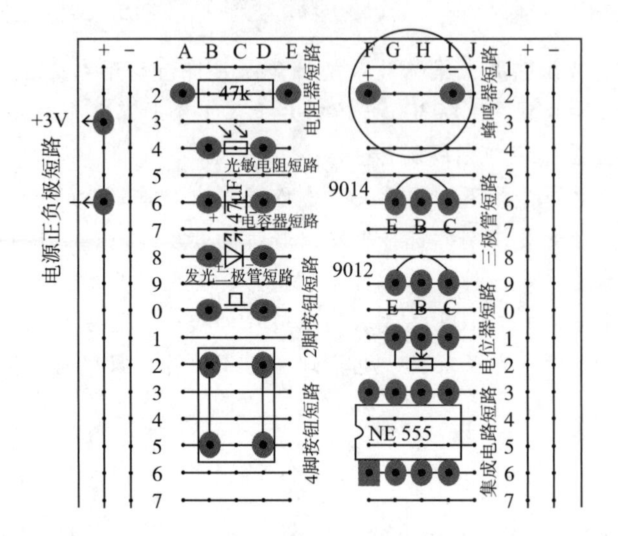

图 1. 5. 9　将元件引脚插入面包板的同一行，将导致元件引脚短路

正确的插入方法为将元件的引脚插入面包板的不同行，如图 1. 5. 10 所示。

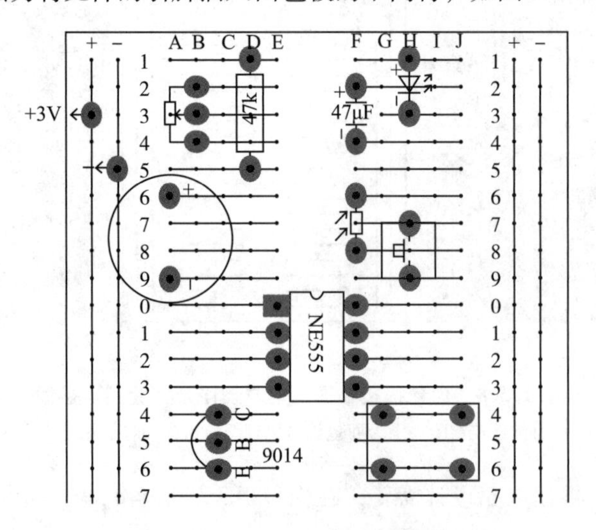

图 1. 5. 10　正确的插入方法为将元件的引脚插入面包板的不同行

面包板实验步骤：

第一步：元件定位，小心短路。

第二步：图纸标号，小心错行。

第三步：按图飞线，必须精准，不能错行，不能遗漏。

3. 面包板实验举例

例 1. 点亮一只发光二极管，电原理如图 1. 5. 11 所示。

第一步：元件定位。将电阻器、发光二极管固定到面包板上，如图 1. 5. 12 所示。

第二步：图纸标号。在图纸上标出电阻器、发光二极管引脚行号。电阻器行号为 2、

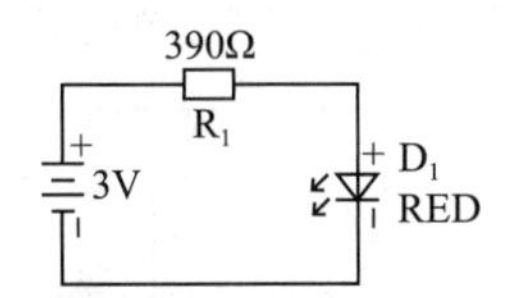

图 1.5.11　点亮一只发光二极管电原理

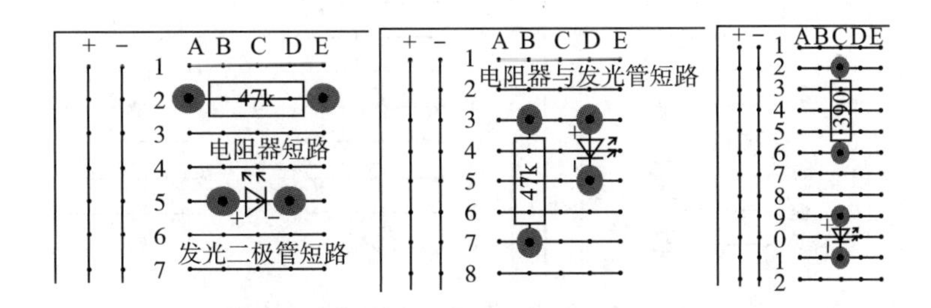

图 1.5.12　点亮一只发光二极管元件定位

6，发光二极管正极行号 9，负极行号 11，如图 1.5.13 所示。

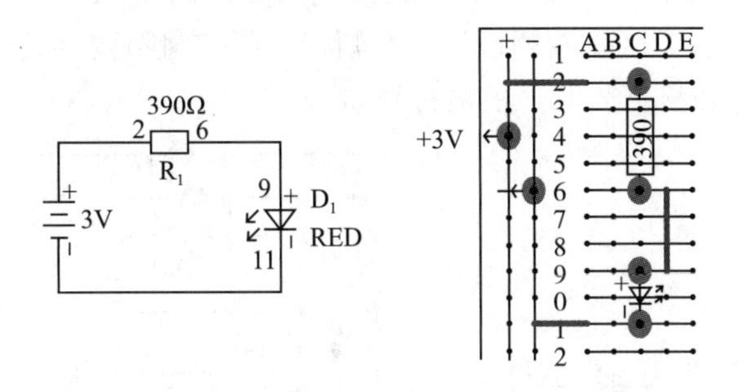

图 1.5.13　点亮一只发光二极管图纸标号

第三步：按图飞线。所谓“飞线”即连接导线。好比飞机，从一个地方飞到另一个地方，有起点，有终点，从起点到终点连接一条导线，即为飞线。按照图纸，从电源正极到行 2 飞一条线，从行 6 到行 9 飞一条线，从行 11 到电源负极飞一条线，共 3 条线。在面包板左侧“ + ”连接电源正，在面包板左侧“ - ”列连接电源负，发光二极管将点亮。如果发光二极管没有点亮，可能原因是：①电源电压不足 3V；②电阻值错误；③发光二极管正负极接反了；④飞线插接不紧；⑤发光二极管断路。

例 2. 发光二极管并联电路。电原理如图 1.5.14 所示。

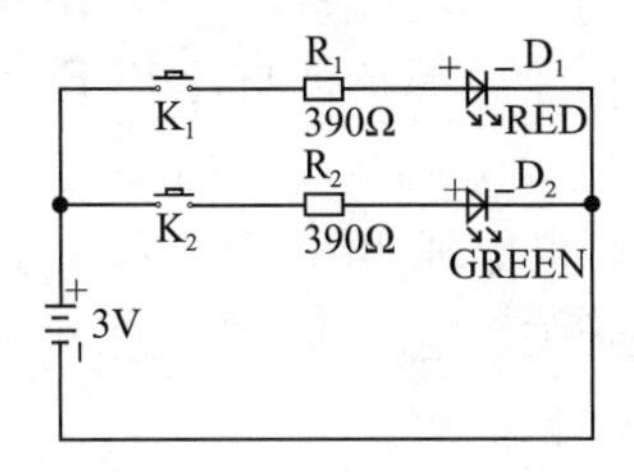

图 1.5.14　发光二极管并联电路电原理

第一步：元件定位。将电阻器、发光二极管固定到面包板上。如图 1.5.15 所示。

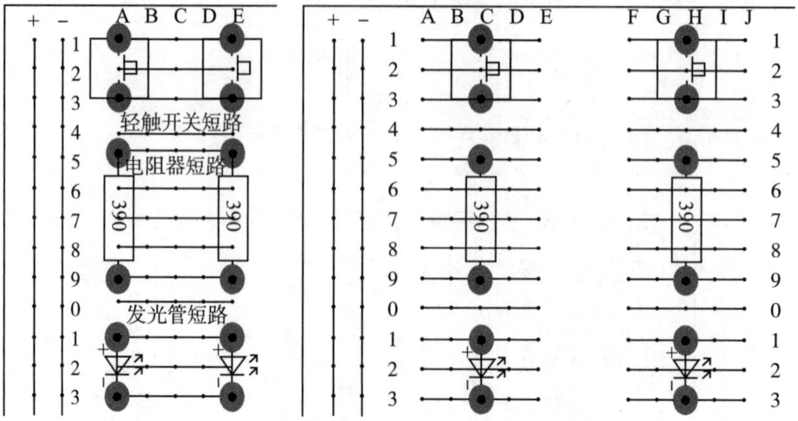

图 1.5.15　发光二极管并联电路元件定位

第二步：图纸标号。在图纸上标出电阻器、发光二极管引脚行号，如图 1.5.16 所示。开关 K_1 行号为 1、3，电阻器 R_1 行号 5、9，发光二极管 D_1 正极行号 11、负极行号 13，开关 K_2 行号为①③（注：为区别左侧行号，右侧行号用带圆圈数字表示），电阻器 R_1 行号⑤⑨，发光二极管 D_1 正极行号⑪、负极行号⑬。

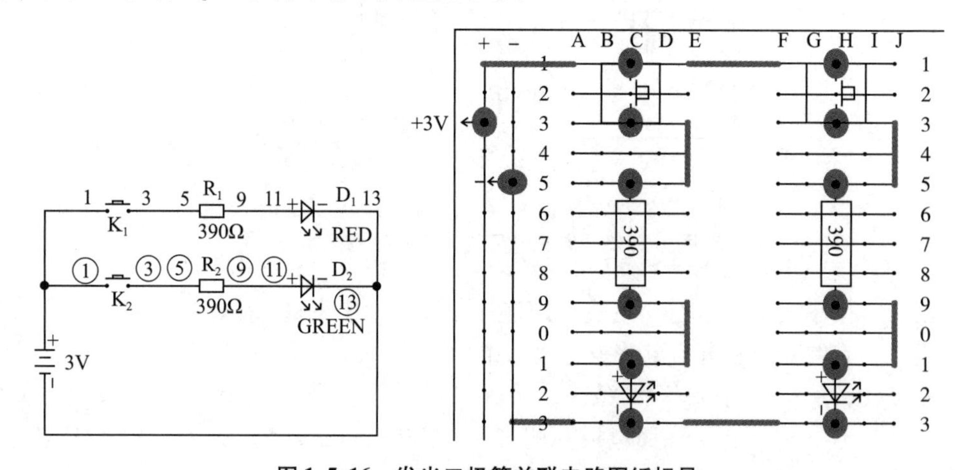

图 1.5.16　发光二极管并联电路图纸标号

第三步：按图飞线。从电源正极到行①飞一条线（注：由于电源正极与行 1 已连接，故此条线可直接从行 1 飞到行①），从行③到行⑤飞一条线，从行⑨到行⑪飞一条线，从行⑬到电源负极飞一条线（注：由于电源负极与行 13 已连接，故此条线可直接从行⑬飞到行 13）。

例 3. 单只 9014 三极管电路，电原理如图 1.5.17 所示。

第一步：元件定位。将轻触开关、电阻器、发光二极管、三极管固定到面包板上，如图 1.5.18 所示。

第二步：图纸标号。在图纸上标出轻触开关、电阻器、发光二极管、三极管引脚行号，如图 1.5.19 所示。开关 K_1 行号为 1、3，电阻器 R_2 行号 5、9，电阻器 R_1 行号①、

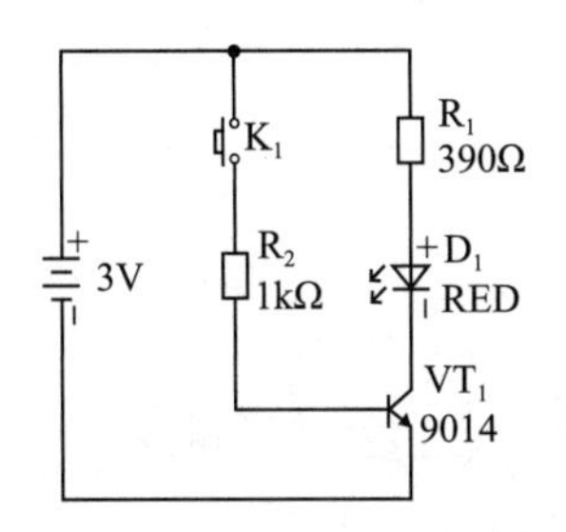

图 1.5.17　单只 9014 三极管电路电原理

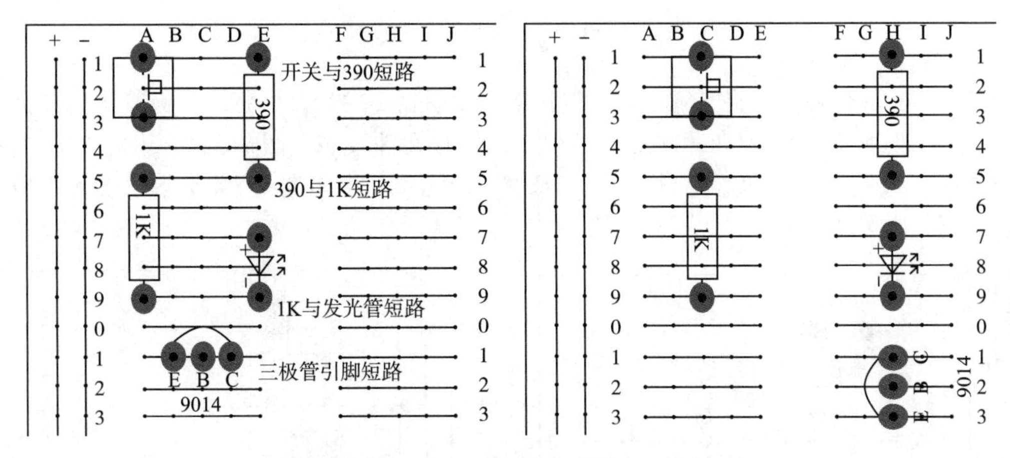

图 1.5.18　单只 9014 三极管电路元件定位

⑤（注：为区别左侧行号，右侧行号用带圆圈数字表示），发光二极管 D_1 正极行号⑦、负极行号⑨，三极管 VT_1 的 E 极行号为⑬、B 极行号为⑫、C 极行号为⑪（注：三极管符号，带箭头引脚为发射极 - E 极，大字头引脚为基极 - B 极，不带箭头引脚为集电极 - C 极）。

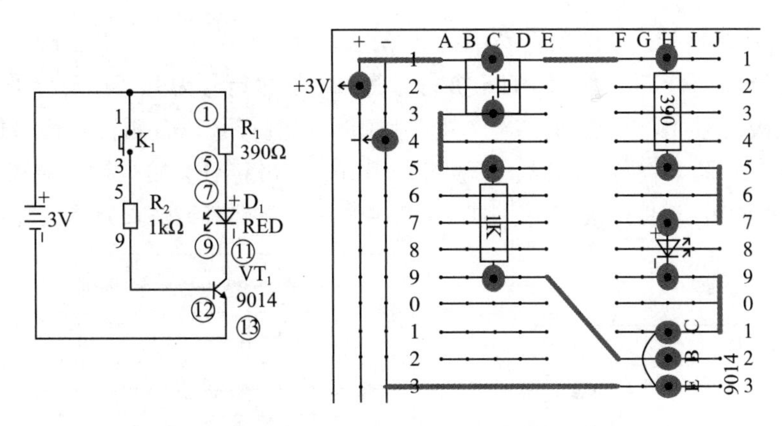

图 1.5.19　单只 9014 三极管电路图纸标号

第三步：按图飞线。从电源正极到行①飞一条线（注：由于电源正极与行 1 已连接，故此条线可直接从行 1 飞到行①），从行⑤到行⑦飞一条线，从行⑨到行⑪飞一条线，从行⑬到电源负极飞一条线。

例 4. 光电开关电路，电原理图如图 1.5.20 所示。

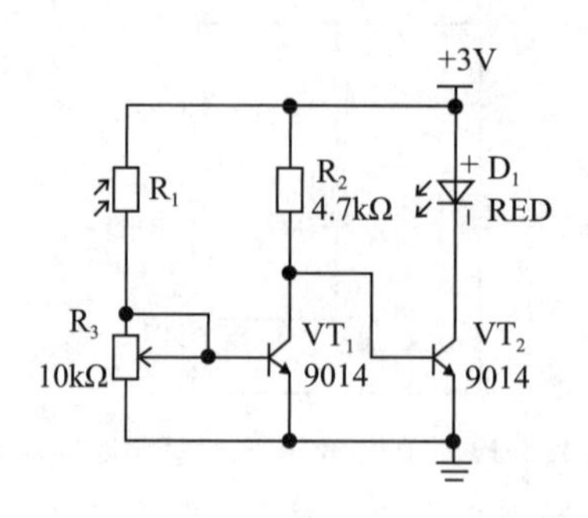

图 1.5.20　光电开关电路电原理

第一步：元件定位。将光敏电阻、电位器、电阻器、发光二极管、三极管固定到面包板上，如图 1.5.21 所示。在元件定位过程中，发觉元件较多，摆布起来较困难，将元件多摆几次，只要没有短路就算合格。注：光敏电阻上端、电阻器 4.7K 上端、发光二极管正极这三只脚可连接在一起，不算短路。

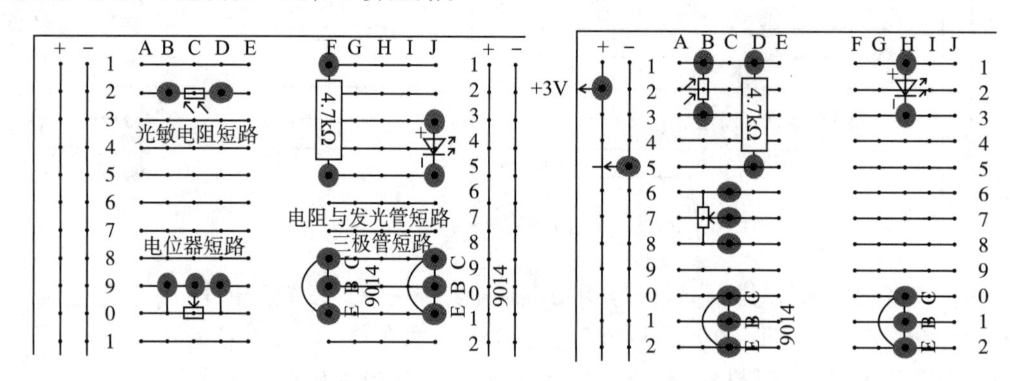

图 1.5.21　光电开关电路元件定位

第二步：图纸标号。如图 1.5.22 所示，光敏电阻行号为 1、3，电位器行号 6、7、8，电阻器 R_2 行号 1、5，三极管 VT_1 的 E 极行号为 12、B 极行号为 11、C 极行号为 10，发光二极管 D_1 正极行号①、负极行号③（注：为区别左侧行号，右侧行号用带圆圈数字表示），三极管 VT_2 的 E 极行号为⑫、B 极行号为⑪、C 极行号为⑩（注：三极管符号，带箭头引脚为发射极 - E 极，大字头引脚为基极 - B 极，不带箭头引脚为集电极 - C 极）。

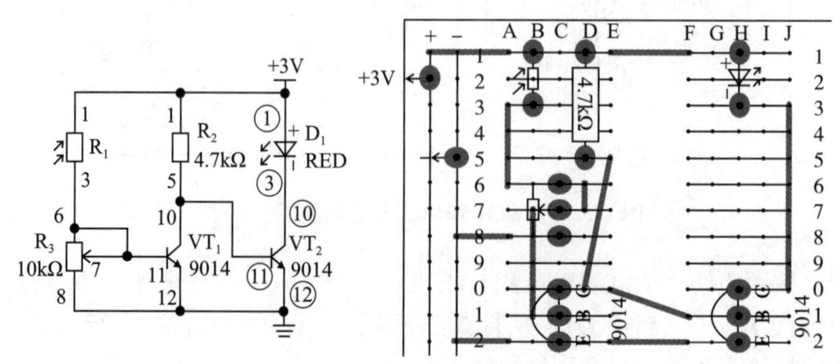

图 1.5.22　光电开关电路图纸标号

第三步：按图飞线。从电源正极到行 1 飞一条线，从行 3 到行 6 飞一条线，从行 6 到行 7 飞一条线，从行 8 到电源负极飞一条线。

从行 5 到行 10 飞一条线，从行 7 到行 11 飞一条线，从行 12 到电源负极飞一条线。

按图飞线。从电源正极到行①飞一条线（注：由于电源正极与行 1 已连接，故此条线可直接从行 1 飞到行①），从行③到行⑩飞一条线，从行 10 到行⑪飞一条线，从行⑫到电源负极飞一条线（注：由于电源负极与行 12 已连接，故此条线可直接从行⑫飞到行 12）。

例 5. NE555 信号灯电路，电原理图如图 1.5.23 所示。

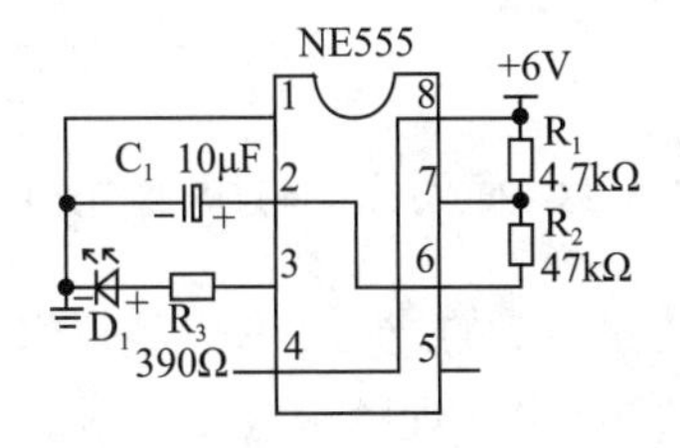

图 1.5.23　NE555 信号灯电路电原理

第一步：元件定位。将 NE555 集成电路、电容器、电阻器、发光二极管固定到面包板上，如图 1.5.24 所示。NE555 集成电路应沿中央凹槽插入面包板上，此电路元件较多，如果元件摆放过于分散，那么需要多飞好几条线，减少飞线的技巧是：如两只元件引脚相连，那么让这两只引脚插在同一行，注意：千万不要与别的元件引脚短路了。

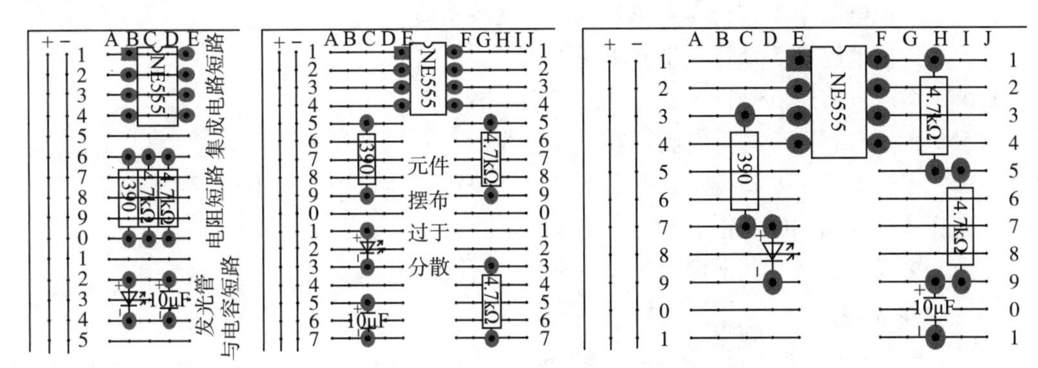

图 1.5.24　NE555 信号灯电路元件定位

将 NE555 集成电路带有缺口一端向上放置，左上角为第 1 脚，按逆时针方向顺序，分别是第 2 至第 8 脚，即右上角为第 8 脚。

根据电路原理不难发现，NE555 集成电路第 3 脚与电阻 R_3 的一端相连，因此，可让这两只引脚插在同一行。NE555 集成电路第 8 脚与电阻 R_1 的一端相连，因此，可让这两只引脚插在同一行。电阻 R_3 的另一端与发光管 D_1 的正极相连，因此，可让这两只引脚插在同一行。电阻 R_1 的另一端与电阻 R_2 的一端相连，因此，可让这两只引脚插在同一行。电阻 R_2 的另一端与 NE555 集成电路第 6 脚、第 2 脚、电容 C_1 的正极相连，因此，可让 R_2 的另一端与 C_1 的正极这两只引脚插在同一行。这样做可省去 5 条飞线。

第二步：图纸标号。如图 1.5.25 所示，NE555 集成电路第 1 至第 8 脚行号是 1、2、3、4、④、③、②、①，电阻 R_1 行号为①、⑤，电阻器 R_2 行号⑤、⑨，电阻器 R_3 行号

3、7，发光二极管 D_1 正极行号 7、负极行号 9。

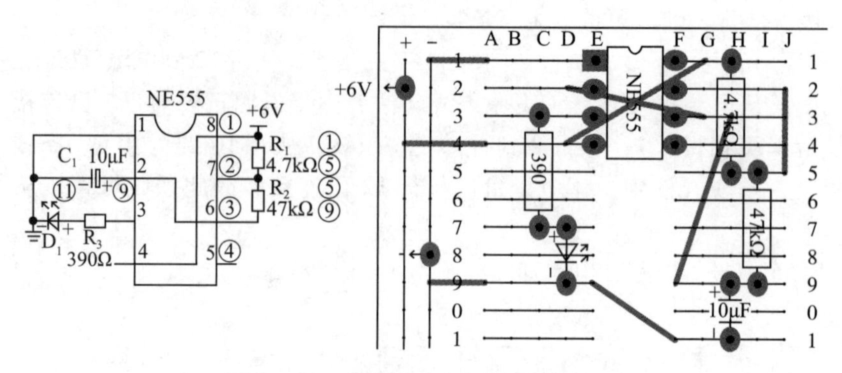

图 1.5.25　NE555 信号灯电路图纸标号

第三步：按图飞线。防止遗漏飞线的技巧是：从 NE555 集成电路第 1 脚开始，直到第 8 脚，每飞完一条线，用铅笔描一下电原理图中线路，最后查找未描线路，按图飞线。

NE555 集成电路第 1 脚行 1 到电源负极飞一条线。

NE555 集成电路第 2 脚行 2 到第 6 脚行③飞一条线。

NE555 集成电路第 2 脚行 2 到行⑨飞一条线（注：由于行 2 与行③已连接，故此条线可直接从行③飞到行⑨）。

NE555 集成电路第 3 脚行 3 到行 3 不用飞线。

NE555 集成电路第 4 脚行 4 到第 8 脚行①飞一条线。

NE555 集成电路第 5 脚行④空，不用飞线。

NE555 集成电路第 6 脚行③到行⑨已经飞线。

NE555 集成电路第 7 脚行②到行⑤飞一条线。

NE555 集成电路第 8 脚行①到电源正极飞一条线（注：由于行①与行 4 已连接，故此条线可直接从行 4 飞到电源正极）。

查找未描线路，行⑪到电源负极飞一条线，行 9 到电源负极飞一条线。

4. 面包板实验练习

练习 1. 用轻触开关控制发光管，电原理与面包板如图 1.5.26 所示（注：右图为参考答案）。

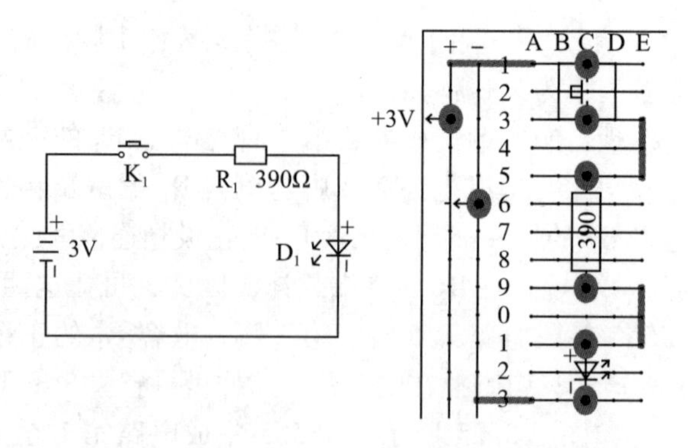

图 1.5.26　用轻触开关控制发光管电原理与面包板

练习 2. 电阻器串联，电原理与面包板如图 1. 5. 27 所示。

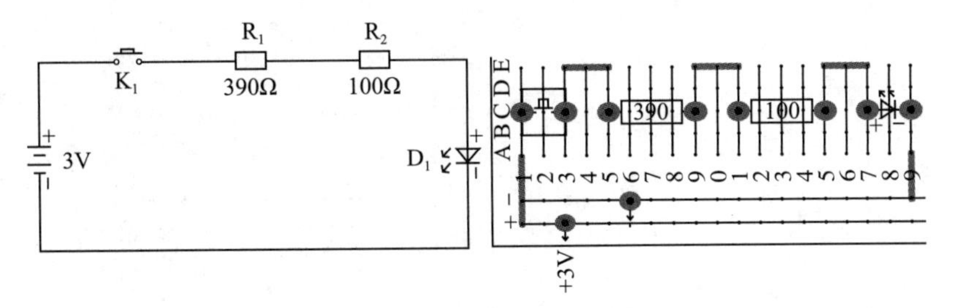

图 1. 5. 27　电阻器串联电原理与面包板

练习 3. 电阻器并联，电原理与面包板如图 1. 5. 28 所示。

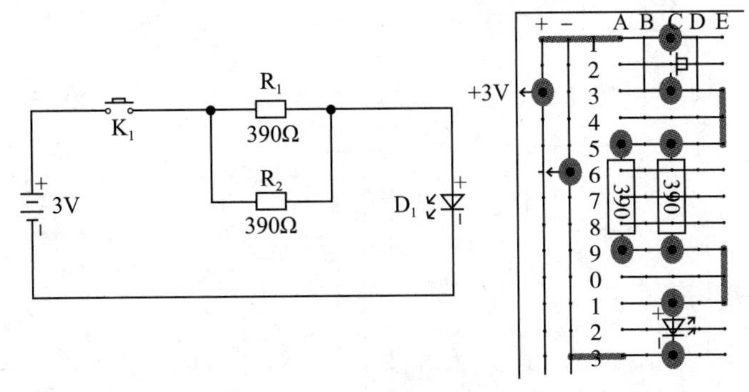

图 1. 5. 28　电阻器并联电原理与面包板

练习 4. 发光二极管与蜂鸣器并联，电原理与面包板如图 1. 5. 29 所示。

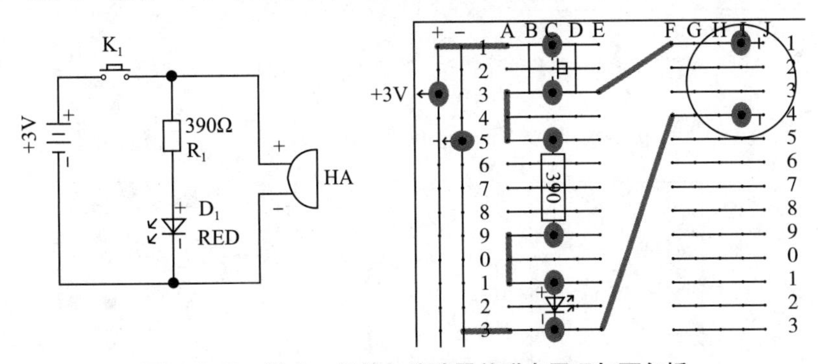

图 1. 5. 29　发光二极管与蜂鸣器并联电原理与面包板

练习 5. 发光二极管与电容器并联，电原理与面包板如图 1. 5. 30 所示。

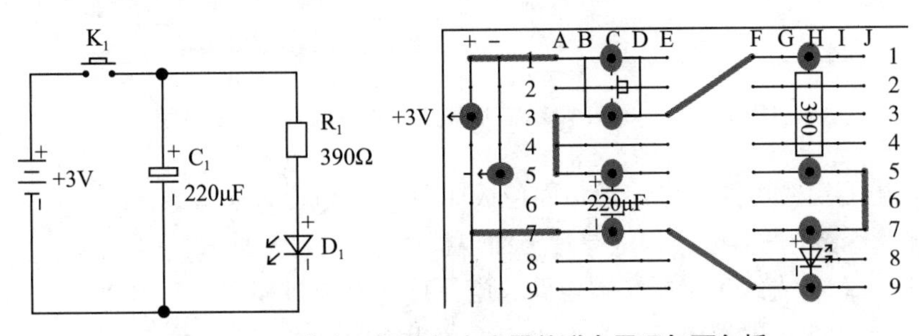

图 1. 5. 30　发光二极管与电容器并联电原理与面包板

练习 6. 单只 9012 三极管电路，电原理与面包板如图 1.5.31 所示。

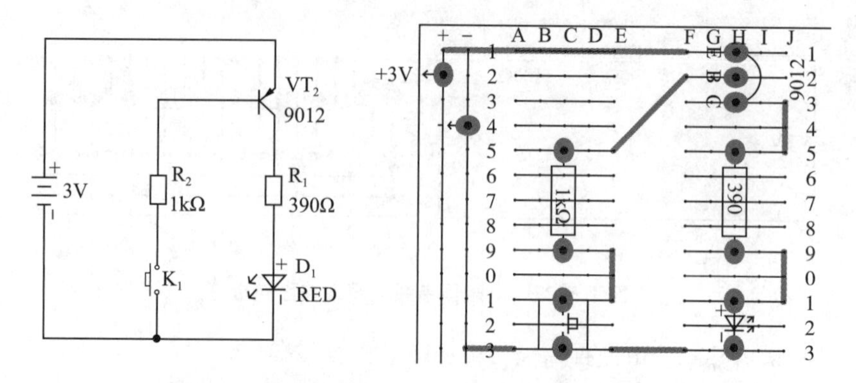

图 1.5.31　单只 9012 三极管电路电原理与面包板

练习 7. 单只 9014 三极管定时电路，电原理与面包板如图 1.5.32 所示。

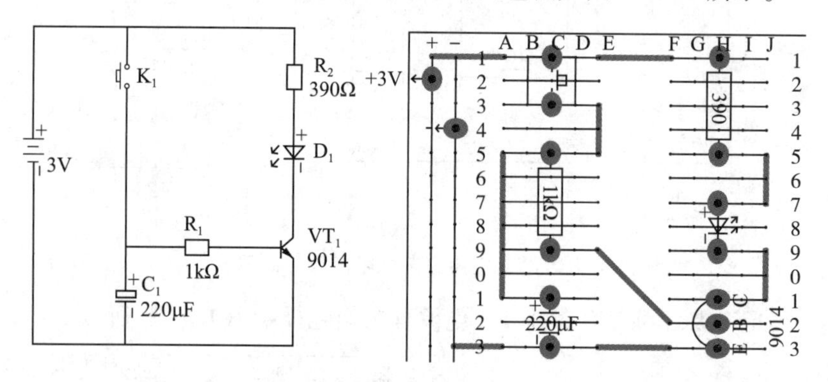

图 1.5.32　单只 9014 三极管定时电路电原理与面包板

练习 8. 单只 9012 三极管定时电路，电原理与面包板如图 1.5.33 所示。

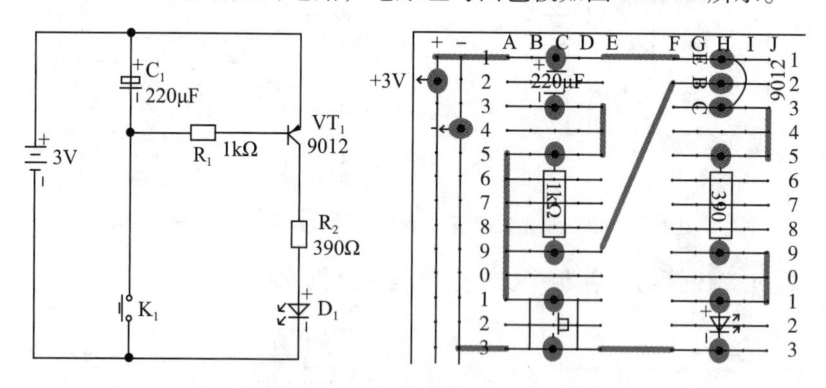

图 1.5.33　单只 9012 三极管定时电路电原理与面包板

练习 9. 电容定时电路，电原理与面包板如图 1.5.34 所示。

练习 10. 多谐振荡器电路，电原理与面包板如图 1.5.35 所示。

练习 11. NE555 光线不足报警器电路，电原理与面包板如图 1.5.36 所示。

练习 12. NE555 定时器电路，电原理与面包板如图 1.5.37 所示。

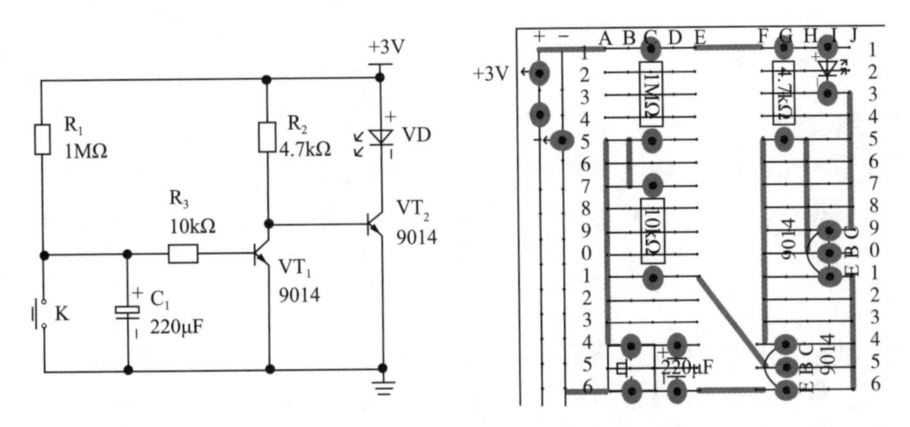

图 1.5.34　电容定时电路电原理与面包板

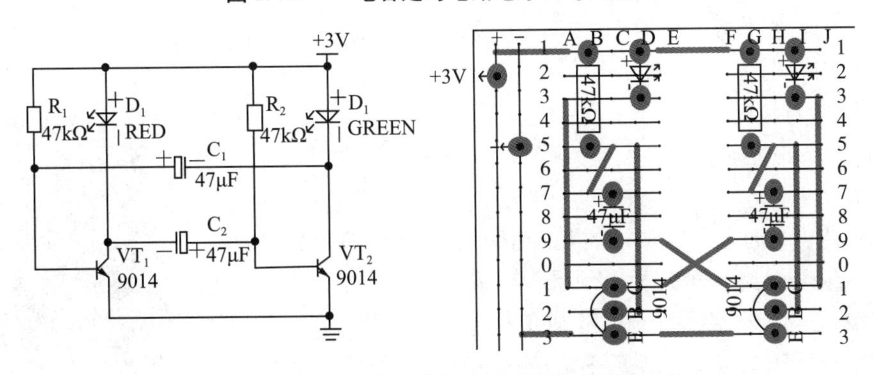

图 1.5.35　多谐振荡器电路电原理与面包板

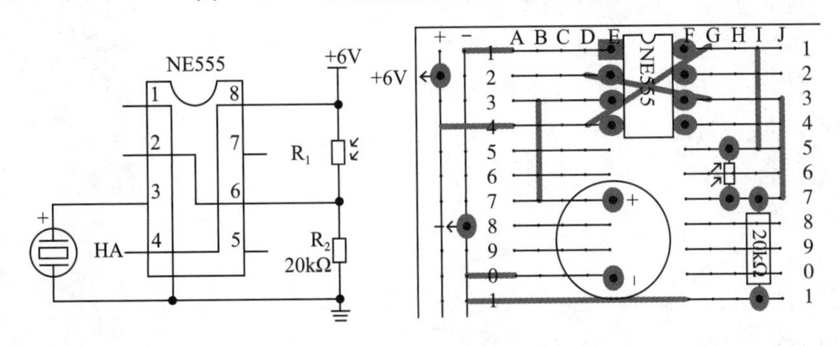

图 1.5.36　NE555 光线不足报警器电路电原理与面包板

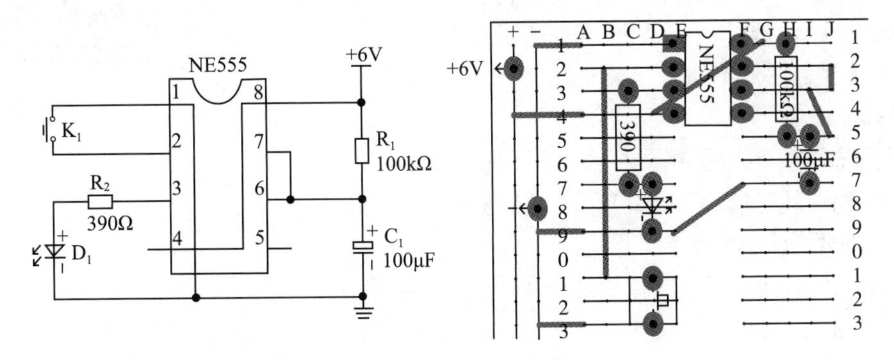

图 1.5.37　NE555 定时器电路电原理与面包板

五、万用表测量

1. 万用表概述

万用表是一种可测量直流电压、直流电流、交流电压、交流电流、电阻值、电容量、二极管正向电压降、三极管直流放大系数等电学参数的常用仪表。万用表种类有很多，有指针式、数字式，有手持式、台式，有高精度型、一般精度型等。

2. 三位半数字万用表

三位半数字万用表，最大显示值为1999，即三位半，测量精度详见使用说明书。

使用时，将“POWER”按钮按下。液晶显示屏如出现电池符号，表示此台万用表电池电量不足，需要更换新电池。

测试之前，需将功能开关旋转至所需的量程档位处，并将红色表笔和黑色表笔插入到对应的插孔内。

（1）测量直流电压

如图 1.5.38 所示。

测量方法：

①将黑色表笔插入“COM”插孔，红色表笔插入“V/Ω”插孔。

②将功能开关旋转至“V ~”量程范围。

③将测试表笔连接到待测电源或负载上。

④如果显示结果为负，表示正负极性测反了。如果显示结果为1，表示超过测量量程，应将功能开关旋转至更高量程，如果不知道被测电压范围，应将功能开关旋转至最高量程。

⑤测量高电压时，要格外注意，避免触电。

⑥此表不可以测量高于1000V 的直流电压，否则会烧毁仪表。

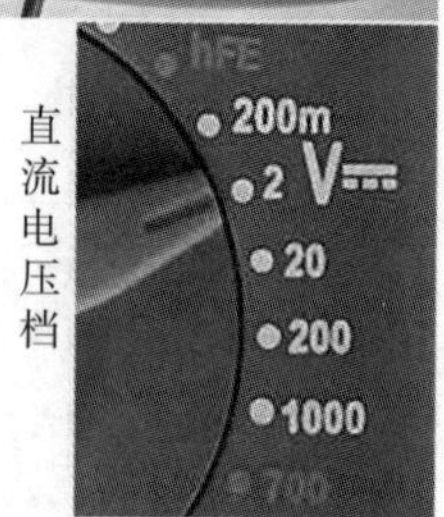

图 1.5.38　测量直流电压

（2）测量交流电压

如图 1.5.39 所示。

测量方法：

①将黑色表笔插入“COM”插孔，红色表笔插入“V/Ω”插孔。

②将功能开关旋转至“V ~”量程范围。

③将测试表笔连接到待测电源或负载上。

④如果显示结果为 1，表示超过测量量程，应将功能开关旋转至更高量程，如果不知道被测电压范围，应将功能开关旋转至最高量程。

⑤测量高电压时，要格外注意，避免触电。

⑥此表不可以测量高于700V 的交流电压，否则会烧毁仪表。

（3）测量直流电流

测量小于200mA 直流电流方法，如图 1.5.40 所示。

①将黑色表笔插入“COM”插孔，红色表笔插入“mA”插孔。

②将功能开关旋转至“mA ~”量程范围。

③将测试表笔串联到待测电路或负载上。

④如果显示结果为负，表示正负极性测反了。如果显示结果为1，表示超过测量量程，应将功能开关旋转至更高量程，如果不知道被测电流范围，应将功能开关旋转至最高量程。

⑤测量高于200mA电流时，仪表内保险丝将被烧断，需更换后，才能继续使用。

测量小于20A、大于200mA直流电流方法，如图1.5.41所示。

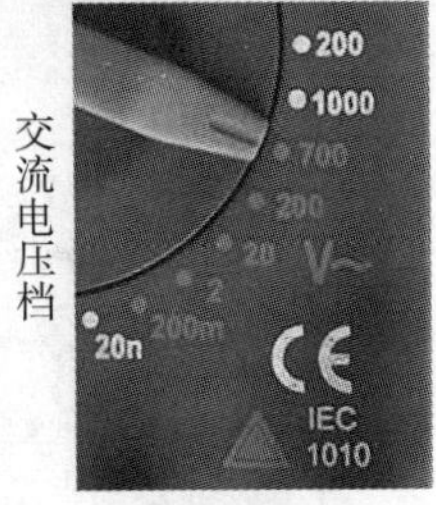

图1.5.39　测量交流电压

图1.5.40　测量直流200mA电流

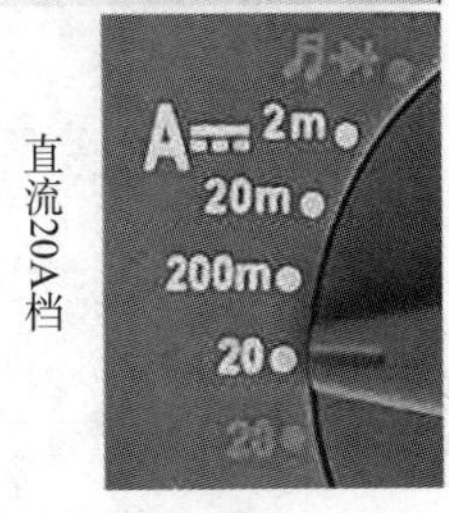

图1.5.41　测量直流20A电流

①将黑色表笔插入“COM”插孔，红色表笔插入“20A”插孔。

②将功能开关旋转至“20A～”处。

③将测试表笔串联到待测电路或负载上。

④如果显示结果为负，表示正负极性测反了。

⑤如果测量高于20A电流时，仪表将被烧毁，无法继续使用，此量程无保险丝保护。

（4）测量交流电流

测量小于200mA交流电流方法，如图1.5.42所示。

①将黑色表笔插入“COM”插孔，红色表笔插入“mA”插孔。

②将功能开关旋转至“mA～”量程范围。

③将测试表笔串联到待测电路或负载上。

④如果显示结果为1，表示超过测量量程，应将功能开关旋转至更高量程，如果不知道被测电流范围，应将功能开关旋转至最高量程。

⑤测量高于200mA电流时，仪表内保险丝将被烧断，需更换后，才能继续使用。

测量小于 20A、大于 200mA 交流电流方法，如图 1.5.43 所示。

①将黑色表笔插入“COM”插孔，红色表笔插入“20A”插孔。

②将功能开关旋转至“20A ~”处。

③将测试表笔串联到待测电路或负载上。

④如果测量高于 20A 电流时，仪表将被烧毁，无法继续使用，此量程无保险丝保护。

（5）测量电阻值

如图 1.5.44 所示。

交流电流档

交流20A档

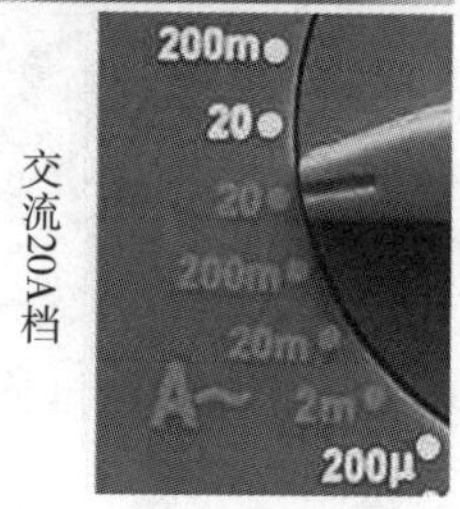

电阻档

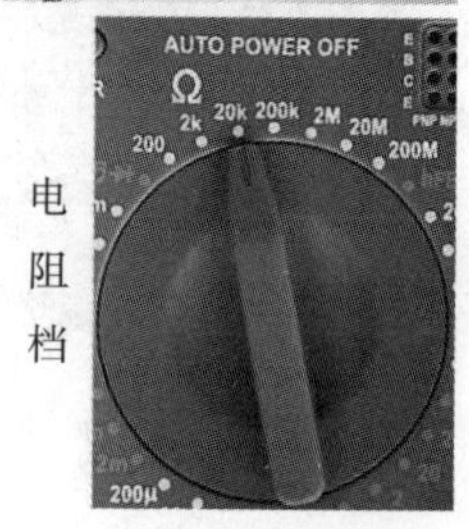

图 1.5.42　测量交流 200mA 电流　**图 1.5.43　测量交流 20A 电流**　**图 1.5.44　测量电阻值**

测量方法：

①将黑色表笔插入“COM”插孔，红色表笔插入“V/Ω”插孔。

②将功能开关旋转至“Ω”量程范围。

③将测试表笔连接到待测电阻上。

④如果显示结果为 1，表示超过测量量程，应将功能开关旋转至更高量程，如果不知道被测电阻范围，应将功能开关旋转至最高量程。

⑤测量大于 1MΩ 电阻时，测试结果需要几秒后才能稳定下来，属于正常现象。

⑥测试电阻时，要确保电路电源已断开、电容已放电，否则会影响测试结果，甚至会烧毁仪表。

（6）测量电容量

如图 1.5.45 所示。

测量方法：

①将电容测试插座插入“COM”插孔和“mA”插孔中（注：如果没有电容测试插座，可将黑表笔和红表笔分别插入“COM”插孔和“mA”插孔中，运用表笔测量电容前，需要记下由于表笔带入的电容值，最终的测试结果应减去测量前记下的那个数值）。

②将功能开关旋转至“F”量程范围。

③将待测电容插入到电容测试插座内。

④如果显示结果为 1，表示超过测量量程，应将功能开关旋转至更高量程，如果不知道被测电阻范围，应将功能开关旋转至最高量程。

⑤测量大电容时，测试结果需要几秒后才能稳定下来，属于正常现象。

⑥测试电容时，要确保电容已放电，否则会影响测试结果，甚至会烧毁仪表。

（7）测量二极管正向压降

如图 1. 5. 46 所示。

测量方法：

①将黑色表笔插入“COM”插孔，红色表笔插入“V/Ω”插孔。

②将功能开关旋转至二极管档位上。

③将红色表笔接二极管正极，黑色表笔接二极管负极，测试结果将显示二极管正向电压降。

④将红色表笔接二极管负极，黑色表笔接二极管正极，测试结果将显示 1。

（8）测量三极管直流放大系数

如图 1. 5. 47 所示。

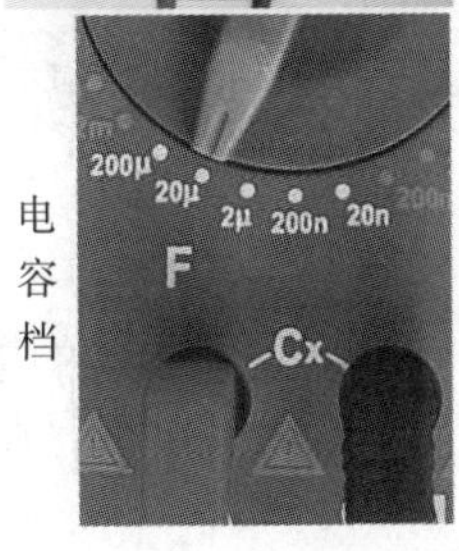

图 1. 5. 45　测量电容量

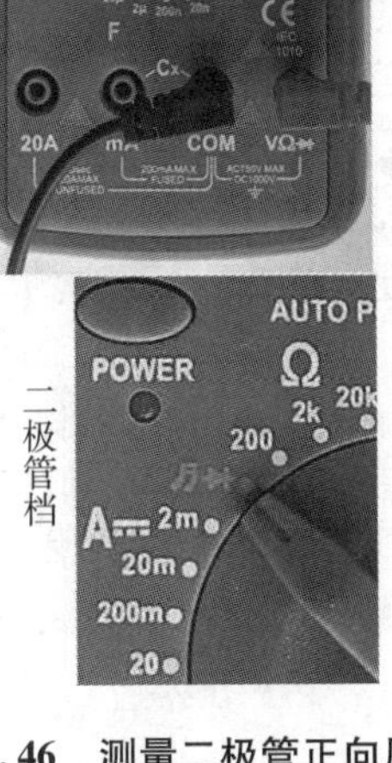

图 1. 5. 46　测量二极管正向压降

图 1. 5. 47　测量三极管直流放大系数

测量方法：

①将功能开关旋转至“hFE”档位。

②将 NPN 型或 PNP 型三极管的发射极、基极、集电极分别插入面板上对应的 e、b、c 插孔内。

③仪表将显示 hFE 近似值，测试条件：$Ib=10\mu A$，$Vce=2.8V$。

④hFE 是三极管直流放大系数简称，直流电流放大系数是指在静态无变化信号输入时，三极管集电极电流与基极电流的比值，用字母 β 表示，β 值不是固定值，在 Ib 较小时，β 也较小，在 Ib 较大时，β 也较小，设置三极管的工作点时，一般安排在 β 曲线的较平坦的区域，这样的区域就是说明书中提供 β 的直流测试参数。

3. 运用万用表测量电压、电流、电阻

例 1. 测量两只电阻器并联状态下的电压、电流、电阻，电原理图如图 1.5.48 所示。

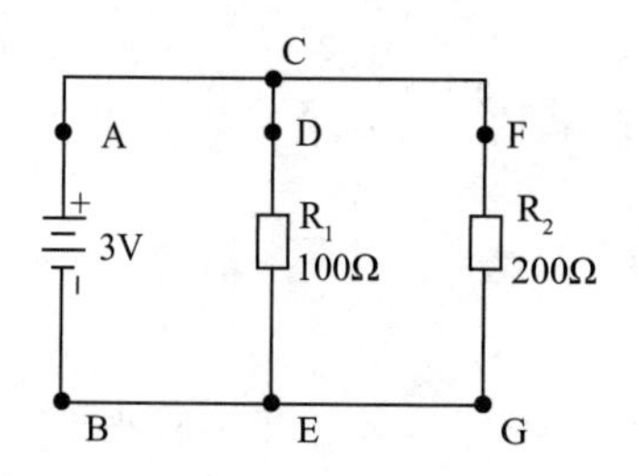

图 1.5.48 测量两只电阻器并联状态下的电压、电流、电阻的电原理

①请在面包板上连接好上述电路。

②请用万用表直流“20V”档测试 AB 两点的电压（即电源电压）、DE 两点的电压（即电阻 R_1 两端电压）、FG 两点的电压（即电阻 R_2 两端电压），如图 1.5.49 所示。

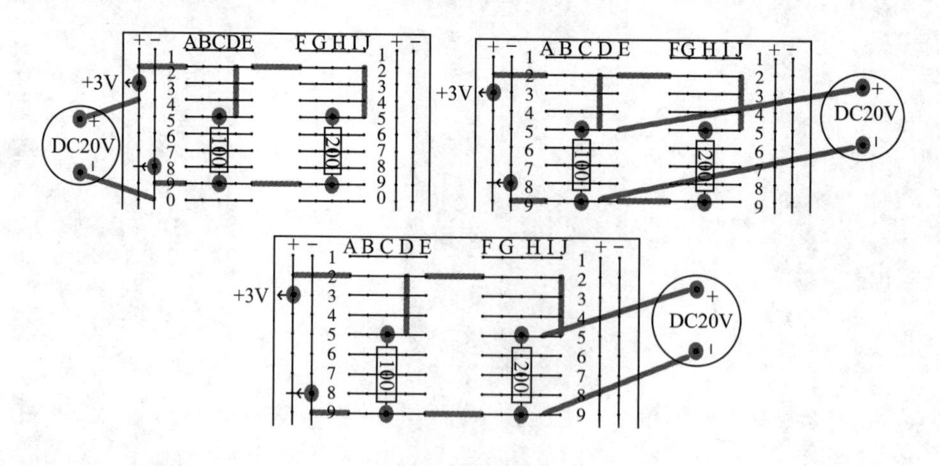

图 1.5.49 测量两只电阻器并联电压面包板

③请用万用表直流“200mA”档测试通过 A 点的电流（即电源电流）、通过 D 点的电流（即通过电阻 R_1 的电流）、通过 F 点的电流（即通过电阻 R_2 的电流），并标出 A、D、F 三处电流方向，如图 1.5.50 所示。

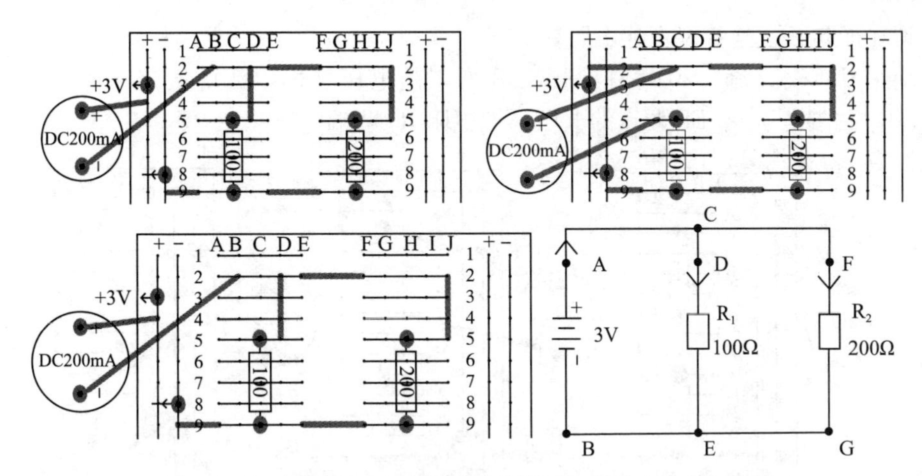

图1.5.50　测量两只电阻器并联电流面包板及电流方向标记

④断开电源，用万用表电阻“200Ω”档，测试CE之间的电阻（即R_1和R_2并联后的电阻）、断开C与D之间连接线，测试DE两点之间的电阻（即电阻R_1的电阻值）、FG两点的电压（即电阻R_2的电阻值）。注意：如果显示结果为1，请将功能开关旋转至更高量程，如图1.5.51所示。

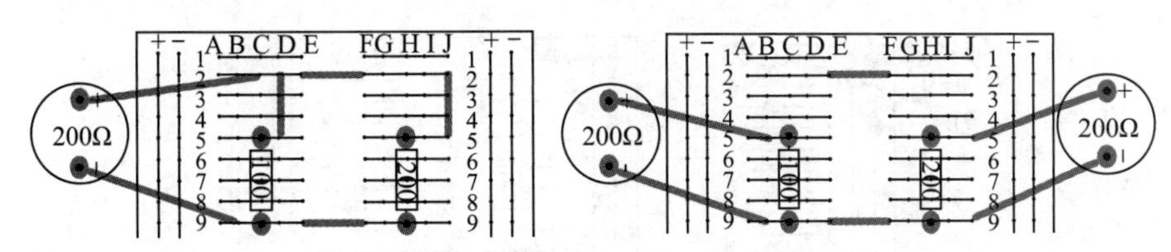

图1.5.51　测量两只电阻器并联电阻面包板

记录数据：

①两只电阻器并联，电源电压为（　　　　），R_1两端电压为（　　　　），R_2两端电压为（　　　　）。

②两只电阻器并联，电源电流为（　　　　），通过R_1电流为（　　　　），通过R_2电流为（　　　　）。

③两只电阻器并联，并联后的电阻为（　　　　）。

思考题：

1. 两只电阻器并联，电源电压与R_1两端电压和R_2两端电压有什么关系？
2. 两只电阻器并联，电源电流与通过R_1电流和通过R_2电流有什么关系？
3. 两只电阻器并联，并联后的电阻与R_1的电阻值和R_2的电阻值有什么关系？

例2. 测量两只电阻器串联状态下的电压、电流、电阻，电原理如图1.5.52所示。

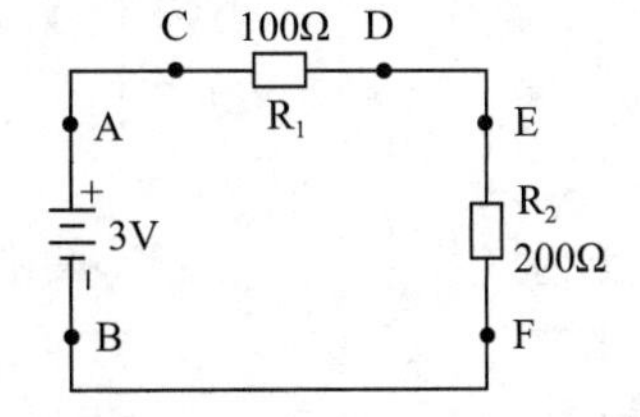

图1.5.52　测量两只电阻器串联状态下的电压、电流、电阻的电原理

①请在面包板上连接好上述电路。

②请用万用表直流“20V”档测试AB两点的电压（即电源电压）、CD两点的电压（即电阻R_1两端电压）、EF两点的电压（即电阻R_2两端电压），如图1.5.53所示。

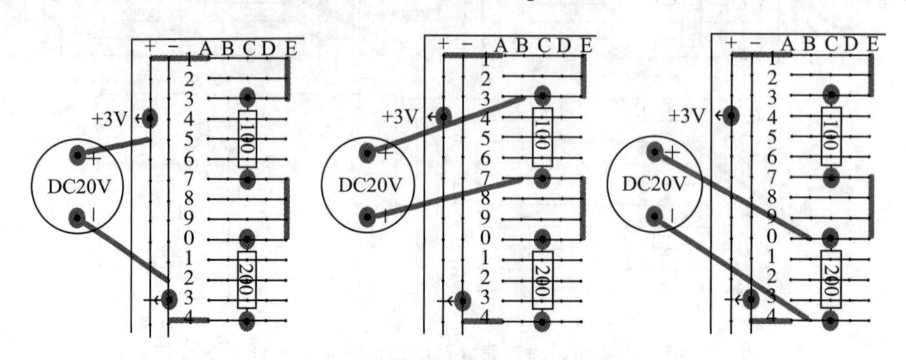

图1.5.53　测量两只电阻器串联电压面包板

③请用万用表直流“200mA”档测试通过A点的电流（即电源电流）、通过C点的电流（即通过电阻R_1的电流）、通过E点的电流（即通过电阻R_2的电流），并标出A、C、E三处电流方向，如图1.5.54所示。

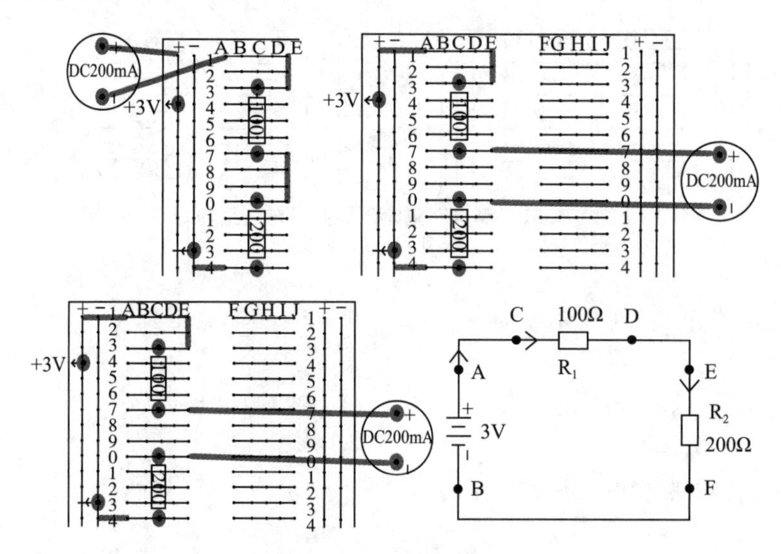

图1.5.54　测量两只电阻器串联电流面包板及电流标记

④断开电源，用万用表电阻“200Ω”档，测试CF之间的电阻（即R_1和R_2串联后的电阻）、断开D与E之间连接线，测试CD两点之间的电阻（即电阻R_1的电阻值）、EF两点的电压（即电阻R_2的电阻值）（注：如果显示结果为1，请将功能开关旋转至更高量程），如图1.5.55所示。

记录数据：

①两只电阻器串联，电源电压为（　　　　），R_1两端电压为（　　　　），R_2两端电压为（　　　　）。

②两只电阻器串联，电源电流为（　　　　），通过R_1电流为（　　　　），通过R_2

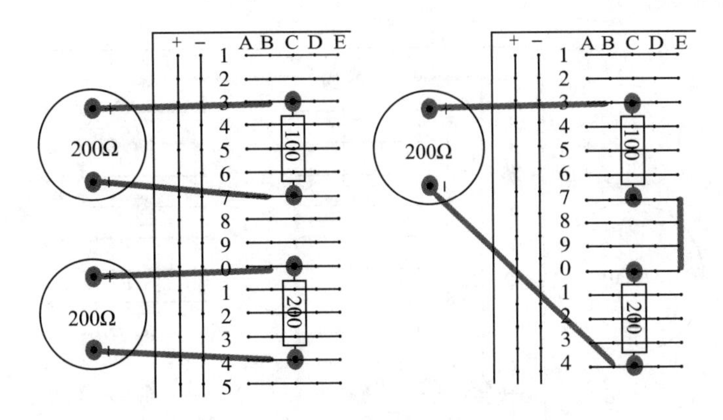

图 1. 5. 55　测量两只电阻器串联电阻面包板

电流为（　　　　）。

③两只电阻器串联，串联后的电阻为（　　　　）。

思考题：

1. 两只电阻器串联，电源电压与 R_1 两端电压和 R_2 两端电压有什么关系？
2. 两只电阻器串联，电源电流与通过 R_1 电流和通过 R_2 电流有什么关系？
3. 两只电阻器串联，串联后的电阻与 R_1 的电阻值和 R_2 的电阻值有什么关系？

例 3. 测量 9014 三极管电路，电原理如图 1. 5. 56 所示。

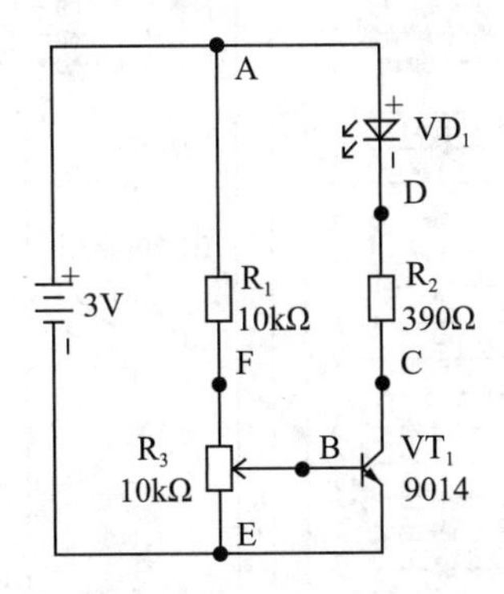

图 1. 5. 56　测量 9014 三极管电路的电原理

①请在面包板上连接好上述电路。

②调节电位器，使发光二极管刚好由熄灭变为点亮，用万用表直流 20V 档测试 AE 两点的电压（即电源电压）、AF 两点的电压（即电阻 R_1 两端电压）、FB 两点的电压、BE 两点的电压（即电位器 R_3 三只脚电压）、AD 两点的电压（即发光二极管 VD_1 两端电压）、DC 两点的电压（即电阻 R_2 两端电压）、CE 两点的电压（即三极管 CE 两脚电压），如图 1. 5. 57所示。

③调节电位器，使发光二极管刚好由熄灭变为点亮，用万用表直流 200mA 档测试通过 F 点的电流（即通过电阻 R_1 的电流）、通过 B 点的电流（即通过三极管 B 极的电流）、通过 C 点的电流（即三极管 C 极的电流），并标出 F、B、C 三处电流方向，如图 1. 5. 58 所示。

④计算三极管集电极电流与基极电流的比值，取出三极管 9014，用万用表“hEF”

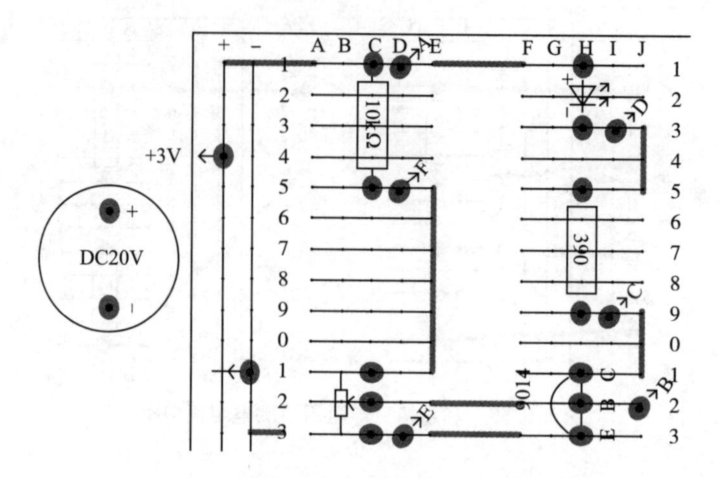

图 1. 5. 57　测量 9014 三极管电路电压的面包板

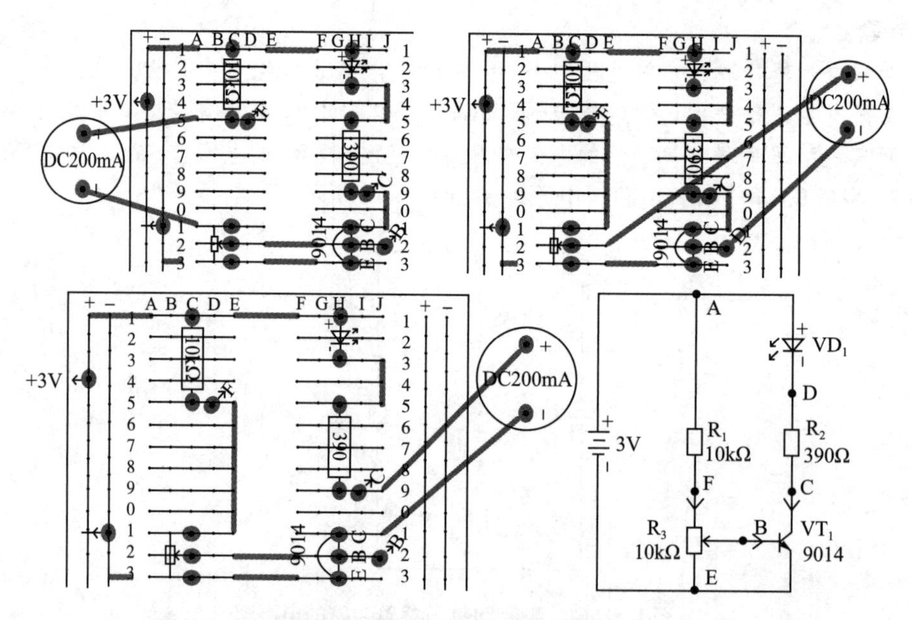

图 1. 5. 58　测量 9014 三极管电路电流的面包板及电流标记

档，测试三极管直流放大倍数。

记录数据：

①调节电位器，使发光二极管刚好由熄灭变为点亮，用万用表直流“20V”档测试 AE 两点的电压（即电源电压）为（　　　　）、AF 两点的电压（即电阻 R_1 两端电压）为（　　　　）、FB 两点的电压为（　　　　）、BE 两点的电压（即电位器 R_3 三只脚电压）为（　　　　）、AD 两点的电压（即发光二极管 VD_1 两端电压）为（　　　　）、DC 两点的电压（即电阻 R_2 两端电压）为（　　　　）、CE 两点的电压（即三极管 CE 两脚电压）为（　　　　）。

②调节电位器，使发光二极管刚好由熄灭变为点亮，用万用表直流 200mA 档测试通过 F 点的电流（即通过电阻 R_1 的电流）为（　　　　）、通过 B 点的电流（即通过

三极管 B 极的电流）为（　　　　　）、通过 C 点的电流（即三极管 C 极的电流）为（　　　　　）。

③三极管集电极电流为（　　　　），基极电流为（　　　　），三极管集电极电流与基极电流的比值为（　　　　），取出三极管 9014，用万用表 hEF 档，测试三极管直流放大倍数为（　　　）。

思考题：

1. 9014 三极管由截止变为导通时，发光二极管刚好由熄灭变为点亮，三极管 B 极与 E 极之间电压是多少伏？

2. 发光二极管点亮时，它两端的电压是多少伏？通过的电流为多少毫安？

例 4. 测量 9012 三极管电路，电原理图如图 1.5.59 所示。

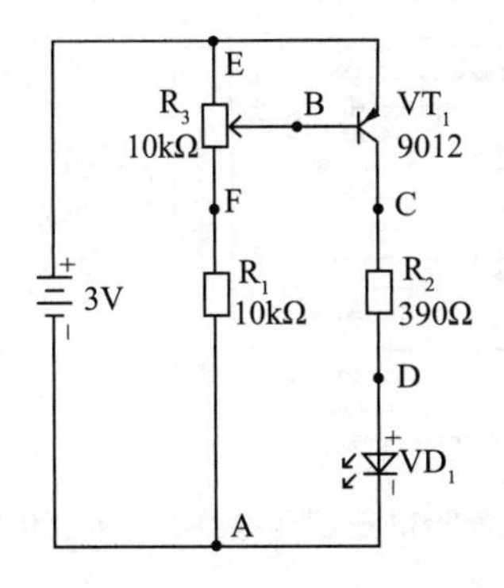

图 1.5.59　测量 9012 三极管电路的电原理

①请在面包板上连接好上述电路。

②调节电位器，使发光二极管刚好由熄灭变为点亮，用万用表直流“20V”档测试 EA 两点的电压（即电源电压）、FA 两点的电压（即电阻 R_1 两端电压）、BF 两点的电压、EB 两点的电压（即电位器 R_3 三只脚电压）、DA 两点的电压（即发光二极管 VD_1 两端电压）、CD 两点的电压（即电阻 R_2 两端电压）、EC 两点的电压（即三极管 EC 两脚电压），如图 1.5.60 所示。

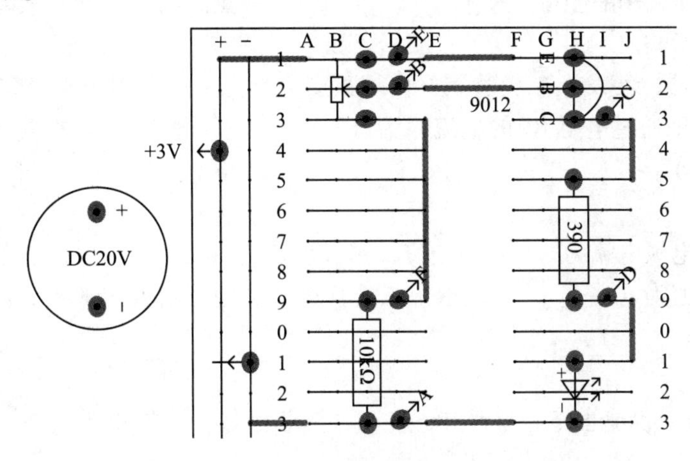

图 1.5.60　测量 9012 三极管电路电压的面包板

③调节电位器，使发光二极管刚好由熄灭变为点亮，用万用表直流“200mA”档测试通过 F 点的电流（即通过电阻 R_1 的电流）、通过 B 点的电流（即通过三极管 B 极的电流）、通过 C 点的电流（即三极管 C 极的电流），并标出 F、B、C 三处电流方向，如图 1.5.61所示。

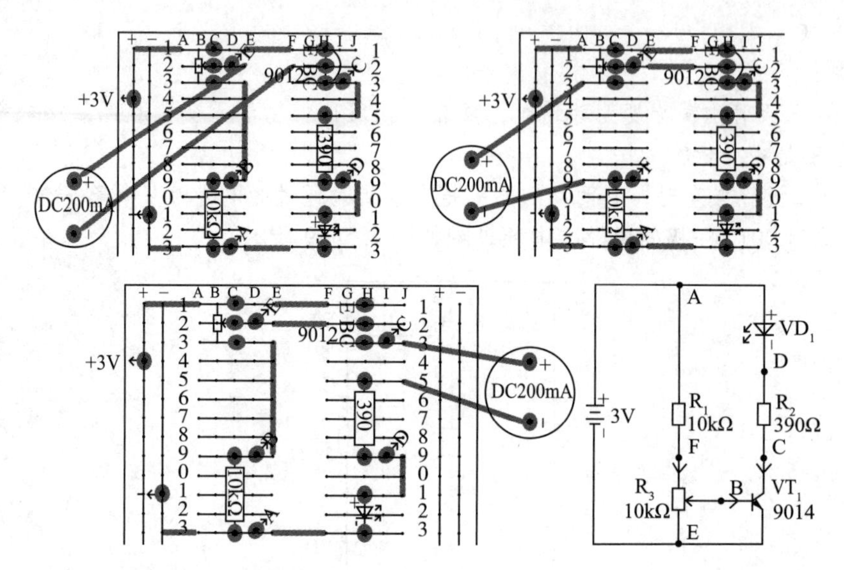

图 1.5.61　测量 9012 三极管电路电流的面包板及电流标记

④计算三极管集电极电流与基极电流的比值，取出三极管 9012，用万用表 hEF 档，测试三极管直流放大倍数。

记录数据：

①调节电位器，使发光二极管刚好由熄灭变为点亮，用万用表直流 20V 档测试 EA 两点的电压（即电源电压）为（　　　　）、FA 两点的电压（即电阻 R_1 两端电压）为（　　　　）、BF 两点的电压为（　　　　）、EB 两点的电压（即电位器 R_3 三只脚电压）为（　　　　）、DA 两点的电压（即发光二极管 VD_1 两端电压）为（　　　　）、CD 两点的电压（即电阻 R_2 两端电压）为（　　　　）、EC 两点的电压（即三极管 EC 两脚电压）为（　　　　）。

②调节电位器，使发光二极管刚好由熄灭变为点亮，用万用表直流 200mA 档测试通过 F 点的电流（即通过电阻 R_1 的电流）为（　　　　）、通过 B 点的电流（即通过三极管 B 极的电流）为（　　　　）、通过 C 点的电流（即三极管 C 极的电流）为(　　　　)。

③三极管集电极电流为（　　　　），基极电流为（　　　　），三极管集电极电流与基极电流的比值为（　　　　），取出三极管 9012，用万用表 hEF 档，测试三极管直流放大倍数为（　　　　）。

思考题：

1. 9012 三极管由截止变为导通时，发光二极管刚好由熄灭变为点亮，三极管 B 极与 E 极之间电压是多少伏？

2. 发光二极管点亮时，它两端的电压是多少伏？通过的电流为多少毫安？

例5. 测量NE555芯片电路，电原理如图1.5.62所示。

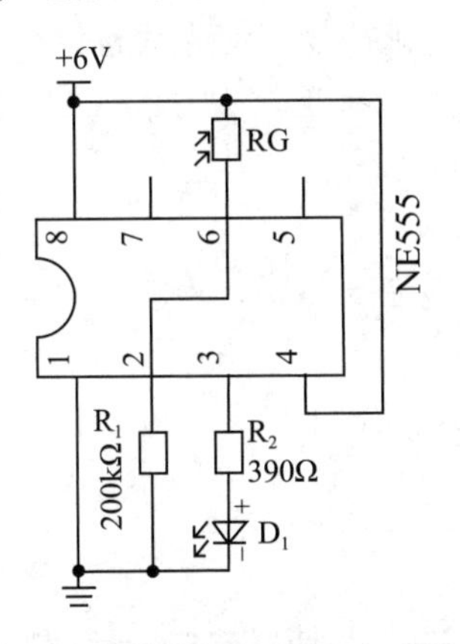

图1.5.62 测量NE555芯片电路的电原理

①请在面包板上连接好上述电路，如图1.5.63所示。

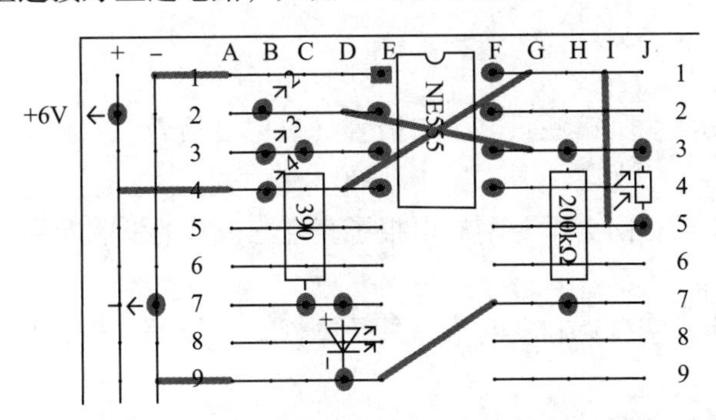

图1.5.63 测量NE555芯片电路的面包板

②挡住光敏电阻，使光线变暗，发光二极管将点亮，用万用表直流“20V”档测试芯片第2脚的电位、第3脚的电位、第4脚的电位（注：所谓电位，指相对于电源负极的电压高低）。

③将光敏电阻放置在光线明亮地方，发光二极管将熄灭，用万用表直流“20V”档测试芯片第2脚的电位、第3脚的电位、第4脚的电位。

④缓慢地挡住光敏电阻，使光线逐渐变暗，用万用表直流“20V”档测试芯片第2脚的电位，当发光二极管刚好点亮时，第2脚的电位是多少伏。

⑤缓慢地移开光敏电阻上方的遮挡物，使光线逐渐变亮，用万用表直流“20V”档测试芯片第2脚的电位，当发光二极管刚好由点亮变熄灭时，第2脚的电位是多少伏。

记录数据：

①挡住光敏电阻，使光线变暗，发光二极管将点亮，用万用表直流“20V”档测试芯片第2脚的电位为（　　　）、第3脚的电位为（　　　）、第4脚的电位为（　　　）。

②将光敏电阻放置在光线明亮地方，发光二极管将熄灭，用万用表直流“20V”档测试芯片第2脚的电位为（　　　）、第3脚的电位为（　　　）、第4脚的电位为（　　　）。

③缓慢地挡住光敏电阻，使光线逐渐变暗，用万用表直流“20V”档测试芯片第2脚的电位（变大、变小、不变），当发光二极管刚好点亮时，第2脚的电位是

(　　　　)伏。

④缓慢地移开光敏电阻上方的遮挡物，使光线逐渐变亮，用万用表直流“20V”档测试芯片第2脚的电位（变大、变小、不变），当发光二极管刚好由点亮变熄灭时，第2脚的电位是（　　　　）伏。

思考题：

1. NE555集成电路，当电源电压为6V时，第2脚电位降低至（　　　　）伏，第3脚电位从（　　　　）伏变为（　　　　）伏。

2. NE555集成电路，当电源电压为6V时，第2脚电位升高至（　　　　）伏，第3脚电位从（　　　　）伏变为（　　　　）伏。

第6节　规模庞大的电路

一、集成电路

1904年，弗莱明发明了第一只电子二极管（真空二极管），标志着世界从此进入了电子时代。

1907年，德福雷斯特向美国专利局申报了真空三极管的发明专利，使得电子管成为实用的元件。

1947年，贝尔实验室肖克利发明第一只晶体管（点接触三极管），标志晶体管时代的开始。

1958年，德克萨斯仪器公司的基尔比为研究小组研制出了世界上第一块集成电路——移相振荡器，宣布电子工业进入了集成电路时代。

集成电路是采用半导体制作工艺，在单晶硅片上制作大量的电阻、电容、二极管、三极管等元件，采用多层布线或隧道布线的方法，将各种元件组合成具有一定功能的电子电路。

同分立元件相比，集成电路具有体积小、重量轻、功耗低、性能好、可靠性高、成本低等特点，是目前电子产品和设备实现小型化、便携式所必需的。

二、集成电路的类型

集成电路按功能可分为数字电路、模拟电路、接口电路和特殊电路四类。

1. 数字电路

数字电路按电路可分为TTL电路（晶体管－晶体管逻辑集成电路，对电源要求偏差小于10%，多余的门电路输入端最好接电源上或并联使用，多余的输出端则悬空）、ECL电路（发射极耦合逻辑集成电路，是各种逻辑电路中速度最快的电路，用于高速信息系统数据传输）、CMOS电路（互补对称金属氧化物半导体集成电路，静态功耗很小、工作电压范围宽、抗干扰能力强）；按功能可分为门电路、触发器、计数器、存储器、微处理器等。

2. 模拟电路

模拟电路又分为运算放大器（主要用于模拟运算，如进行加法、减法、积分和微分等各种数学运算）、稳压器、音响电路、电视电路、非线性电路。

3. 接口电路

接口电路又分为电平转换器、电压比较器、线驱动接收器、外围驱动器。

4. 特殊电路

特殊电路又分为通信电路、机电仪电路、消费类电路、传感器。

三、555 时基集成电路

555 时基电路，因输入端设计有 3 个 5kΩ 的电阻而得名，它是一种多用途的模拟电路与数字电路混合的集成电路，可以方便地构成施密特触发器、单稳态触发器和多谐振荡器，能够产生精确的时间延迟和振荡，运用 555 时基电路设计的定时器，定时精度比较高。555 时基电路采用单电源供电，双极型 555 的供电电压范围为 4. 5 ~ 15V，CMOS555 的供电电压范围为 3 ~ 18V。如图 1. 6. 1 所示。

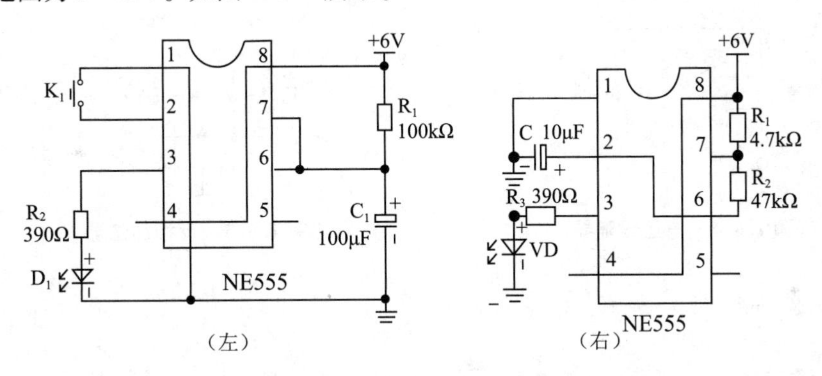

图 1. 6. 1　NE555 时基集成电路

左为 NE555 定时器电路，图中 R_1 = 100kΩ，C_1 = 100μF，按下按钮开关 K_1，发光二极管 D_1 可点亮约 12s，然后自动熄灭，增大 R_1 = 200kΩ，延时时间约 24s

右为 NE555 多谐振荡器电路，图中 R_1 = 4. 7kΩ，R_2 = 47kΩ，C_1 = 10μF，发光二极管 D_1 将一亮一灭，点亮时间为 360ms，熄灭时间为 350ms

四、运算放大器

1. 运算放大器的类型

运算放大器按用途可分为通用型、低功耗型、高精度型、高速型、宽带型、高压型、高阻型、功率型、跨导型、程控型、电流型。

2. 运算放大器的应用

（1）反相比例放大器

如图 1. 6. 2 所示。

反相放大器的闭环电压增益为：

$$A_{VF}=\frac{V_0}{V_S}=-\frac{Z_f}{Z_s}$$

式中，Z_f 为反馈阻抗；Z_s 为输入阻抗。

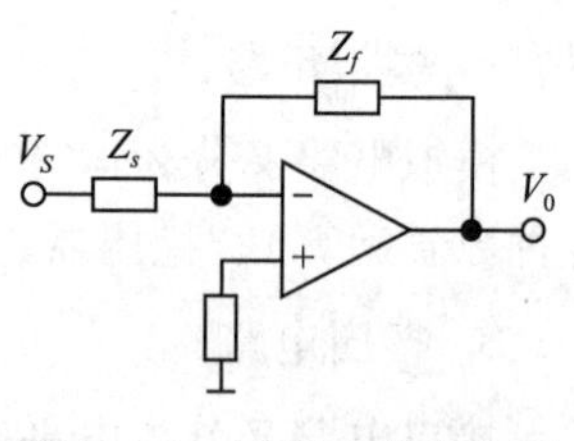

图 1.6.2　反相比例放大器

（2）同相放大器

如图 1.6.3 所示。

同相放大器的闭环电压增益为：

$$A_{VF}=\frac{V_0}{V_S}=\frac{Z_s+Z_f}{Z_s}$$

式中，Z_f 为反馈阻抗，Z_s 为输入阻抗。

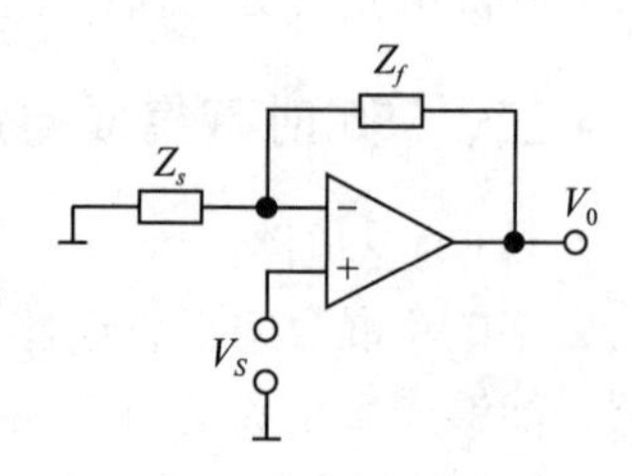

图 1.6.3　同相放大器

（3）电压跟随器

如图 1.6.4 所示。

电压跟随器实质是反馈电阻为 0、输入电阻为无穷大，闭环电压增益为 1 的同相放大器。

（4）反相加法器

如图 1.6.5 所示。

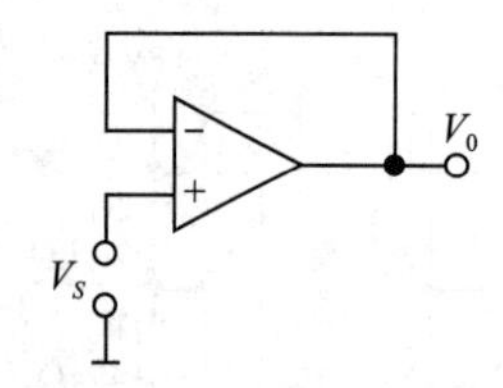

图 1.6.4　电压跟随器

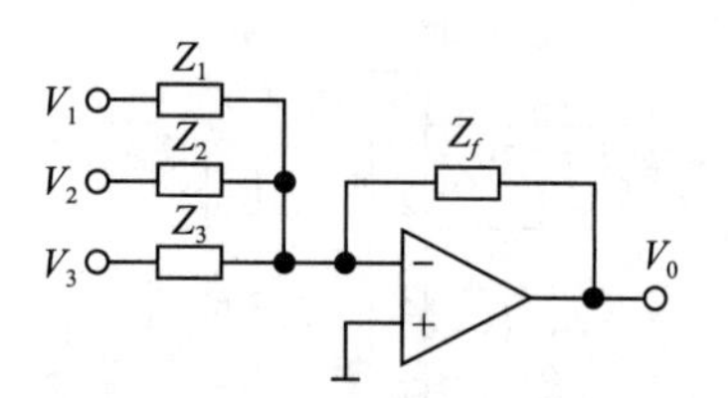

图 1.6.5　反相加法器

当 $Z_1=Z_2=Z_3$ 时，

$$V_0=\frac{Z_f}{Z_1}\ (V_1+V_2+V_3)$$

（5）电压比较器

如图 1.6.6 所示。

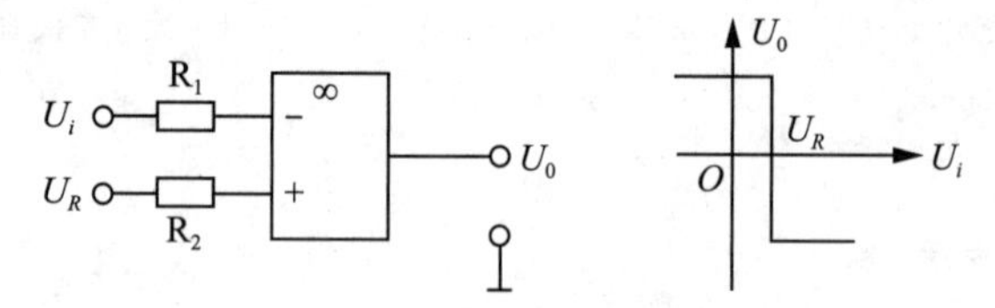

图 1.6.6　电压比较器

U_i 为输入电压，U_R 为参考电压，U_0 输出电压。

当 $U_i>U_R$，U_0 为负值，当 $U_i<U_R$，U_0 为正值。

（6）LM2904 通用型电压转换器

LM2904 集成电路为高增益（直流电压增益约 100dB）、宽频带（单位增益频带宽约 1MHz）、双运算放大器（运算放大器 A，第 3 脚同相输入，第 2 脚反相输入，第 1 脚输出，运算放大器 B，第 5 脚同相输入，第 6 脚反相输入，第 7 脚输出）。

封装形式有 PDIP－8 塑料 8 脚双列直插式和 SOIC－8 塑料 8 脚双列贴片式。

单电源供电（第 8 脚接正，第 4 脚接负）工作电压 3 ~ 30V，双电源供电工作电压 ±1.5 ~ ±15V。

注：增益指放大器的功率或电压的放大倍数，增益单位是分贝，英文符号 dB，增益常用输出功率或电压与输入功率或电压的比值的常用对数表示。公式是：电压增益(dB) = 20lg 电压放大倍数，其中 lg 表示以 10 为底的对数，比如：电压放大 10 倍，电压增益为 20dB，电压放大 100 倍，电压增益为 40dB。

五、三端集成稳压器

1. 三端集成稳压器的类型

三端集成稳压器按性能和用途可分为三端固定正输出稳压器（如 7800 系列）、三端固定负输出稳压器（如 7900 系列）、三端可调正输出稳压器（如 LM317）和三端可调负输出稳压器（如 LM337）共 4 种。

2. 三端集成稳压器的应用

（1）三端固定正输出稳压器

三端固定式稳压器的输出电压有 5V、6V、9V、12V、15V、18V、24V 共 7 种，比如：7805、7806、7905、7906。

三端固定正输出稳压器，如图 1.6.7 所示。

提高三端固定正输出电压电路，如图 1.6.8 所示。

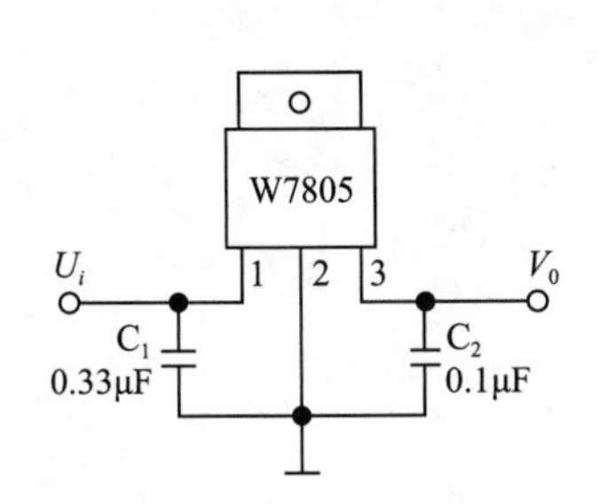

图 1.6.7　三端固定正输出稳压器

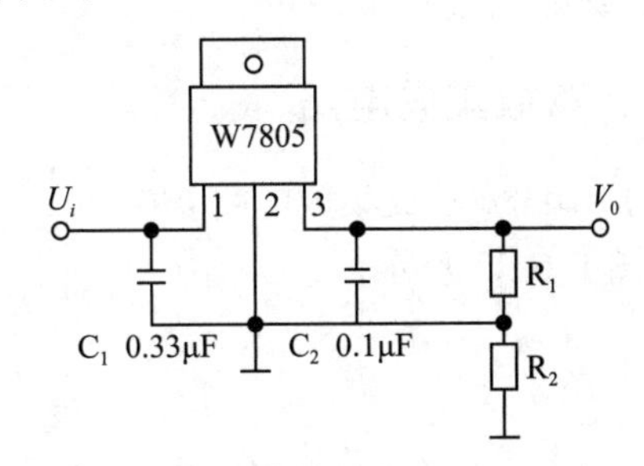

图 1.6.8　提高三端固定正输出电压电路

扩大三端固定正输出电流电路，如图 1.6.9 所示。

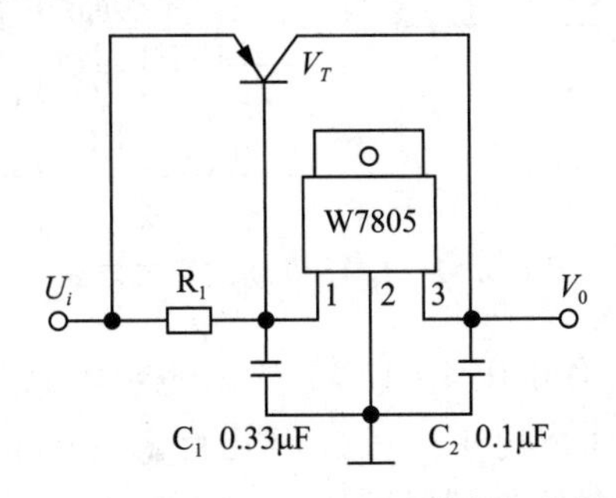

图 1.6.9　扩大三端固定正输出电流电路

（2）TL431A 可调稳压器

TL431A 可调稳压集成电路，如图 1.6.10 所示。

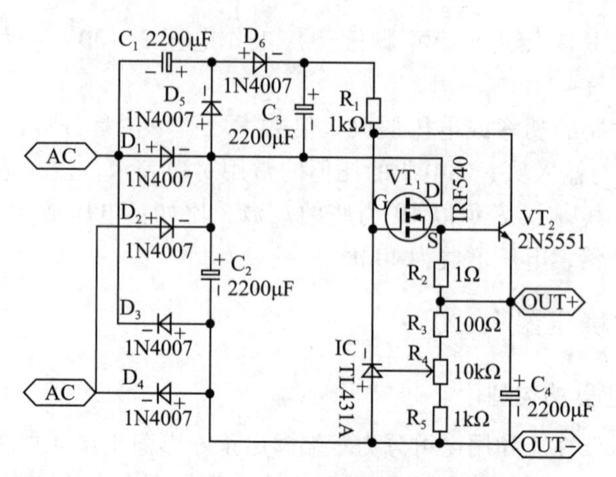

图 1.6.10　TL431A 可调稳压集成电路

TL431 是一个有良好的热稳定性能的三端可调分流基准电压源，它的输出电压可用两个电阻就可以任意地设置到从 Vref（2.5V）到 36V 范围内的任何值，该元件的典型动态阻抗为 0.2Ω，在很多应用中可以用它代替齐纳二极管，例如，数字电压表、运放电路、可调压电源、开关电源等。

其特点是：输出噪声电压很低（电压参考误差 ±0.4%，25℃），工作温度范围温度系数很小（典型值 50ppm/℃），动态输出阻抗低（典型值 0.22Ω），输出电压范围为2.5～36V，负载电流为 1～100mA。

六、功放集成电路

（1）LM386 功放集成电路

如图 1.6.11 所示。

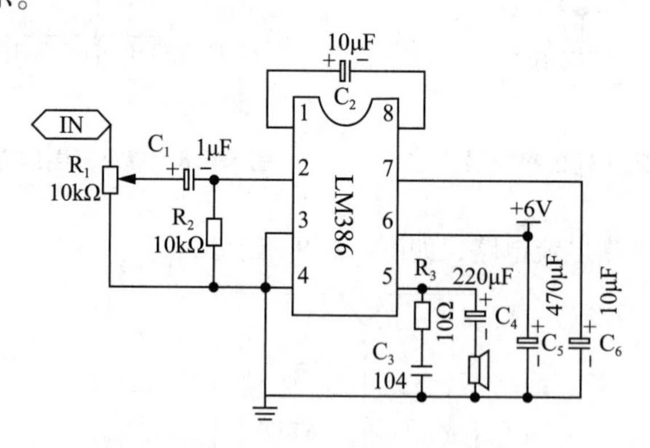

图 1.6.11　LM386 功放集成电路

LM386 功放集成电路，工作电压 4～12V，输出功率 0.5W，静态电流为 4mA，当电源电压为 12V 时，在 8Ω 的负载情况下，可提供几百毫瓦的功率。它的典型输入阻抗为 50kΩ，增大 C_2 电容量可增大放大器的增益。

（2）TDA2822 功放集成电路

如图 1.6.12 所示。

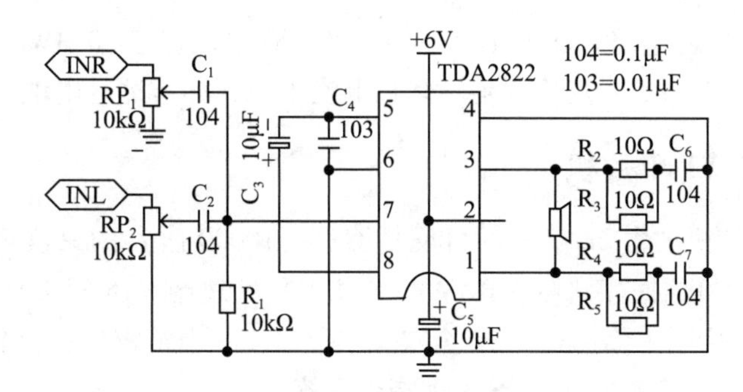

图 1.6.12　TDA2822 功放集成电路

TDA2822M 功放集成电路，工作电压 2 ~ 12V，输出功率可达 2W（1KHz，8Ω，9V，10% 总失真），静态电流小于 9mA（*Vcc* = 3V），谐波失真：0.2%（1kHz，8 ~ 32Ω），闭环增益：39dB（典型值），是一个双声道音频放大集成电路，可桥接成单声道，外围元件很少，不用装散热器，放音效果令人满意。

（3）TDA2030A 功放集成电路

如图 1.6.13 所示。

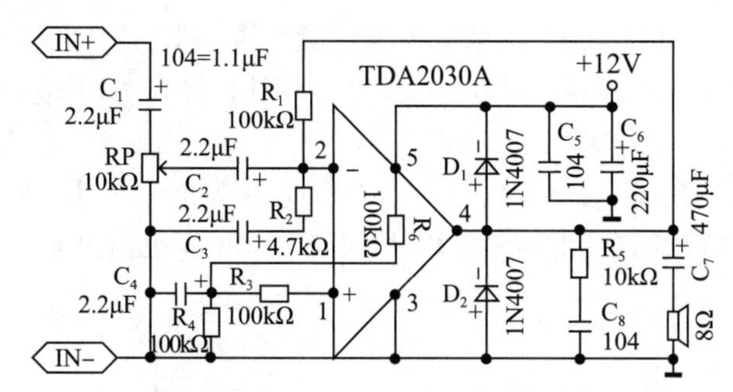

图 1.6.13　TDA2030A 功放集成电路

TDA2030 功放集成电路，工作电压 6 ~ 15V，输出功率可达 15W（*RL* = 4Ω），输出阻抗为 4 ~ 8Ω，其特点是：几乎无静态噪声，保真度高、失真小、外围元件少、装配简单、功率大，非常适合电子爱好者和音响发烧友动手做。

（4）TA7331P 功放集成电路

如图 1.6.14 所示。

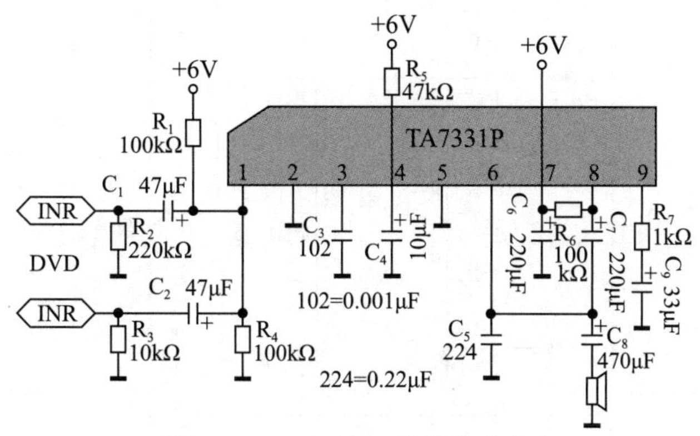

图 1.6.14　TA7331P 功放集成电路

TA7331P 功放集成电路，工作电压 2 ~ 5V，输出功率为 0.3W（$RL = 4\Omega$，$Vcc = 4.5V$），输出阻抗为 4 ~ 8Ω，其特点是：休眠电流 3mA，非常适合电池供电。

七、AT89C2051 单片机

AT89C2051 单片机内含 2k 字节的可反复擦写（10000 次）的只读程序存储器（PEROM）、128 字节的随机数据存储器（RAM）、8 位中央处理器，15 根 I/O 口，两个 16 位定时器，一个五向量两级中断结构，一个全双工串行口，一个精密模拟比较器以及两种可选的软件节电工作方式，兼容标准 MCS－51 指令系统。

AT89C2051 单片机的第 1 脚是复位引脚（注：复位即恢复、返回到初始状态，从头开始），当第 1 脚由低电平变成高电平后，单片机的所有 I/O 引脚就复位到“1”。

AT89C2051 单片机的第 4 脚和第 5 脚接 0Hz 至 24MHz 晶振。晶振，全称石英晶体谐振器，作用是产生一定的振荡频率。6MHz 表示晶振可在 1s 内产生 6000000 次振荡。

AT89C2051 单片机的第 20 脚接电源正极，工作电压范围是 2.7 ~ 6.0V，第 10 脚接电源负极。

AT89C2051 单片机的第 12 ~ 19 脚为 P1.0 ~ P1.7 双向 I/O 端口，其中 P1.2 ~ P1.7 端口内部设有上拉电阻，P1.0 和 P1.1 要求外部设置上拉电阻，P1.0 和 P1.1 可作为片内精密模拟比较器的同相输入（ANI0）和反相输入（AIN1）端口。P1 端口可吸收 20mA 电流并能直接驱动 LED 显示。

AT89C2051 单片机的第 2、3、6、7、8、9、11 脚为 P3.0 ~ P3.5、P3.7 双向 I/O 端口，P3.6 用于片内比较器的输出信号，P3 口可吸收 20mA 电流并能直接驱动 LED 显示。如图 1.6.15 所示。

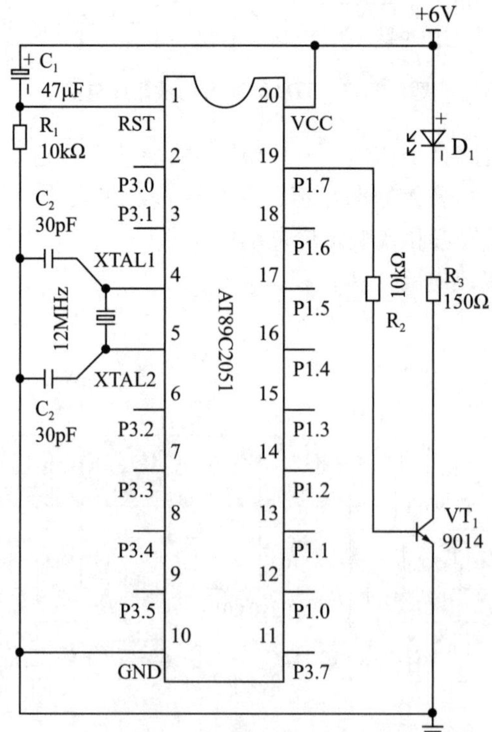

图 1.6.15　AT89C2051 单片机电路

八、其他常用集成电路

（1）KD－9300 音乐集成电路

如图 1.6.16 所示。

KD－9300 音乐集成电路，工作电压 1.3～5V，典型工作电压为 3V，触发电流极小（≤40μA），触发一次内存循环一次，休眠电流极小；当工作电压为 1.5V 时，实测输出电流≥2mA、静态总电流＜0.5μA；工作温度范围－10～60℃。使用时，需要在输出端焊接一只 NPN 型小功率晶体三极管来推动扬声器发声。

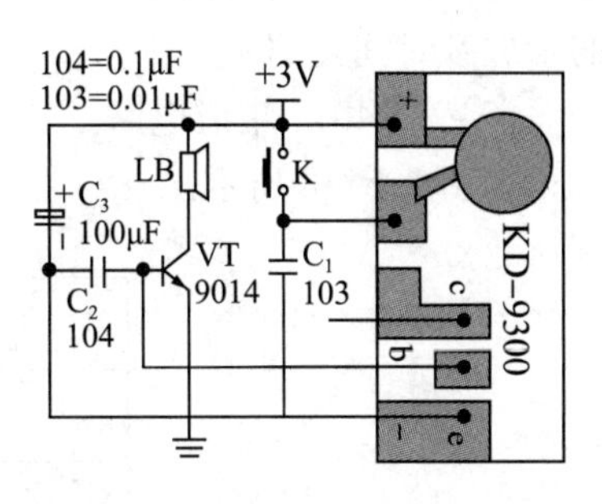

图 1.6.16　KD－9300 音乐集成电路

KD－9300 音乐集成电路，是一个大规模 CMOS 集成电路，内存一首音乐，故常用作音乐门铃、音乐贺卡或玩具发声，内部电路很复杂，由振荡器、节拍器、音色发生器、只读存储器、地址计算器和控制器等部分组成。

KD－9300 音乐集成电路的实际应用电路，外围元件很少，放音响亮，音乐优美，深受电子爱好者的喜欢。电路中的电容 C_1 的作用是：消除按钮开关引线窜入的杂波干扰，防止误触发。

（2）ISD1720 录音集成电路

如图 1.6.17 所示。

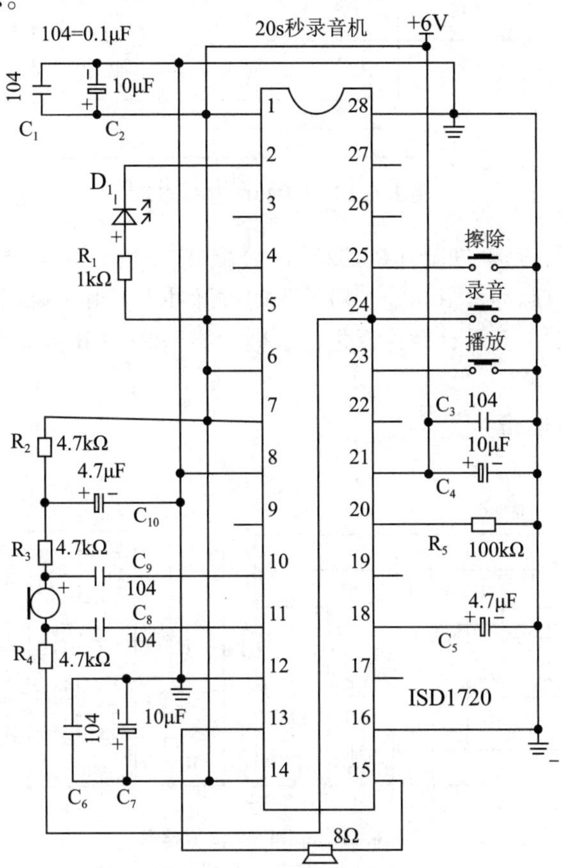

图 1.6.17　ISD1720 录音集成电路

ISD1700 系列芯片是 Winbond 公司推出的单片优质语音录放电路。芯片内部包含有自动增益控制、麦克风前置扩大器、扬声器驱动线路、振荡器与内存等电路。ISD1720 芯片的录放音时间是 20s。

(3) CD4017 集成电路

如图 1.6.18 所示。

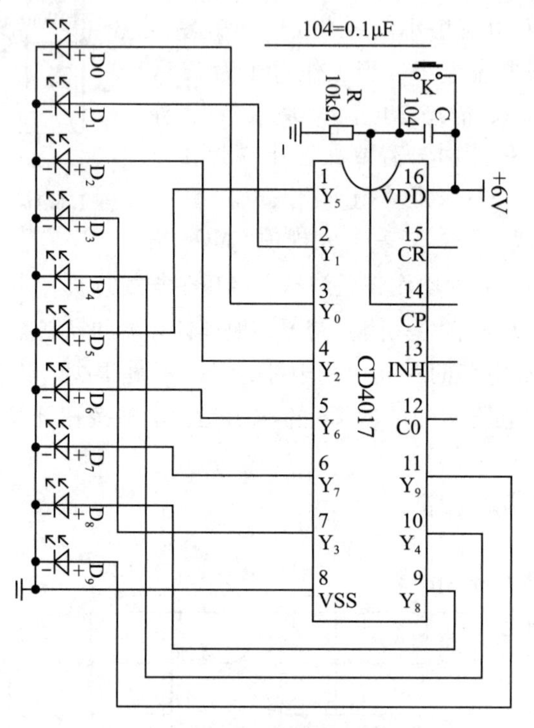

图 1.6.18　CD4017 集成电路

CD4017 集成电路，是十进制计数器/脉冲分配器，具有 10 个译码输出端，时钟输入端的斯密特触发器具有脉冲整形功能，对输入时钟脉冲上升和下降时间无限制。INH 为低电平时，计数器在时钟上升沿计数；反之，计数功能无效。CR 为高电平时，计数器清零。工作电压 3 ~ 15V。

(4) CD4069 集成电路

如图 1.6.19 所示。

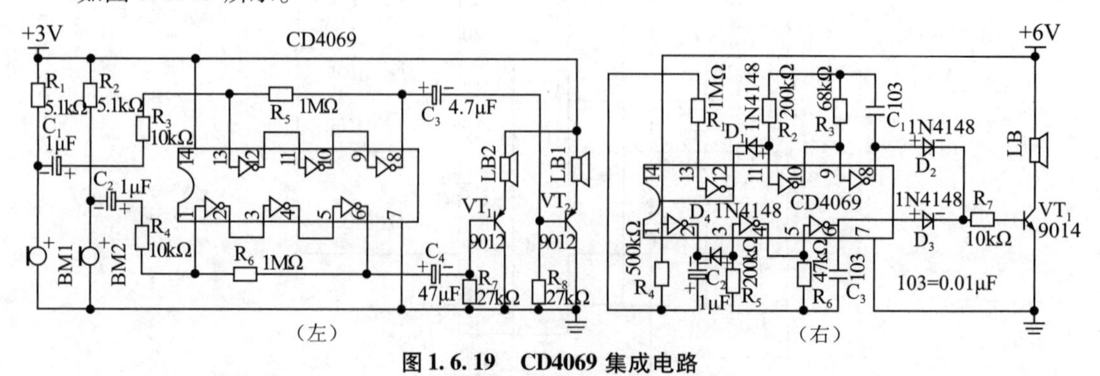

图 1.6.19　CD4069 集成电路

左为立体声助听器，右为警笛发生器

CD4069 集成电路，由 6 个 CMOS 反相器电路组成，CMOS 集成电路，功耗可忽略不计，工作电压 3 ~ 15V，输入电压 0 ~ VDD（VDD 表示工作电压），输入电流 ±10mA。

（5）ULN2003 集成电路

如图 1.6.20 所示。

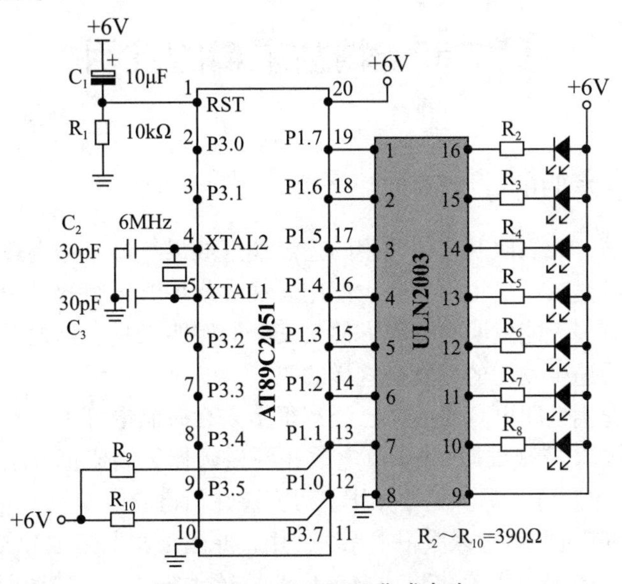

图 1.6.20　ULN2003 集成电路

ULN2003 集成电路，由 7 个硅 NPN 型达林顿管组成，每个达林顿管的基极都串联一个 2.7kΩ 的电阻，在电源电压为 5V 时，能与 TTL 和 CMOS 电路直接相连。

ULN2003 集成电路内部还集成了消除线圈反电动势的二极管，故能直接驱动继电器，最高驱动电压为 50V，最大吸入电流为 500mA。

ULN2003 集成电路，实际上是 7 个非门电路，比如：第 1 脚输入高电平，对应的第 16 脚输出低电平，将负载接在 VCC 和第 16 脚之间，负载内部将有电流通过。

ULN2003 集成电路，工作电压 5 ~ 50V，最大输入电压 30V，最大输出电流 500mA，最高输出电压 50V。

（6）74LS74 集成电路

如图 1.6.21 所示。

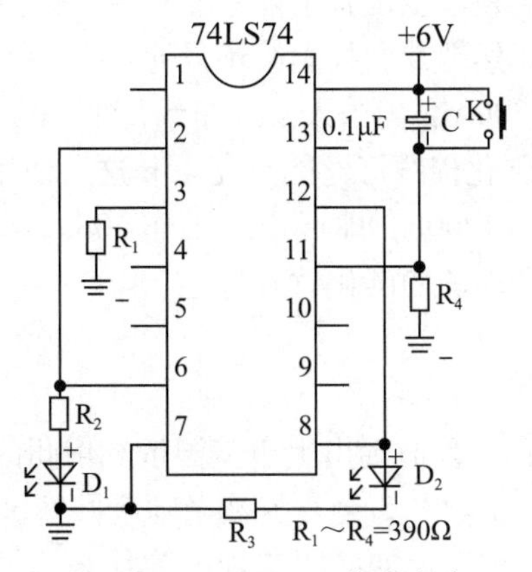

图 1.6.21　74LS74 集成电路

74LS74集成电路内含两个相同的、相互独立的D触发器。D触发器又叫双稳态多谐振荡器，可记录二进位制数字信号“1”和“0”。TTL集成电路的工作电压4.5～5.5V，使用时电源正负极不可以接反。

第7节　精益求精的发明

一、电灯是谁发明的

在电灯问世以前，人们照明普遍使用的是煤油灯或煤气灯。这类灯不仅会产生浓烈黑烟，而且会产生刺鼻臭味。最可怕的是，使用煤油灯或煤气灯很容易引发火灾。因此，多少年来，人们梦想有一天能发明一种既方便又安全的照明工具。这便是电灯。电灯是谁发明的？大家都说是爱迪生发明的，真是这样的吗？

实际上，在爱迪生发明电灯之前，已经有很多人在研制电灯了。

1810年，英国化学家戴维用2000节电池和两根碳棒，制成世界上第一盏弧光灯。这种灯发光亮度极强，相当于一颗人造小太阳，可安装在街道或广场上，给成百上千的人们带来光明。但是，这种弧光灯普通家庭根本无法使用，原因是发光亮度太强，使用费用太高。

1854年，美国人亨利·戈培尔将一根碳化的竹丝放在真空的玻璃瓶中通电发光。这种灯泡的使用寿命可达400h。令人可惜的是，他的发明没有申请专利，也没有推广使用。

1874年，两名加拿大电气技师申请了一项电灯专利，即在玻璃泡内充氮气，用碳丝做灯丝。令人可惜的是，他们没有足够的经费继续研究，于1875年把专利卖给了爱迪生。这一年，爱迪生只有28岁。

1878年，英国人约瑟夫·威尔森·斯旺在真空下用碳丝做灯丝申请了灯泡专利，并在英国建立公司，在各家各户安装上电灯。

1879年10月21日，美国人爱迪生发明出一种用碳化棉线做灯丝的灯泡。这种灯泡能够以4烛光的照明度连续点亮45h。生产商们知道后迫不及待地投入生产这一消息轰动了全世界，英国伦敦的煤气股票价格为之狂跌不止。人们预感到，点煤油灯和煤气灯时代即将过去，用电灯照明的时代即将到来。

英国人斯旺知道后，控告爱迪生侵犯了他的专利权，而且，斯旺控告获得胜利。但后来，不知是什么原因，斯旺竟然把专利权卖给了爱迪生。

1879年的除夕夜，约有3000名美国人走上纽约街上观赏爱迪生发明的灯泡。

1880年，爱迪生不满足碳化棉线灯丝能点亮45h这一使用寿命，后改用碳化毛竹做灯丝，结果灯泡使用寿命延长到1200h，即可连续工作50d。不久以后，美国人民便大量使用上这种价钱便宜、使用寿命超长的碳化竹丝灯泡。

二、爱迪生发明电灯

1847年，托马斯·阿尔瓦·爱迪生出生于美国俄亥俄州的米兰镇。爱迪生小的时候十分淘气，遇事总爱问为什么？上学才3个月就被老师赶回家。因为老师认为爱迪生是低能儿，老是问一些十分可笑的问题，比如问“二加二为什么等于四”。这样的学生留在学校，只会妨碍别的学生学习。谁知爱迪生勤于思考，潜心钻研，长大后有 2000 多项发明，拥有 1093 项专利，被誉为“世界发明大王”。他最伟大的发明有留声机、电灯、电报、电影、电话等。他为人类文明和社会进步做出巨大贡献。

1877 年，爱迪生着手改进弧光灯。弧光灯发光亮度极强，但是价钱昂贵，而且灯与灯之间相互影响。要是能找到一种能燃烧到 2000℃以上的物质做灯丝，而且价钱还便宜，使用寿命特别长，该有多好！爱迪生曾用碳丝作为灯泡，价钱虽然便宜，但使用寿命只有 8min。后来，使用白金做灯丝，使用寿命有 2h，可是白金价钱又太贵了。爱迪生先后试用了 1600 多种材料，试验了数千次，都失败了。他的试验笔记簿多达 200 本，共计 4 万多页。爱迪生的试验工作几乎陷入绝境了，是坚持，还是放弃？爱迪生感到非常苦恼。很多专家一直认为爱迪生的理想渺茫，电灯的前途黯淡，甚至讥讽爱迪生的研究“毫无意义”。

1879 年 10 月 21 日，那是一个寒冷的冬天，爱迪生脖子上围着一条围巾，坐在炉火旁发呆。无意间，他从围巾上扯下一根棉纱，放在火炉上烤了烤。突然，一个新的想法在他大脑里一闪。很快，爱迪生把棉纱装进玻璃泡里，抽出玻璃泡里的空气，密封好抽气口，小心谨慎地给棉纱通上电。令人意外的是：棉纱丝竟连续点亮了 13h 才烧断。再后来，他又选用一种优质棉纱做试验，使用寿命竟然长达 45h。这种效果在当时可以说是好得不能再好了。而且，这种电灯价钱十分便宜，因此一些生产厂商迫不及待将这种碳化棉纱灯泡批量生产。

1879 年除夕，爱迪生电灯公司所在地洛帕克街灯火通明。

爱迪生发明碳化棉纱灯泡这个消息一经传开，便轰动了整个世界。英国伦敦的煤气股票价格 3d 内跌了 12%，煤气行业一片混乱。

然而，爱迪生对碳化棉纱电灯的使用寿命仍不满意。他决心发明一种使用寿命更长的电灯。他曾经把男人的胡子、女人的头发、牛和马的鬃毛，还有木头、竹子的纤维等拿来做实验。经过大量试验，反复比较，最终“功夫不负有心人”，爱迪生发明出使用碳化竹丝做灯丝的电灯，使用寿命长达 1200h。爱迪生发明的碳化竹丝电灯使用寿命长，而且价格便宜，因而很快进入了千家万户。

“坚持不懈，精益求精”搞发明，使得爱迪生最终发明出价廉物美、经久耐用的碳化竹丝电灯，给黑暗中的人们带来无穷无尽的光明。

1979 年，美国人花费了数百万美元，举行了长达一年之久的纪念活动，纪念爱迪生发明电灯 100 周年。

三、白炽灯、荧光灯与 LED 灯

1. 白炽灯

白炽灯又叫钨丝灯，是用金属钨丝做灯丝的电灯。这种灯丝工作温度通常高达 2500℃，甚至 3000℃，能发出耀眼的白光，因此叫白炽灯。这种灯将电能大部分转变为热能，只有一少部分转变为可见光，发光效率非常低，只有 10 ~ 15lm/W（流明/瓦）。为了节约能源，我国自 2016 年 10 月 1 日起，禁止销售和进口 15W 及以上普通照明用白炽灯。

2. 荧光灯

荧光灯是一种利用低压汞蒸气放电产生的紫外线，激发涂在灯管内壁的荧光粉而发光的光源。荧光灯俗称“电杠、日光灯”。

3. LED 灯

LED 灯是一种能够将电能转化为可见光的固态的半导体元件。LED 是英文 light emitting Diode（发光二极管）的缩写。它的基本结构是：将一块电致发光的半导体材料，放置于一个有引线的架子上，四周用环氧树脂密封起来，起到保护内部电路的作用。

问题：在日常生活中，人们为什么选择使用荧光灯、LED 灯，而不使用白炽灯？

原因一：在同等亮度情况下，使用荧光灯、LED 灯更节能。

白炽灯发光效率为 10 ~ 15lm/W，荧光灯发光效率为 80lm/W，LED 灯发光效率为 150lm/W。

原因二：荧光灯、LED 灯使用寿命更长。

白炽灯使用寿命为 1000h，荧光灯使用寿命为 6000 ~ 10000h，LED 灯使用寿命为 100000h。

原因三：白炽灯发热严重，发出的光线中含有紫外线与红外线，属于热光源，是一种不健康光源。荧光灯、LED 灯发热不明显，几乎不含红外线，色温与日光光谱一致，属于冷光源，是一种健康光源。

特别说明：使用 LED 灯比使用荧光灯更环保。LED 灯无灯丝，不含汞和氙等有害元素，利于回收利用，使用过程中也不会产生电磁干扰，没有光辐射，没有频闪现象。而荧光灯中含有汞和铅等有害元素，而且荧光灯中的电子镇流器会产生电磁干扰。另外，LED 灯具有体积小、无玻璃泡、不怕震动、不易破碎等优点。

实验：点亮一只 LED 灯

实验器材：1W 白光 LED 灯（电压 3.0 ~ 3.4V，电流 350mA），5 号干电池（2 节）或 4.2V 可充电锂电池或可调稳压电源，2Ω 电阻器 1 只。

实验方法：将两节干电池串联后，电池正极串联一只开关，然后接发光二极管正极，电池的负极接发光二极管负极（注：使用 4.2V 可充电锂电池作电源时，需要在电路中串联 0.25W 3Ω 电阻）。

四、创新设计台灯

台灯，我们大家都见过，它是一种灯，能发光，需要使用电，放置在平台上、桌面上，主要用于照明。台灯由灯罩、灯、立柱、底座、开关、电源组成，其特征是：体积小，可移动，用于局部照明，有时还具有装饰、娱乐、充电、净化空气等作用。

1. 台灯的类型

（1）按材料分类

有金属、塑料、木头、陶瓷、水晶、大理石、布、纸、玻璃、硅胶等。

（2）按光源分类

有白炽灯、荧光灯、LED 灯。

（3）按立柱分类

有升降式、关节式、折叠式、可弯曲式等。

（4）按开关分类

有普通开关、触摸开关、声控开关、延时开关、定时开关、遥控开关、手机蓝牙控制开关等。

有人喜欢漂亮有趣的台灯，有人喜欢可调光调色的台灯，还有人喜欢智能台灯。

一款可调光调色的台灯，如图1.7.1所示。此台灯可通过遥控器五级调光，变换五种不同颜色的光，内置可充电锂电池，还能为手机充电。

一款带日期时钟的台灯，如图1.7.2所示。此台灯带日期、时钟、温度显示，可设置多种循环模式多个时刻的闹钟，闹钟音乐有多首经典音乐可选，可定时开灯，也可定时关灯。

图1.7.1　一款可调光调色的台灯

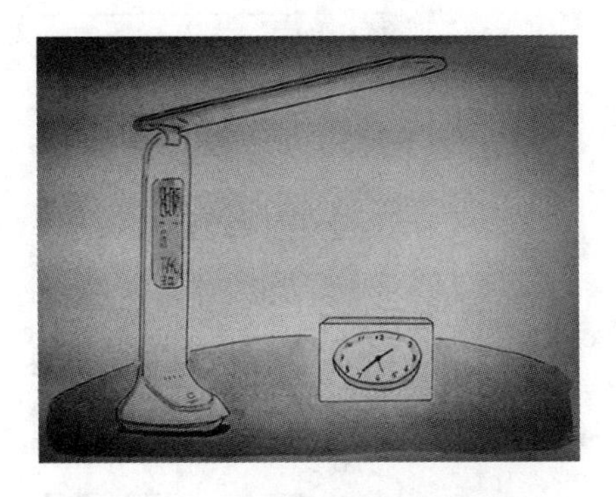

图1.7.2　一款带日期时钟的台灯

2. 创新设计台灯

创新设计台灯也许需要以下控制开关：人体感应开关、定时控制开关、智能遥控开关、无线遥控开关、触摸控制开关、手机遥控开关、红外感应开关、接近开关、微电脑时控开关、蓝牙控制开关、语音控制开关等。

制作创新台灯一般步骤：

<table>
<tr><td>第一步：焊接LED灯及连接线
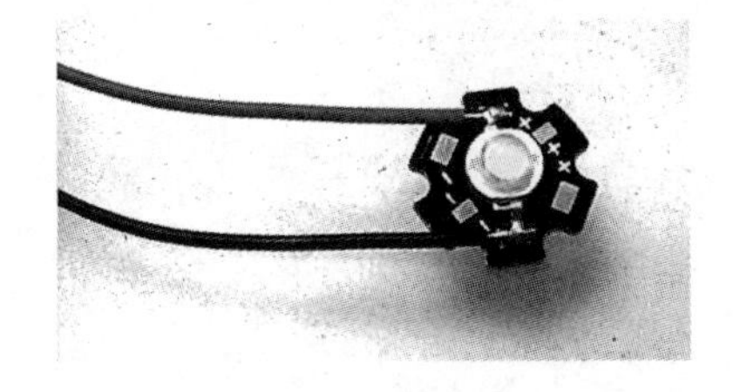</td><td>第二步：用螺丝固定在散热片上
</td></tr>
<tr><td>第三步：用螺母固定在立杆上
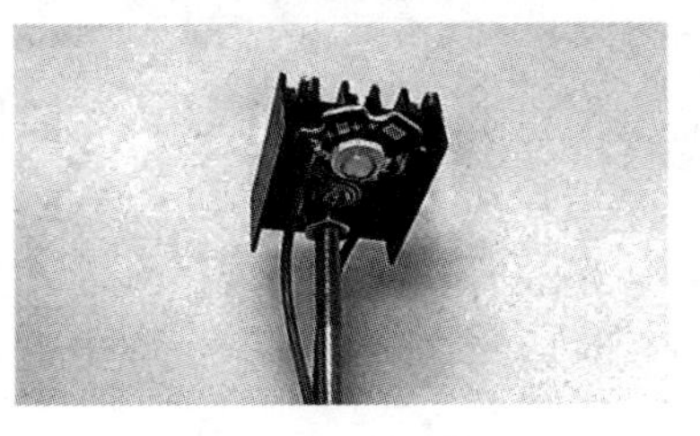</td><td>第四步：在开关上焊接导线与电阻
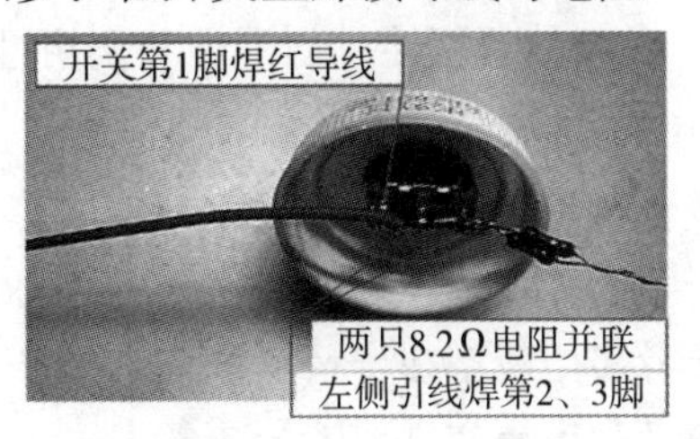
</td></tr>
</table>

第五步：将导线焊接到锂电池正负极上	第六步：将电路设计到创新台灯造型里
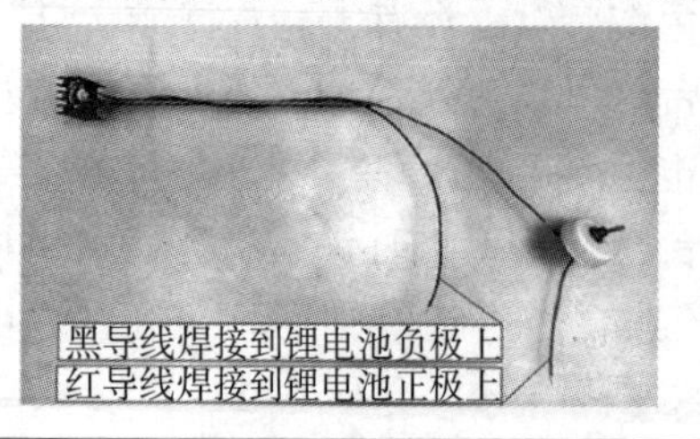	

附：一款延时控制开关创新设计电原理，如图 1.7.3 所示。

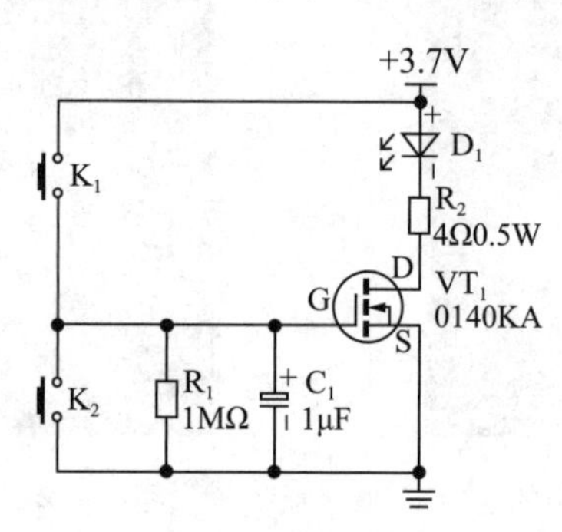

图 1.7.3　一款延时控制开关创新设计电原理

按一下轻触开关 K_1，LED 灯点亮，约 10s 后自动熄灭；按一下轻触开关 K_2，LED 灯立即熄灭。

第 8 节　创造美好的明天

一、发明、创造、创新与发现

《辞海》关于发明的定义：创制新的事物，首创新的制作方法。

关于创造的定义：做出前所未有的事情。

关于创新的定义：抛开旧的，创造新的。

关于发现的定义：找到新事物、新规律，察觉对自然界客观存在的物质、现象的特性、变化过程、运动规律等做出前所未有的阐释。

1. 发明的新颖性、创造性和实用性

《中国专利法》关于发明的定义：发明是对产品、方法或者改进所提出的新的技术方案。授予专利权的发明和实用新型应当具备新颖性、创造性和实用性。

新颖性，指该发明或者实用新型不属于现有技术；也没有任何单位或者个人就同样的发明或者实用新型在申请日以前向国务院专利行政部门提出过申请，并记载在申请日以后公布的专利申请文件或者公告的专利文件中。

创造性，指与现有技术相比，该发明具有突出的实质性特点和显著的进步。该实用新

型具有实质性特点和进步。

实用性，指该发明或者实用新型能够制造或者使用，并且能够产生积极效果。

专利法中所说的现有技术，指申请日以前在国内外为公众所知的技术。

2. 发明的起源与发展

（1）发明是人类生存发展的需要

发明钻木取火是为了取暖、熟食和防御野兽的需要；发明长矛弓箭是为了战争和狩猎的需要；发明活字印刷是为了传承文化的需要；发明听诊器是为了诊断心肺功能的需要。

（2）发明是人类向自然学习的成果

钻木取火的发明是摩擦生热经验的启示；轮子的发明源自圆木滚动省力经验的启示；渔网的发明源自蜘蛛网的启示；绳子的发明源自绞合藤本类植物承重的启示；蒸汽机的发明源自蒸汽顶开锅盖的启示（注：蒸汽特指水加热到沸点后所变成的水汽，即气态的水，如蒸汽机、蒸气泛指液体因蒸发、沸腾变成的气体或固体因升华变成的气体，如水蒸气、碘蒸气）；飞机的发明源自鸟类飞翔的启示；红外制导的发明源自响尾蛇红外感知能力的模仿；声呐的发明源自对蝙蝠超声波定位能力的模仿。

（3）发明是人类智慧的结晶

蔡伦发明造纸术；瓦特发明蒸汽机；伏特发明电池；富尔顿发明轮船；奥托发明内燃机；诺贝尔发明炸药；爱迪生发明电灯；贝尔发明电话；莫尔斯发明电报；马可尼发明无线电；莱特兄弟发明飞机。

（4）发明是基于科技知识的应用

现代汽轮机的发明和改进是基于叶轮流体力学知识的应用；合金钢的发明与进步是基于冶金学、金相结构学知识的应用；冰箱的发明与进步是基于物质相变过程中伴随吸热或放热以及热功循环知识的应用；X光机的发明是基于X射线穿透性和成像性知识的应用；核磁共振仪的发明是基于生物氢原子磁场极化现象知识的应用。

（5）发明是人类生产方式和生活方式的创新

铁器的发明开启了农耕生产方式；蒸汽机和珍妮纺纱机的发明成为工业大生产方式的标志；电机的发明和电力系统的形成及电话、电报、无线电的发明引领人类社会进入电气化时代；计算机、集成电路、互联网的发明标志着人类进入了信息化时代。

3. 发明的重要意义

（1）发明改变人类生活方式与生产方式

火的使用使人类开始了吃熟食的生活方式；玉器和青铜器的发明开启了人类文明礼仪；珍妮纺纱机引发了发明机器的连锁反应；空调和暖气等发明使人们的生活更加舒适；交通工具的发明使人们的生活空间更加宽广；通信工具的发明使人们获取信息更加便捷、传播信息更加高效；互联网与物联网的发明使人们的学习、生活、工作发生翻天覆地的变化；流水线和自动线的发明开启近代批量生产方式；数控机床和机器人的发明开创了柔性制造时代；快速成型、精密铸锻、现代物流技术等发明创建精准制造方式；环保材料与工艺的发明开启绿色制造方式。

（2）发明改变人类生产关系和社会结构

打磨新石器的发明使人类出现原始氏族社会；青铜工具的发明使人类出现奴隶社会；

铁器工具的发明使人类出现封建社会；蒸汽机和火药的发明使人类出现资本主义社会。

（3）发明改善了人们生活质量和生存环境

磺胺药和抗生素的发明延长了人的生存寿命；疫苗和免疫治疗技术的发明使人类抵御各种流行传染病；洗衣机和缝纫机的发明解放了家务劳动，提高了人们的生活质量；人造器官和康复器械的发明使残疾人恢复生理功能；食品与医学的发展改善了人们的生理营养与身体健康；文字与语言的发明推动了人的社会化，促进了知识的传承。

（4）发明改变世界、发明创造未来

核武器、卫星侦察、军事技术信息化、网络化改变了世界政治格局；集装箱运输、全球自由贸易、经济全球化改变了世界经济格局；智能、宽带、无线技术，语音、图像、合成、识别等发明使人类进入一个无线、无缝、智能、自由、共享的信息化、网络化时代；节能、环保的生产材料、工艺、产品和生活方式、观念、模式将创造循环经济、生物经济时代。

二、改变世界的高新科技发明

1. 中国古代四大发明是什么？

即造纸术、活字印刷术、指南针、火药。

（1）造纸术的发明

为人类提供了经济、便利的书写材料，掀起一场人类文字载体革命。

（2）印刷术的出现

加快了文化的传播，改变了欧洲只有上等人才能读书的局面。

（3）指南针的发明

为欧洲航海家进行环球航行和发现美洲提供了重要条件，促进了世界贸易的发展。

（4）火药武器的发明

改变了作战方式，帮助欧洲资产阶级摧毁了封建堡垒，加速了欧洲的历史进程。

2. 当今世界重大发明有哪些？

汽车、火车、飞机、轮船、电脑、手机、原子弹、氢弹、人造地球卫星、基因工程……

（1）第一次工业革命

蒸汽时代（1765—1840），标志是蒸汽机的广泛使用。意义是开创了用机器代替手工劳动时代。

1733年，英国人约翰·凯伊发明了飞梭，大大提高了织布的速度，纺纱供不应求。

1765年，英国人哈格里夫斯发明了珍妮纺纱机，可同时纺十几根纱，在棉纺织业引发了水力纺纱机、水力织布机等先进机器技术革新的连锁反应。

1785年，英国人瓦特发明改良蒸汽机，为人们提供了便利的动力。

1807年，美国人富尔顿发明蒸汽轮船，远洋航行扩大了人类的活动范围，促进了地区之间的贸易。

1814年，英国人史蒂芬孙发明蒸汽机车，方便了陆地交通运输，迅速地扩大了人类活动范围。

1840 年前后，英国的大机器生产基本上取代了传统的工厂手工业，工业革命基本完成。英国成为世界上第一个工业国家。

（2）第二次工业革命

电气时代（1870—1903），标志是电力的广泛应用、内燃机的发明和新交通工具的发明与应用。意义是推动生产技术由一般机械向电气化、自动化转变。

1820 年，丹麦人奥斯特发现电流周围存在磁场，即电生磁现象。

1831 年，英国人法拉第发现电磁感应现象，即磁生电现象。

1837 年，美国人莫尔斯制成一台电磁式的电报机，实现较远距离的有线通信。

1838 年，俄国人雅可比制成实用直流电动机，用蓄电池给直流电动机供电以驱动快艇。

1866 年，德国人西门子公司制成自激式直流发电机。这种发电机内部有剩磁，发电机利用剩磁产生剩磁电压，调压器通过剩磁电压进一步给发电机励磁，从而使发电机输出电压逐步升高，达到额定电压。

1867 年，瑞典人诺贝尔发明雷管和硝化甘油炸药，大大方便了矿山开发、河道挖掘、铁路修建、隧道开凿，同时促进了军事工业的发展。

1870 年，比利时人格拉姆发明高效直流电动机，用电力带动机器，成为补充和取代蒸汽机的新动力。

1873 年，英国人麦克斯韦完成经典电磁理论基础《电和磁》，在理论上证明了无线电波的存在。

1876 年，美国人贝尔发明靠簧片振动传声的电话，从此人们的声音可通过电线传送到遥远的地方。

1876 年，德国人奥托公司制造出第一台以煤气为燃料的四冲程内燃机，成为颇受欢迎的小型动力机。

1879 年，美国人爱迪生发明出实用电灯，给黑暗中的人们带来无穷无尽的光明。

1879 年，德国人西门子公司制造出电力机车，包括机车和 3 节车厢，电动机功率 2. 2kW，车辆速度 13km/h。

1882 年，美国人爱迪生创建第一个火力发电站，把输电线连接成网络。与蒸汽机相比，电能的优点是：可以集中生产，分散使用，方便传输与分配，方便转化为机械能、光能、热能、化学能等其他形式的能。

1882 年，法国人德普勒实现远距离直流输电，首次通过直流输电线把电力送到 57km 远的慕尼黑国标博览会驱动水泵电动机。

1883 年，德国人戴姆勒制成以汽油为燃料的内燃机，具有马力大、重量轻、体积小、效率高等特点，可作为交通工具的发动机。

1885 年，德国人卡尔 · 本茨制成一辆三轮汽车，使用的动力是内燃机，带有一个用水冷却的单缸发动机，功率为 0. 75 马力，用电点火，速度约 15km/h。

1888 年，德国人赫兹证明了电磁波的存在，导致了无线电通信的产生。

1888 年，美国人特斯拉发明了交流电动机，该装置由定子和转子组成，采用交流电供电。

1895 年，意大利人马可尼发明无线电报，制成无线电报通信设备。

1896年，美国人亨利·福特成功研制出2缸4轮汽车，为多缸发动机的发展奠定了基础。

1897年，德国人狄塞尔发明了柴油机。这是一种结构更加简单，燃料更加便宜的内燃机，比汽油内燃机笨重，但却非常适用于重型运输工具，比如：船舶、火车机车、载重汽车。

1900年，德国人齐柏林制造的第一艘硬式飞艇采用活塞式发动机作动力。该装置飞行性能好、装载量大，在第一次世界大战中大显神威。

1903年，美国人莱特兄弟试制飞机。他们以内燃机为动力，试飞成功，实现了人类翱翔蓝天的梦想。

（3）第三次工业革命

电子信息时代（1945—至今），标志是原子能、电子计算机、空间技术和生物工程的发明和应用，意义是使人类进入信息（网络）时代。

1945年7月16日，美国成功试爆了人类历史上第一颗原子弹，爆炸产生了相当于2.2万t TNT炸药的爆炸当量。

1946年2月15日，美国研制成功世界上第一台通用电子数字计算机埃尼阿克（ENIAC）。该计算机由1.8万个电子管组成，运算速度为5000次每秒加法运算。

1952年11月1日，美国成功试爆了人类历史上第一颗氢弹，爆炸产生了相当于1000万t TNT炸药的爆炸当量。

1954年6月27日，苏联在奥布宁斯克建成第一个原子能发电站，发电功率5000kW。

1957年10月4日，苏联发射了世界上第一颗人造地球卫星，开创了空间技术发展的新纪元。

1961年4月12日，苏联人尤里·加加林驾驶东方1号飞船第一个进入太空，实现了人类进入太空的愿望。

1969年7月20日，3名美国人驾驶阿波罗11第一次到达月球。尼尔·阿姆斯特朗第一个登上月球表面，埃德温·奥尔德林紧随其后，迈克尔·科林斯乘坐卫星在月球轨道上，等候同伴返回地球。

1969年，美国人建立了国际互联网，从此利用网络收发邮件、远程教育、发表意见、讨论问题、浏览新闻、广告等信息，收看影视、网上聊天、网上购物成为可能。网络改变了传统的信息传播方式，打破了传统时空界限，推动了信息产业、知识经济的诞生，推动了全球化的发展，改变了人们的思想观念、思维方式和生活方式。

1996年7月5日，伊恩·威尔穆特和基思·坎贝尔领导的小组成功培育出世界上第一只克隆羊多莉。

问题1：三次工业革命对改变世界有何影响？

推动社会生产力迅速发展，特别是以信息技术为中心的技术革命，使社会生产力从传统的机械化、工业化向自动化、智能化转变，使人类继“农业时代”“工业时代”之后，进入“信息时代”。

使社会经济结构发生显著变化，主要表现在第一、第二产业的比例下降，第三产业的比例上升；劳动密集型产业的重要性开始下降，而高科技、知识型经济不断得到发展。

推动了社会结构的变化，在发达国家中产阶级人数日趋增多，白领阶层的不断扩大，蓝领阶层的人数日益下降。工人阶级的经济地位得到改善，阶级矛盾趋向缓和。

使人们的消费结构和生活方式发生变化。人们的衣食住行和文化娱乐随着科技的发展日益朝着多样化方向发展，总体意义上的物质和生活更加丰富多彩。

享受着三次工业革命带来的成果的同时，我们不得不考虑环境、能源过度开发、伦理、转基因食品是否安全等问题。

问题2：电脑发展方向是怎样的？

存储量更大，运行速度更快，体积更小，更加轻便，更加实用。

问题3：互联网发展有何意义？

互联网作为继报纸、广播、电视后的第四媒体，在发展远程教育、人际交流等方面发挥着巨大的作用。互联网已全面融入人们的日常生活和工作学习中，比如：收发电子邮件、资料检索、浏览新闻、休闲游戏、网上购物、网上远程教育、远程医疗、网上谈心等。

全世界的电脑能够通过互联网联系起来，进行通信或分享信息资源。互联网发展让人类跨入信息社会。互联网不仅具备传统媒体的所有用途，而且具有传统媒体不具备的优势。互联网具有界面直观、音色兼备、链接灵活和高速传输等特点。

在互联网时代，人类的生产、生活、工作和思维方式发生了深刻变化。

三、中华人民共和国成立后的重大科技成就

“两弹一星”“东方魔稻”“银河”计算机，“神舟”飞船……

1. “两弹一星”

“两弹一星”指的是原子弹、氢弹、人造地球卫星，如图1.8.1所示。

图1.8.1　原子弹、氢弹和人造地球卫星

1964年10月，中国第一颗原子弹试爆成功。

1967年6月，中国第一颗氢弹试爆成功。

1970年4月，中国第一颗人造地球卫星东方红一号发射成功。

问题1：原子弹是杀伤力极强的武器，中国是个热爱和平的国家，为什么也要研制原子弹？

1945年8月6日，美国为迫使日本迅速投降，在日本广岛投掷了人类历史上第一颗原子弹。8月9日，美国又在日本长崎投下第二颗原子弹。8月15日，日本政府宣布无条件

投降。就这样，原子弹快速结束了第二次世界大战。

第二次世界大战时期，历任美国远东军司令道格拉斯·麦克阿瑟扬言要在中朝边境建立“核辐射带”，利用原子弹的巨大威力，对中国进行威胁。中国需要和平，但和平需要盾牌，中国只有研制出自己的原子弹，才能粉碎帝国主义的核威胁，人民才能过上安宁的日子。严峻的现实迫使中国不得不考虑研制自己的原子弹。

中国研制原子弹，目的是打破帝国主义的核垄断，粉碎帝国主义的核威胁，加强国防力量，保卫国家和人民不受外国势力摆布与欺凌。

美国人用7年零4个月研制出原子弹，苏联人用4年研制出原子弹，中国只用了2年零8个月便研制出原子弹。

问题2：研制卫星有什么意义？

卫星可用于通信、气象、侦察、勘探资源、全球定位……

2. “东方魔稻”

1973年，袁隆平发明“南优2号”超级杂交稻。

1973—2001年，袁隆平“杂交水稻”让中国粮食增产4×10^{9}t，不仅解决了中国人的吃饭问题，也有助于解决世界粮食问题，西方媒体称杂交水稻为“第二次绿色革命”。

3. “银河”巨型计算机与“天河”超级计算机

中国在超级计算机方面发展迅速，实现了科学技术和社会生产力的跨越式发展，在政治、经济、军事、科技等领域产生了深刻影响（表1.8.1）。

表1.8.1　中国巨型计算机研制时间

计算机名称	研制成功时间	运行速度	研制机构
银河-Ⅰ	1983年	1亿次每秒	国防科技大学计算机研究所
银河-Ⅱ	1994年	10亿次每秒	国防科技大学计算机研究所
银河-Ⅲ	1997年	130亿次每秒	国防科技大学计算机研究所
银河-Ⅳ	2000年	1万亿次每秒	国防科技大学计算机研究所
曙光-3000	2000年	4032亿次每秒	中国科学院计算技术研究所
曙光-4000L	2003年	4.2万亿次每秒	中国科学院计算技术研究所
曙光-4000A	2004年	11万亿次每秒	中国科学院计算技术研究所
曙光-5000A	2008年	230万亿次每秒	中国科学院计算技术研究所
天河1号	2009年	1206万亿次每秒（2009年） 2566亿万次每秒（2010年及以后）	国防科技大学计算机研究所
曙光-星云	2010年	1271万亿次每秒	中国科学院计算技术研究所
曙光-6000	2011年	1271万亿次每秒	中国科学院计算技术研究所
天河2号	2014年	3.39亿亿次每秒	国防科技大学计算机研究所
神威·太湖之光	2016年	9.3亿亿次每秒	国家并行计算机工程技术中心

4. “神舟”飞船——圆了中国人的飞天梦

神舟系列飞船发射地点为酒泉卫星发射中心（表 1. 8. 2）。

表 1. 8. 2　神舟系列飞船发射时间与乘组及成就一览表

编号	发射时间	返回时间	乘组及成就
神舟一号	1999 年 11 月 20 日 6:30	1999 年 11 月 21 日 3:41	无人飞船，首次无人试飞成功
神舟二号	2001 年 1 月 10 日 1:00	2001 年 1 月 16 日 19:22	无人飞船，第二次试飞，达到较长时间停留在宇宙中
神舟三号	2002 年 3 月 25 日 22:15	2002 年 4 月 1 日 16:54	搭载模拟人，首次搭载模拟人试飞成功
神舟四号	2002 年 12 月 30 日 0:40	2003 年 1 月 5 日 19:16	搭载模拟人，第二次试飞，达到较长时间停留在宇宙中
神舟五号	2003 年 10 月 15 日 9:00	2003 年 10 月 16 日 6:28	杨利伟，首次搭载人试飞成功
神舟六号	2005 年 10 月 12 日 9:00	2005 年 10 月 17 日 4:32	费俊龙、聂海胜，首次搭载多人试飞成功，在太空飞行了 115h
神舟七号	2008 年 9 月 25 日 21:10:4	2008 年 9 月 28 日 17:37	翟志刚、刘伯明、景海鹏，第二次搭载多人试飞成功，成功出舱
神舟八号	2011 年 11 月 1 日 5:58:	2011 年 11 月 17 日 19:32	搭载模拟人，第三次试飞，达到很长时间停留在宇宙中
神舟九号	2012 年 6 月 16 日 18:37:24	2012 年 6 月 29 日 10:07	景海鹏、刘旺、刘洋（女），第三次搭载多人试飞成功，达到很长时间停留在宇宙中，其中包括女航天员
神舟十号	2013 年 6 月 11 日 17:38	2013 年 6 月 26 日 8:07	聂海胜、张晓光、王亚平（女），第四次搭载多人试飞成功，达到很长时间停留在宇宙中，其中包括女航天员
神舟十一号	2016 年 10 月 17 日 7:30	2016 年 11 月 18 日 13:59	景海鹏、陈冬，第五次搭载多人试飞成功，在宇宙中停留长达 1 个月

问题 1：发展航天事业有何意义？

2016 年 9 月 15 日，我国成功发射天宫二号空间实验室。这是中国第一个真正意义上的空间实验室。天宫二号采用实验舱和资源舱两舱构型，全长 10. 4m，最大直径 3. 35m，重 8. 6t，设计在轨寿命 2 年。2016 年 10 月 19 日 3:31，神舟十一号飞船与天宫二号自动交会对接成功，如图 1. 8. 2 所示。

图 1.8.2　神舟十一号飞船与天宫二号自动交会对接成功

为人类的生存和发展开辟新的天地，发射各种民用、军用卫星，可广泛运用于气象、通信、资源勘测等领域，这些对促进国民经济的发展有重大意义。

中国的航天技术起步苏联、美国之后，走在欧洲和日本之前，成为带动高新技术和相关领域发展的强大动力，在未来 5 ~ 10 年，将为中国带来上千亿元的经济效益。

问题 2：世界航天发展情况是怎样的？

1957 年，苏联发射了人类历史上的第一颗人造地球卫星，标志着人类航天事业开始。

1961 年，苏联发射了东方 1 号载人宇宙飞船，加加林成为第一名飞上太空的人。

1963 年，苏联人瓦连金娜·捷列什科娃驾驶东方 6 号宇宙飞船在太空遨游 70h 50min，成为世界上第一位女太空人，迄今为止，她仍是世界上唯一一位在太空单独飞行 3d 的女性。

1969 年，美国阿波罗 11 号飞船在月球上成功着陆，阿姆斯特朗和奥尔德登上月球。

1971 年，苏联发射了第一座空间站礼炮 1 号。

1981 年 4 月 12 日，第一架实用航天飞机“哥伦比亚号”在美国首次升空。

将来载人航天发展方向是太空旅游，国际空间站，天基航天，月球基地，载人火星登陆。

问题 3：中国取得的重大科技成就有何影响？

增强了综合国力，提高了国际地位，振奋了民族精神。

问题 4：中国科技发展的原因是什么？

1840 年后，近代中国科技远远落后于西方先进水平。中华人民共和国成立后，我国现代科技事业得到较全面的发展，原因是：国家独立了，经济发展了，国力提高了，中国政府重视科技工作，广大科技工作者努力探索，善于学习掌握世界先进技术，邓小平提出“科学技术是第一生产力”，推动了科技和经济的发展。

1978 年 12 月 18—22 日，中国共产党第十一届中央委员会第三次全体会议举行，这次全会标志着中国改革开放开始。

中国改革开放，迎来中国历史上空前盛世，经济繁荣，社会稳定，人民安居乐业。三峡工程，人类历史上的伟大工程；青藏铁路，世界上建设难度最大的铁路。火车第六次提速，奥运场馆建设，国家大剧院落成，神舟上天，蛟龙入海，中国完成一个又一个壮举，成就举世瞩目。

中国改革开放，建设中国特色社会主义，以公有制为主体、多种所有制经济共同发展，社会主义市场经济体制正在建立，市场在资源配置中的基础性作用显著增强，新的宏观调控体系框架初步形成。

中国改革开放，自主、自发地融入了世界主流文明，引进西方先进的技术，学习西方发展市场经济的经验，克服自身传统的特殊规则的缺陷，推进国民福利的增加和国家的富强。

一切从实际出发，是中国改革开放和现代化建设取得成功的根本原因之一。

我们要学习老一辈科学家的无私奉献精神，从小努力学习，长大报效祖国，坚持科教兴国战略，科学技术是第一生产力！

四、学会发明创造，创造美好明天

1. 什么叫发明创造?

人类征服自然、改造自然离不开发明创造。发明创造推动人类文明巨大进步、世界经济蓬勃发展。那么，究竟什么叫发明创造呢？简单地说：就是想出新方法，做出新事物。它的最主要的特征是：新。

比如：你发明了一个睡觉用的枕头。

你要清楚告诉人们，你的发明有哪些与众不同的、前所未有的特征？具有哪些更加优秀、新颖独特的功能？

枕头表面采用颗粒物支撑，透气性好。枕头高度可调，适合不同年龄人使用。枕芯设计有 37°弧形，符合颈椎弧度曲线。枕芯采用全棉磁石做填充物，具有柔软舒适保健作用。枕芯采用决明子做填充物，具有明目的功效。

如果你的发明和别人的完全一样，那么就不能算是发明创新了。

可能有人会问：如果我的发明与别人的发明不完全相同，甚至完全不同，那么算不算发明创新呢?

算。只要是新的，就算发明创新。但是，新的发明不一定是好的发明、优秀的发明、成功的发明。

2. 评价发明的标准是什么?

《中华人民共和国专利法》评价发明专利的标准：授予专利权的发明和实用新型，应当具备新颖性、创造性和实用性。这便是说：优秀的发明除了具有新颖，还必须具有创造性和实用性。

1765 年，英国物理学家瓦特发明了带单独冷凝的蒸汽机，热效率是纽可门发明的蒸汽机的 3 倍，特别之处在于：增加一个独立的冷凝汽室。纽可门发明的蒸汽机，蒸汽在气缸里冷却，活塞在气缸中往复运动过程中，白白地将大量的热能浪费掉了，因而运转速度很慢，甚至会停下来。

1782 年，瓦特又发明了双动发动机，制造精密气缸，确保气缸不漏气，结果使蒸汽机的效率又提高了至少 4 倍。

最后的结果是：瓦特发明的蒸汽机促使英国在冶金、交通、运输方面都发生了翻天覆地的变化，促使人类社会在不到一个世纪的时间内创造出的物质财富比以往几千年的总和还要多。

1867 年，在美国有一个名叫约瑟夫的小孩，家里很穷，没钱上学，替人家放羊。在放羊的时候，他发现一件奇怪的事，在牧场和庄稼地之间有一排密密的铁丝网，羊群趁约瑟夫不在旁边的时候，总是一次又一次地冲撞铁丝网，直到冲破铁丝网钻到庄稼地里吃庄稼。令人奇怪的是：这些铁丝网有的很结实，可是那些羊群还是一次又一次地冲撞，而有些铁丝网已经很破了，只是用一些蔷薇树枝条遮挡着，只要轻轻一钻，便能穿过铁丝网，可是那些羊群从不去碰它。这是为什么呢？经过仔细观察，约瑟夫发现了其中的秘密：原来蔷薇树枝条上长着许多小刺。羊群害怕小刺，所以从不去碰它。如果在所有的铁丝网旁边都栽种一些蔷薇树，将会怎样呢？结果是羊群将不再碰撞这些铁丝网，钻到庄稼地里吃庄稼。问题是：在所有的铁丝网旁边都栽这许多的蔷薇树，得花很多时间很多钱，老板不同意怎么办？

于是，他在铁丝网上捆绑了许多短钢丝，每隔小一段距离露出两根锋利的针尖，结果羊群再次碰撞铁丝网时，几乎是闪电般的速度向后退。由于铁丝网上有可怕小刺，所以羊群再也不敢碰铁丝网了，也没有羊穿过这种铁丝网钻到庄稼地里吃庄稼了。老板见这种铁丝网有如此神奇的作用，协助约瑟夫申报了发明专利，并开办了一家铁丝网加工厂。这种带刺的铁丝网不仅能防止羊群跑出牧场，而且能防止野兽入侵，还能防止小偷和敌人。因此，这种带刺的铁丝网一上市，便火爆起来。据说，他的工厂赚的钱竟动用了 11 位会计师用了近 1 年的时间才算出来。

带刺的铁丝网的发明人约瑟夫做梦也没有想到，一个小发明是那么实用，而且带来了那么多意想不到的财富。

3. 关于发明创造有哪些故事

1847 年，意大利化学家索布雷罗用硝酸和硫酸处理甘油，得到一种黄色的油状透明液体，即硝化甘油。这种液体因震动而爆炸，威力异常猛烈，比黑火药不知要强大多少倍。如果用这种炸药爆破大山、凿隧道、挖矿井，只需一小瓶（五号干电池那么大）便可炸开 1m 大的坑，不需工人一凿一斧地砸，一铲一锹地挖。然而，人们不敢使用这种炸药，更不敢研制这种炸药，因为研制这种炸药需要进行无数次试验，而每一次试验务必万分小心，一旦不小心引爆炸药，很可能整个实验室和人都会被炸得粉碎。

1862 年，在瑞典，有一位年轻人经过 50 多次试验后，利用硝化甘油发明了雷管，并申报了专利。

1864 年，一场意外爆炸彻底摧毁了他的硝化甘油试验车间，当场炸死 5 个人，包括他的弟弟。他的父亲虽幸免一死，但被炸成了终身残疾。这起事件导致许多人对他继续研制炸药产生了普遍敌视。

1865 年，这位年轻人进行了几起大胆的示范性爆炸表演之后，取得国家铁路建设局的信任，开始大规模生产炸药。

在美国，一辆运送硝化甘油的火车，因为剧烈振荡引爆炸药，结果整列火车被炸得车毁人亡；一艘满载硝化甘油的“欧罗巴号”巨轮在大西洋航行中，由于风浪颠簸引起爆炸，船上没有一个人活着回来！类似的事件不断发生，人们非常害怕，不敢接触这种可怕的东西。许多国家和政府严厉禁止这种炸药，许多运输公司拒绝运送这种东西。

1867 年，这位年轻人将 3 份硝化甘油和 1 份硅藻土进行混合，制作出一种黄色固体塑胶炸药。这种炸药爆炸威力虽然减少了 25%，但变得十分安全，遇到一定的温度或摩擦、震动也不容易爆炸。这种炸药的使用效果无可比拟，广泛用于劈山筑路、打通隧道、穿凿矿井，并在多个国家获得发明专利权。这名年轻人因此变得十分富有。此后，这位年轻人又发明了一种威力极强，又没有浓烟的无烟炸药，被誉为“炸药大王”。这位年轻人是谁呢？他便是瑞典最杰出的科学家阿尔弗列德·诺贝尔。

1896 年 12 月 10 日，诺贝尔在意大利逝世。按照他生前的遗嘱，以部分遗产（3100 万瑞典克朗）作基金，设立诺贝尔奖，分设物理、化学、生理或医学、文学、和平 5 个奖项，授予世界上在这些领域对人类做出重大贡献的人。诺贝尔奖于 1901 年首次颁发。1968 年，瑞典国家银行增设立诺贝尔经济学奖，于 1969 年首次颁发。

4. 如何发明创造才能获得成功?

在加拿大，有一个小职员名叫格德约。有一天，他不小心将某种液体洒在一份文件上。后来，这份文件被拿去复印。由于文件被液体浸泡过，复印出来的文件竟一片漆黑。起初，他以为是复印机出了毛病。后来，经仔细研究发现，复印出来的文件用放大镜也看不出任何字迹。再后来，他用胶卷拍摄这份文件，照片上的文件也是看不出任何字迹。然而，这份文件上的文字符号的确存在，而且十分清晰，这是为什么呢？这种文件纸有什么特别用处呢？有的，可用于保存军事机密文件或是其他机密技术资料等。于是，他把这种纸叫作防拷贝纸，又叫防影印纸，因为能有效防止别人复印，因而仅发明当年便获利颇丰。他的发明获得了成功。

通过这个故事，我们不难发现：发明成功者，观察十分仔细，而且善于分析思考，实践研究。除此之外，他们精通并掌握一些相关专业的知识技能以及与专利相关的知识与技法。

有人不小心碰倒玻璃杯，结果玻璃杯掉在坚硬的水泥地上摔得粉碎，令人奇怪的是：玻璃杯上贴了商标的地方摔碎情况并不十分严重（演示实验）。后来，经过反复试验发现：贴有商标的地方确实不易摔碎，这是为什么呢？这又有什么用呢？经过一番分析、研究、实验，最终发明出一种不易摔碎的玻璃杯。

有人根据这一发明，把几块木板黏合在一起，做成三合板、五合板、九合板。实验表明，这种胶合板抗压强度比同样厚度的木板不知强多少倍。

还有人根据这一发明，把 12 层很薄的玻璃黏合在一起，用步枪射击，发现子弹都打不穿，于是发明出防弹玻璃。

第2章　经典电子电路设计实例

一、变色灯

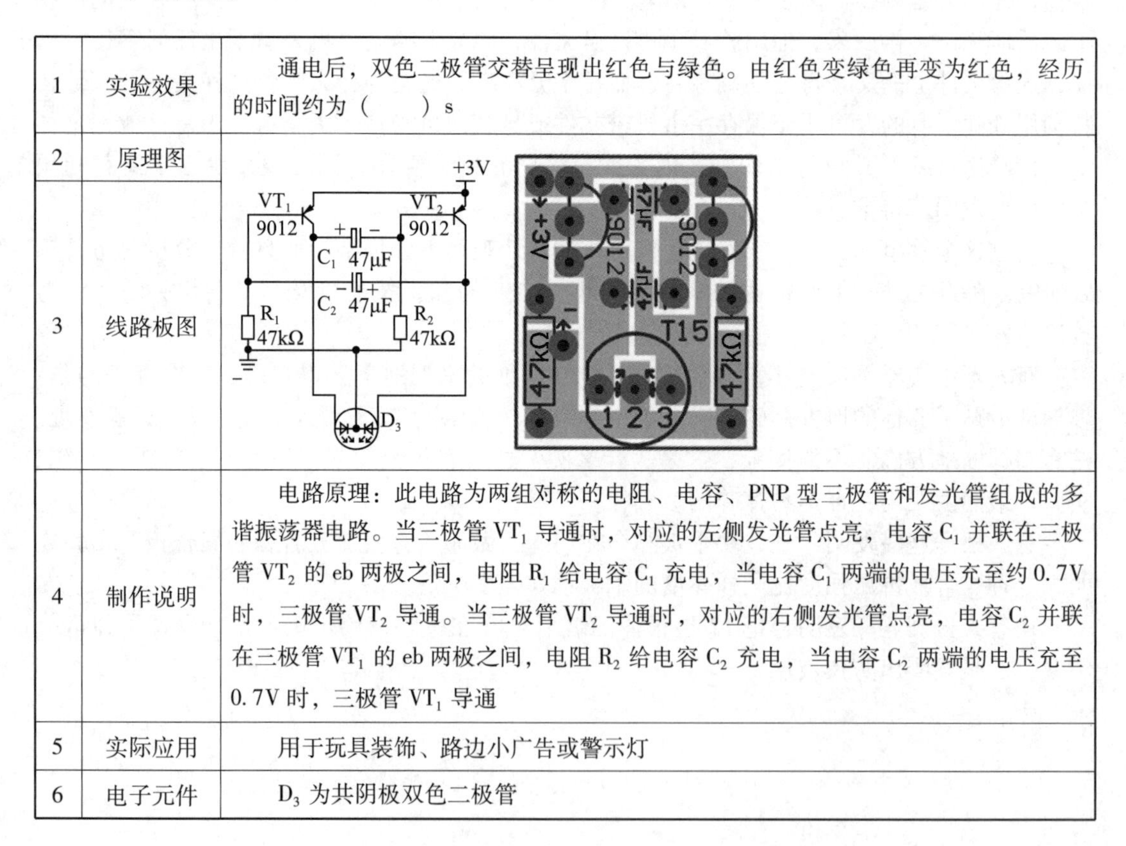

1	实验效果	通电后，双色二极管交替呈现出红色与绿色。由红色变绿色再变为红色，经历的时间约为（　　）s
2	原理图	（见图）
3	线路板图	（见图）
4	制作说明	电路原理：此电路为两组对称的电阻、电容、PNP 型三极管和发光管组成的多谐振荡器电路。当三极管 VT_1 导通时，对应的左侧发光管点亮，电容 C_1 并联在三极管 VT_2 的 eb 两极之间，电阻 R_1 给电容 C_1 充电，当电容 C_1 两端的电压充至约 0.7V 时，三极管 VT_2 导通。当三极管 VT_2 导通时，对应的右侧发光管点亮，电容 C_2 并联在三极管 VT_1 的 eb 两极之间，电阻 R_2 给电容 C_2 充电，当电容 C_2 两端的电压充至 0.7V 时，三极管 VT_1 导通
5	实际应用	用于玩具装饰、路边小广告或警示灯
6	电子元件	D_3 为共阴极双色二极管

二、爱心灯

1	实验效果	通电后，排列成心形的红色发光管一闪一灭。经测试，点亮时间为(　　)s，熄灭时间为（　　）s

续表

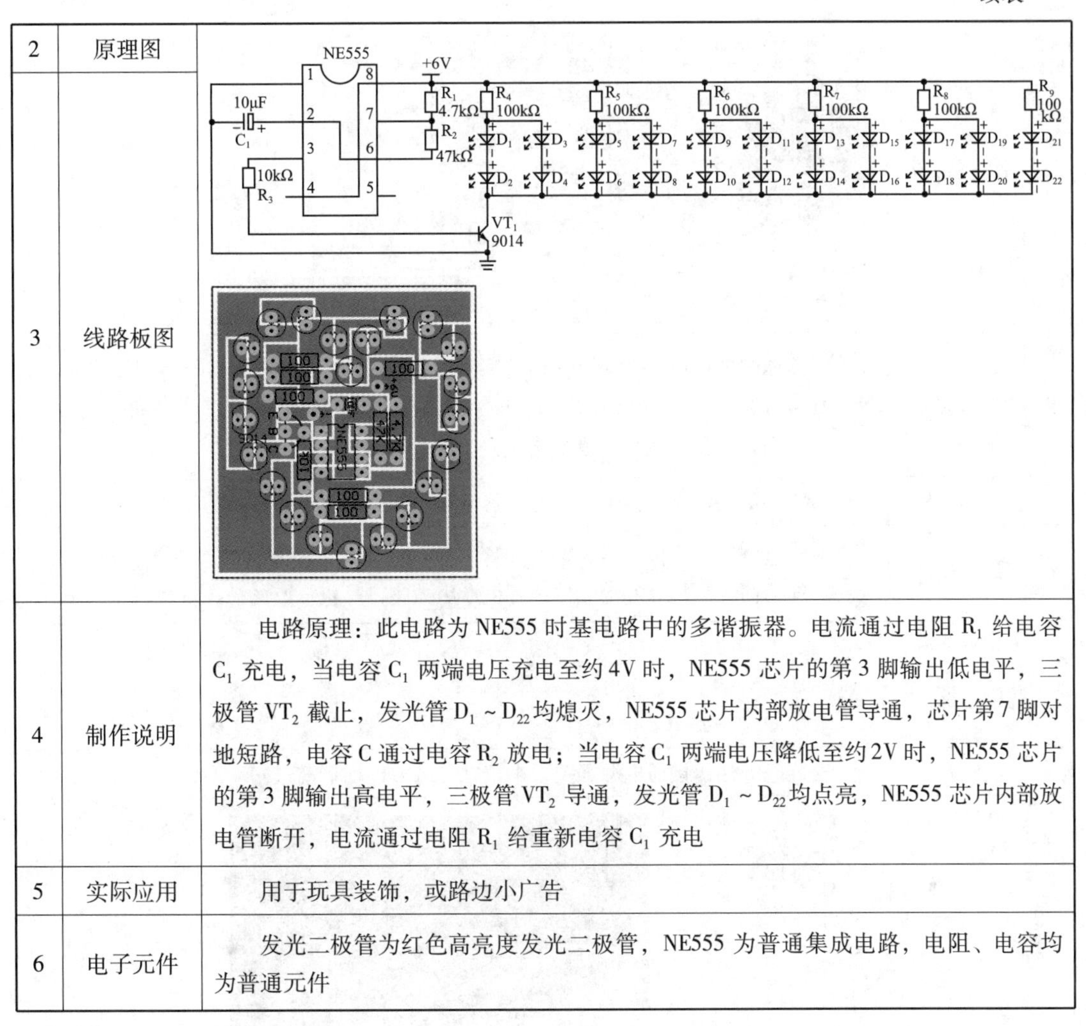

2	原理图	
3	线路板图	
4	制作说明	电路原理：此电路为NE555时基电路中的多谐振器。电流通过电阻 R_1 给电容 C_1 充电，当电容 C_1 两端电压充电至约4V时，NE555芯片的第3脚输出低电平，三极管 VT_2 截止，发光管 $D_1 \sim D_{22}$ 均熄灭，NE555芯片内部放电管导通，芯片第7脚对地短路，电容C通过电容 R_2 放电；当电容 C_1 两端电压降低至约2V时，NE555芯片的第3脚输出高电平，三极管 VT_2 导通，发光管 $D_1 \sim D_{22}$ 均点亮，NE555芯片内部放电管断开，电流通过电阻 R_1 给重新电容 C_1 充电
5	实际应用	用于玩具装饰，或路边小广告
6	电子元件	发光二极管为红色高亮度发光二极管，NE555为普通集成电路，电阻、电容均为普通元件

三、助听器

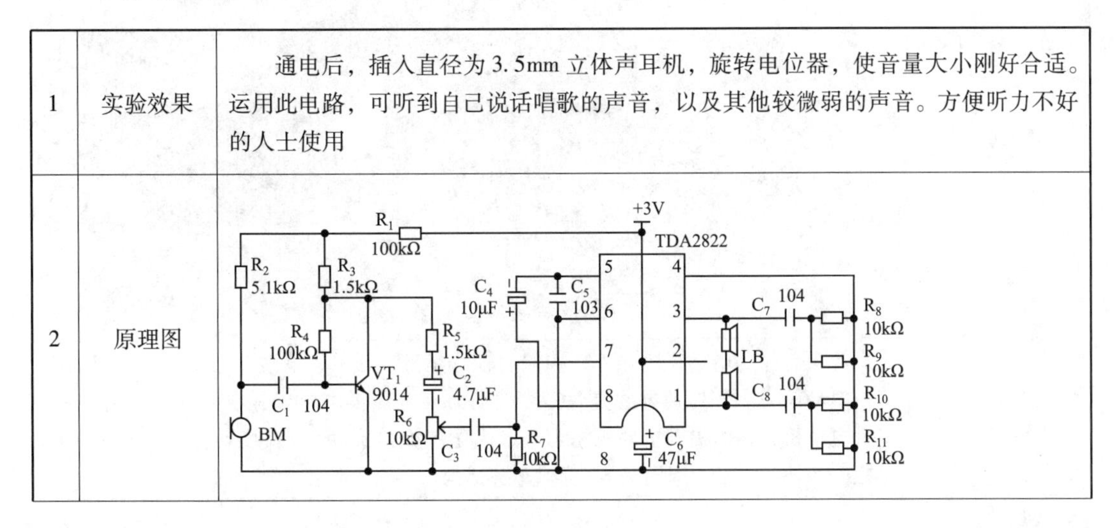

1	实验效果	通电后，插入直径为3.5mm立体声耳机，旋转电位器，使音量大小刚好合适。运用此电路，可听到自己说话唱歌的声音，以及其他较微弱的声音。方便听力不好的人士使用
2	原理图	

续表

3	线路板图	
4	制作说明	电路原理：此电路为声音放大电路，话筒将接收到的声音信号转变成电信号，经电容 C_1 耦合，三极管 VT_1 放大，再经电位器 R_6 调节电平高低，然后再经电容 C_3 耦合，送到音频功率放大集成电路放大
5	实际应用	适用于听力不好的人士当作助听器使用
6	电子元件	电阻、电容、电位器均为普通元件，TDA2822 为低电压音频功率放大器，话筒为驻极体话筒，耳机插座为立体声耳机专用插座，耳机插座的插孔直径为 3.5mm

四、风力小车

1	实验效果	安装好电池，接通电源开关，小车可在风力推动下前进
2	原理图	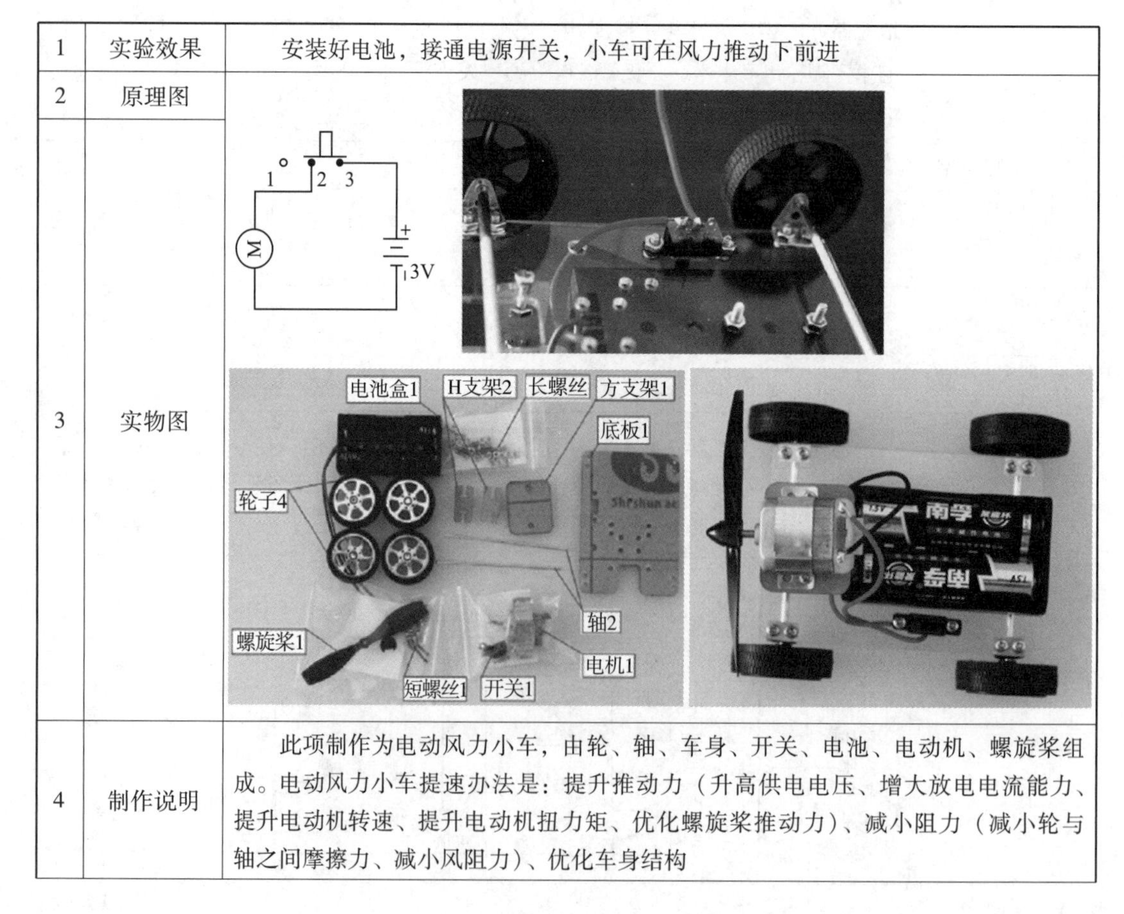
3	实物图	
4	制作说明	此项制作为电动风力小车，由轮、轴、车身、开关、电池、电动机、螺旋桨组成。电动风力小车提速办法是：提升推动力（升高供电电压、增大放电电流能力、提升电动机转速、提升电动机扭力矩、优化螺旋桨推动力）、减小阻力（减小轮与轴之间摩擦力、减小风阻力）、优化车身结构

续表

5	实际应用	用于学生电动风力小车直线、圆周竞速比赛等
6	电子元件	普通小型电源开关、玩具电动机、螺旋桨、两节五节电池与电池盒，以及玩具小车构件

五、电子风车

1	实验效果	通电后，可见呈方形排列的 4 只发光二极管点亮，而且每隔一段时间，排列角度沿顺时针方向旋转 30°，从效果上看，好像是一辆风车在慢速旋转
2	原理图	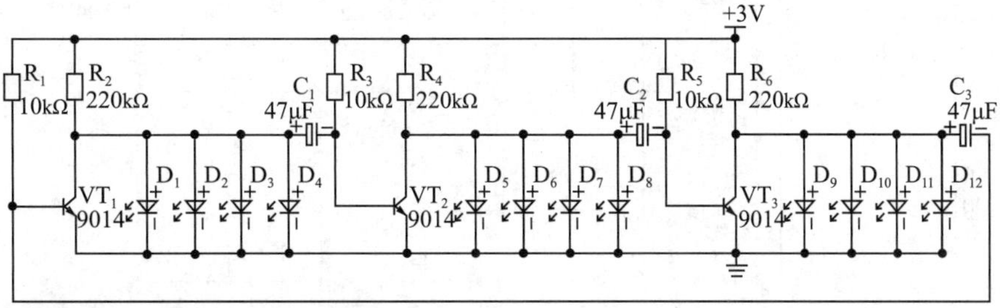
3	线路板图	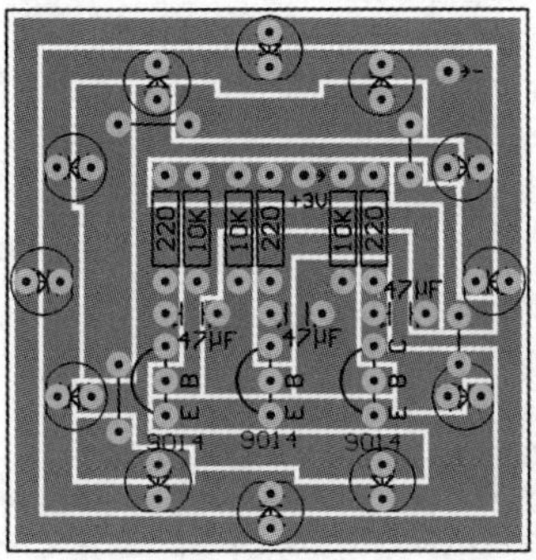
4	制作说明	电路原理：此电路为无稳态三极管放大电路，即多谐振荡器，电路由三组完全相同的电阻、电容、发光管和三极管电路组成 当三极管 VT_1 导通时，发光管 D_1 ~ D_4 熄灭，电流经电阻 R_3 给电容 C_1 充电，在电容 C_1 两端的电压充电至 0.7V 这段时间内，三极管 VT_2 截止，发光管 D_5 ~ D_8 点亮，三极管 VT_3 导通时，发光管 D_9 ~ D_{12}熄灭 当电容 C_1 两端的电压充电至 0.7V 时，三极管 VT_2 导通，发光管 D_5 ~ D_8 熄灭，电流经电阻 R_5 给电容 C_2 充电，由于充电需要一定的时间，在电容 C_2 两端的电压充电至 0.7V 这段时间内，三极管 VT_3 截止时，发光管 D_9 ~ D_{12}点亮
5	实际应用	用于玩具装饰，或路边小广告或警示灯
6	电子元件	电阻器、电容器、发光二极管、三极管均为普通元件（注：在同一制作中，发光二极管必须是同一批次、同一型号的发光二极管，否则，会出现有的发光管能点亮，有的则不能点亮）

六、电子骰子

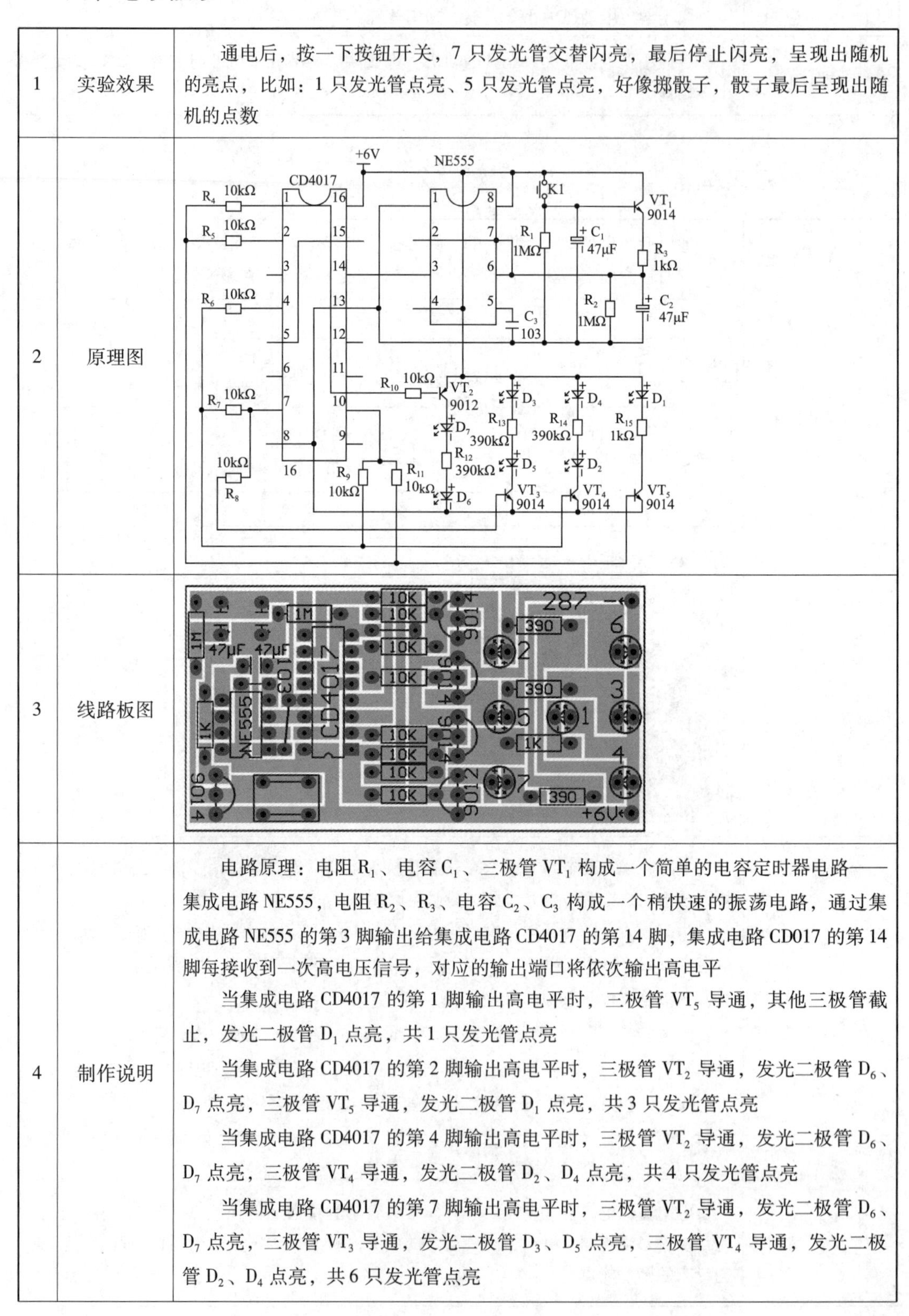

1	实验效果	通电后，按一下按钮开关，7 只发光管交替闪亮，最后停止闪亮，呈现出随机的亮点，比如：1 只发光管点亮、5 只发光管点亮，好像掷骰子，骰子最后呈现出随机的点数
2	原理图	
3	线路板图	
4	制作说明	电路原理：电阻 R_1、电容 C_1、三极管 VT_1 构成一个简单的电容定时器电路——集成电路 NE555，电阻 R_2、R_3、电容 C_2、C_3 构成一个稍快速的振荡电路，通过集成电路 NE555 的第 3 脚输出给集成电路 CD4017 的第 14 脚，集成电路 CD017 的第 14 脚每接收到一次高电压信号，对应的输出端口将依次输出高电平 当集成电路 CD4017 的第 1 脚输出高电平时，三极管 VT_5 导通，其他三极管截止，发光二极管 D_1 点亮，共 1 只发光管点亮 当集成电路 CD4017 的第 2 脚输出高电平时，三极管 VT_2 导通，发光二极管 D_6、D_7 点亮，三极管 VT_5 导通，发光二极管 D_1 点亮，共 3 只发光管点亮 当集成电路 CD4017 的第 4 脚输出高电平时，三极管 VT_2 导通，发光二极管 D_6、D_7 点亮，三极管 VT_4 导通，发光二极管 D_2、D_4 点亮，共 4 只发光管点亮 当集成电路 CD4017 的第 7 脚输出高电平时，三极管 VT_2 导通，发光二极管 D_6、D_7 点亮，三极管 VT_3 导通，发光二极管 D_3、D_5 点亮，三极管 VT_4 导通，发光二极管 D_2、D_4 点亮，共 6 只发光管点亮

续表

4	制作说明	当集成电路 CD4017 的第 10 脚输出高电平时，三极管 VT_2 导通，发光二极管 D_6、D_7 点亮，三极管 VT_4 导通，发光二极管 D_3、D_5 点亮，三极管 VT_5 导通，发光二极管 D_1 点亮，共 5 只发光管点亮 当集成电路 CD4017 的上述引脚输出低电平时，三极管 VT_2 导通，发光二极管 D_1、D_7 点亮，共 2 只发光管点亮
5	实际应用	用于掷骰子游戏
6	电子元件	电阻、电容、发光二极管、三极管、集成电路 NE555 均为普通元件，按钮开关为轻触开关，按下按钮，4 只脚相互导通，松开按钮，四只引脚两两导通，集成电路 CD4017 为二进制转十进制计数器，第 14 脚为获得高电平脉冲信号端口，依次在第 3、2、4、7、10、1、5、6、9、11 脚依次输出高电平，第 15 脚为高电平复位引脚，上述电路，在第 7 个高电平脉冲信号到来时，第 5 脚输出高电平，与它相连的第 15 脚将获得高电平信号复位，再次从第 3、2、4、7、10、1 脚循环输出高电平，直到第 5 脚

七、幸运转盘

1	实验效果	通电后，按一下按钮开关，10 只发光管轮流闪亮，经过一段时间后，仅仅只有一只发光管点亮，其他发光管不再轮流闪亮，呈现出一定的随机性，比如：点亮第 1 号发光管并停止轮流闪亮
2	原理图	
3	线路板图	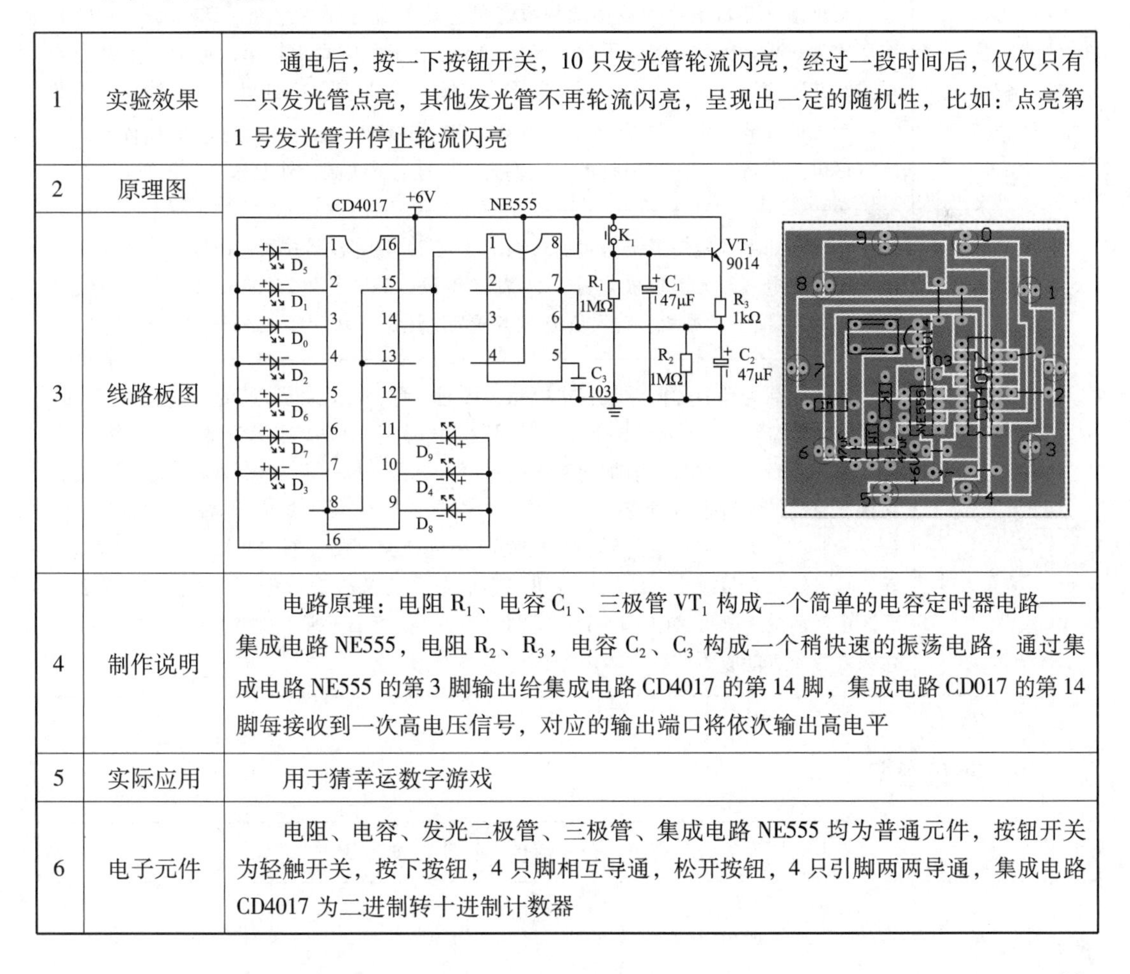
4	制作说明	电路原理：电阻 R_1、电容 C_1、三极管 VT_1 构成一个简单的电容定时器电路——集成电路 NE555，电阻 R_2、R_3，电容 C_2、C_3 构成一个稍快速的振荡电路，通过集成电路 NE555 的第 3 脚输出给集成电路 CD4017 的第 14 脚，集成电路 CD017 的第 14 脚每接收到一次高电压信号，对应的输出端口将依次输出高电平
5	实际应用	用于猜幸运数字游戏
6	电子元件	电阻、电容、发光二极管、三极管、集成电路 NE555 均为普通元件，按钮开关为轻触开关，按下按钮，4 只脚相互导通，松开按钮，4 只引脚两两导通，集成电路 CD4017 为二进制转十进制计数器

八、FM 收音机

1	实验效果	通电后，插入直径 3.5mm 立体声耳机，按一下电路板上的复位键，按“SEEK +”（频道加）即可收听，按“VOL +”（音量加），可将耳机声音开得更大一些
2	原理图	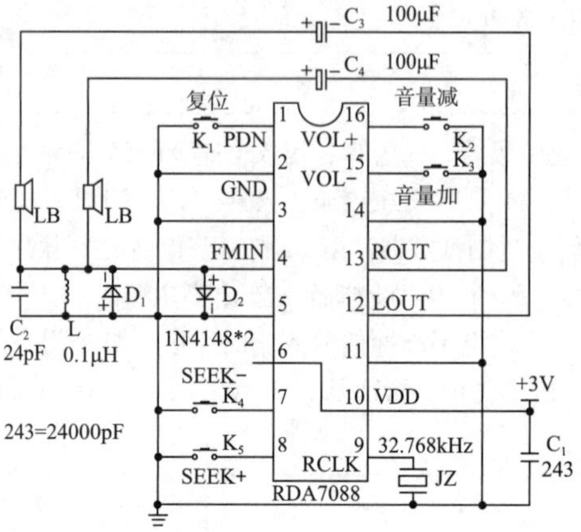 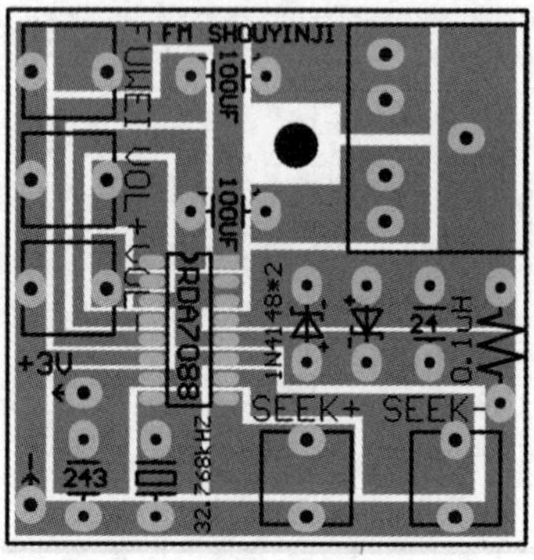
3	线路板图	
4	制作说明	RDA7088 集成电路为数字调频收音机芯片，覆盖频率为 76 ~ 108MHz。它的封装形式为 SOP – 16，工作电压为 1.8 ~ 3.6V。由于引脚间距较窄，焊接时务必小心短路，并避免反复加热。D_1 与 D_2 为开关二极管，型号是 1N4148。玻璃外壳的黑圈一端为二极管的负极。JZ 为晶振，频率为 32.768kHz。由于二极管的引脚较细，安装时尽可能少弯折，并需用胶水固定外壳。L 为电感线圈，外形和电阻相似
5	电子元件	电感器的色环是棕黑银，表示 0.1μH，与 24pF 电容器并联，选择某一段频率的信号。瓷片电容器无正负极之分，24 表示 24pF，243 表示 24000pF，可用 223 代替 243，开关二极管，黑圈一端为负极，当振荡电压高于 0.7V，二极管将导通
6	实际应用	此款电路为单芯片调频收音机电路，接通电源，插入直径 3.5mm 立体声音耳机，按一下“FUWEI” （复位）键，通过耳机可听到一些杂乱无章的声音，按一下“SEEK +”键，可收听到清晰的调频电台声音，再次按一下“SEEK +”键，可收听到频率更高的调频电台声音，如果按下“SEEK –”键，可收听到频率较低的调频电台声音，按一下“VOL +”键，耳机发声音量增大，按一下“VOL –”（频道减）键，耳机发声音量减小。此款收音机可接收频率为 76 ~ 108MHz 调频电台，灵敏度高，正常情况下，可接收 10 ~ 15 个调频电台，噪声小，抗干扰能力强，声音洪亮，高保真音质，能收听调频立体声电台

九、变色鱼灯

1	实验效果	通电后，发光管呈现出红色、绿色、红绿色闪亮现象

续表

2	原理图	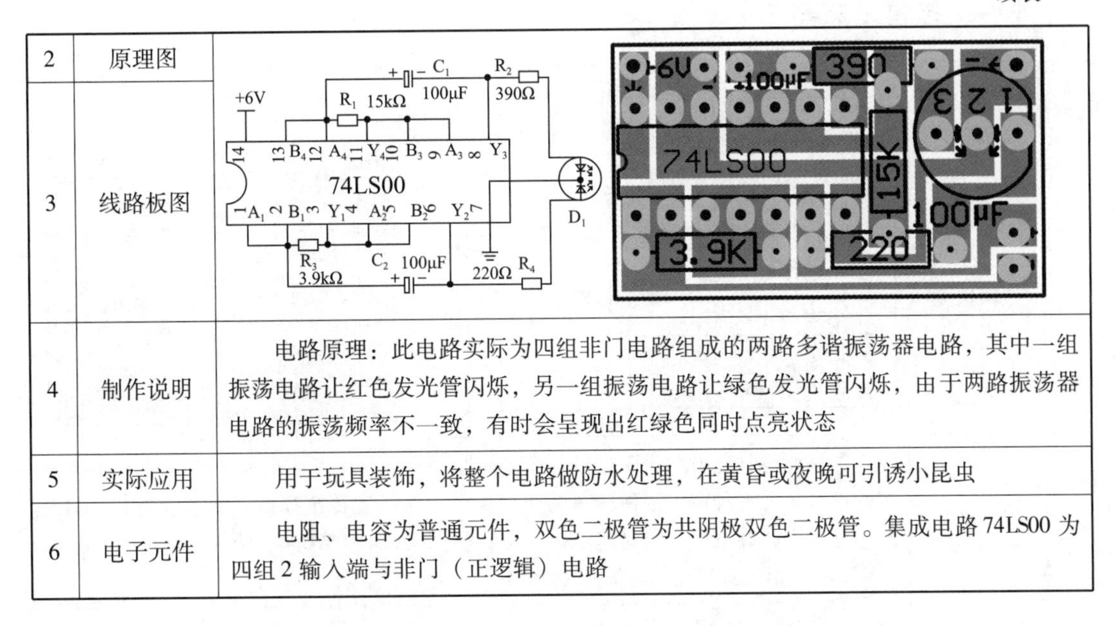
3	线路板图	
4	制作说明	电路原理：此电路实际为四组非门电路组成的两路多谐振荡器电路，其中一组振荡电路让红色发光管闪烁，另一组振荡电路让绿色发光管闪烁，由于两路振荡器电路的振荡频率不一致，有时会呈现出红绿色同时点亮状态
5	实际应用	用于玩具装饰，将整个电路做防水处理，在黄昏或夜晚可引诱小昆虫
6	电子元件	电阻、电容为普通元件，双色二极管为共阴极双色二极管。集成电路 74LS00 为四组 2 输入端与非门（正逻辑）电路

十、USB 充电器

1	实验效果	接通电源，USB 端口可输出约 1A 的稳定的直流电
2	原理图	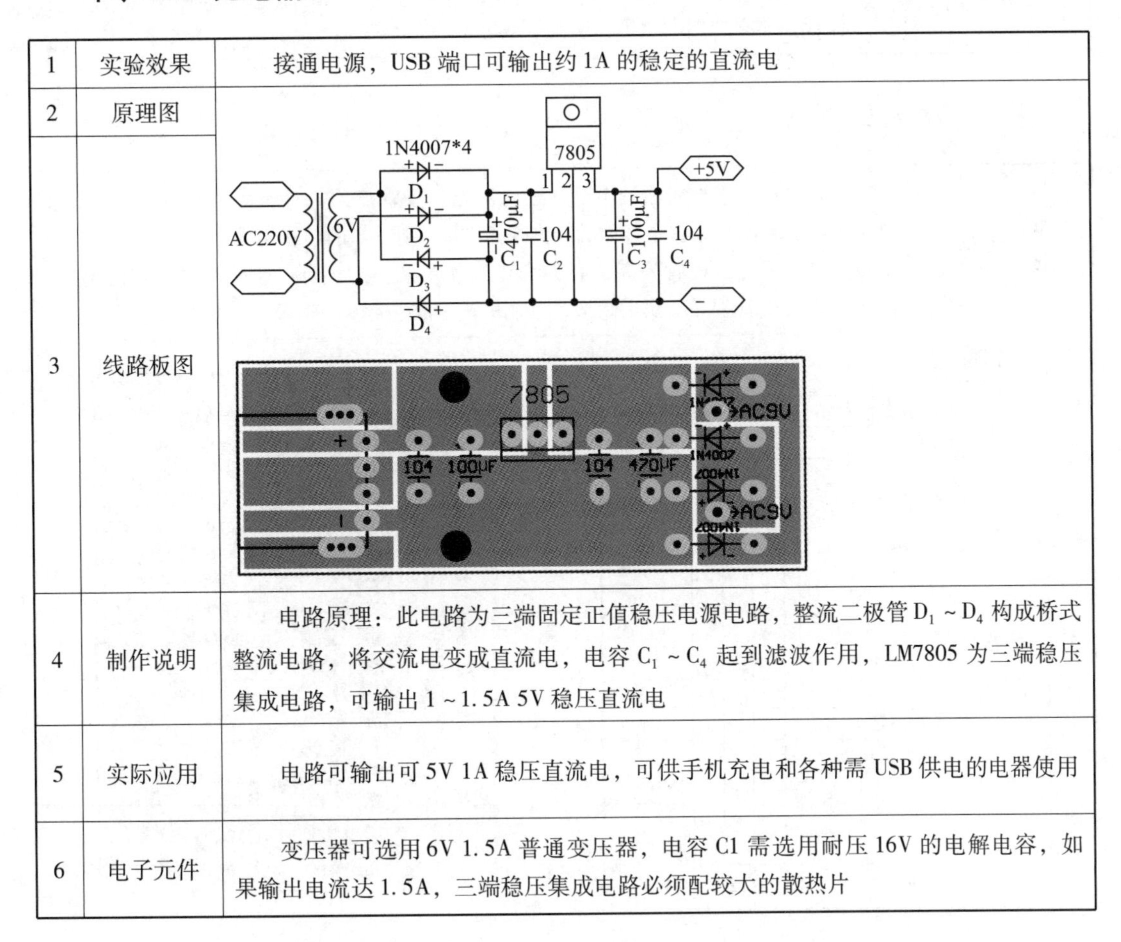
3	线路板图	
4	制作说明	电路原理：此电路为三端固定正值稳压电源电路，整流二极管 D_1 ~ D_4 构成桥式整流电路，将交流电变成直流电，电容 C_1 ~ C_4 起到滤波作用，LM7805 为三端稳压集成电路，可输出 1 ~ 1.5A 5V 稳压直流电
5	实际应用	电路可输出可 5V 1A 稳压直流电，可供手机充电和各种需 USB 供电的电器使用
6	电子元件	变压器可选用 6V 1.5A 普通变压器，电容 C1 需选用耐压 16V 的电解电容，如果输出电流达 1.5A，三端稳压集成电路必须配较大的散热片

十一、警笛发声器

1	实验效果	接通电源，喇叭发出警笛声响
2	原理图	
3	线路板图	
4	制作说明	电路原理：此电路为 3 组门电路多谐振荡器，其中两组分别产生两种不同的频率的声音，另一种产生两种频率的交替变换，即产生警笛高低音频变换效果。第 2 脚输出的方波高电平持续时间 620ms，低电平持续时间 570ms，第 6 脚输出的方波频率 722Hz，第 8 脚输出的方波频率 602Hz
5	实际应用	此电路可用玩具发声或路牌提示发声
6	电子元件	电阻、电容、三极管均为普通元件，CD4069 为 CMOS 六反相器，1N4148 为开关二极管，黑圈一侧为负极，喇叭等效电阻为 8Ω

十二、20 秒录音机

1	实验效果	接通电源，按住录音键不放，红色发光二极管点亮，对着话筒说话，机器可录制 20s 声音。如果按住录音键的时间超过 20s，则后来的声音将无法录制。按一下播放键，红色发光二极管闪亮，喇叭将播放刚才录制的声音。如果按住擦除键不放，红色发光二极管闪亮 9 次后熄灭，录制的内容将清除
2	原理图	
3	线路板图	

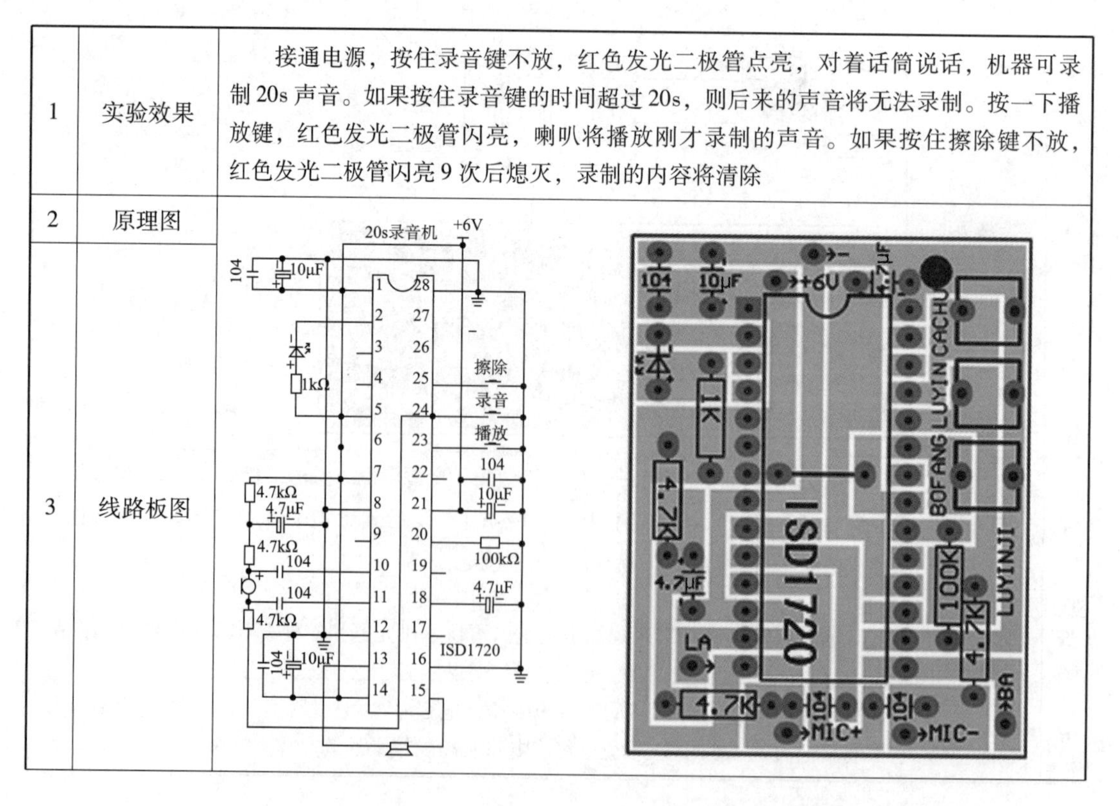

续表

4	制作说明	ISD1720 芯片的录放音时间为 20s，芯片内容包含有自动增益控制、麦克风前置扩大器、扬声器驱动线路、振荡器与内存等电路，其封装形式为 DIP28，如果将 ISD1720 芯片替换成 ISD17240 芯片，芯片封装形式不变，其他电子元件均不变，其录放音时间可达 240s
5	实际应用	用于语音留言和需要录制短时间声音场合
6	电子元件	MIC 为麦克风，即话筒，有两只引脚，其中 1 只引脚带有爪子，与外壳相连接为负极，另外 1 只引脚为正极，由于两引脚较短，而 MIC + 与 MIC - 间距较大，因此可将话筒两脚分开，将话筒两只脚分别直接焊在电路板背面焊盘上，注意正负极不可接反

十三、SL8002 功放

1	实验效果	接通电源，使用两端都是直径 3.5mm 插头的音频信号线，一端插入功放插孔内，另一端连接到电脑、手机或小型 MP3 播放器音频输出插孔上，喇叭可发出较为清晰的十分响亮的声音
2	原理图	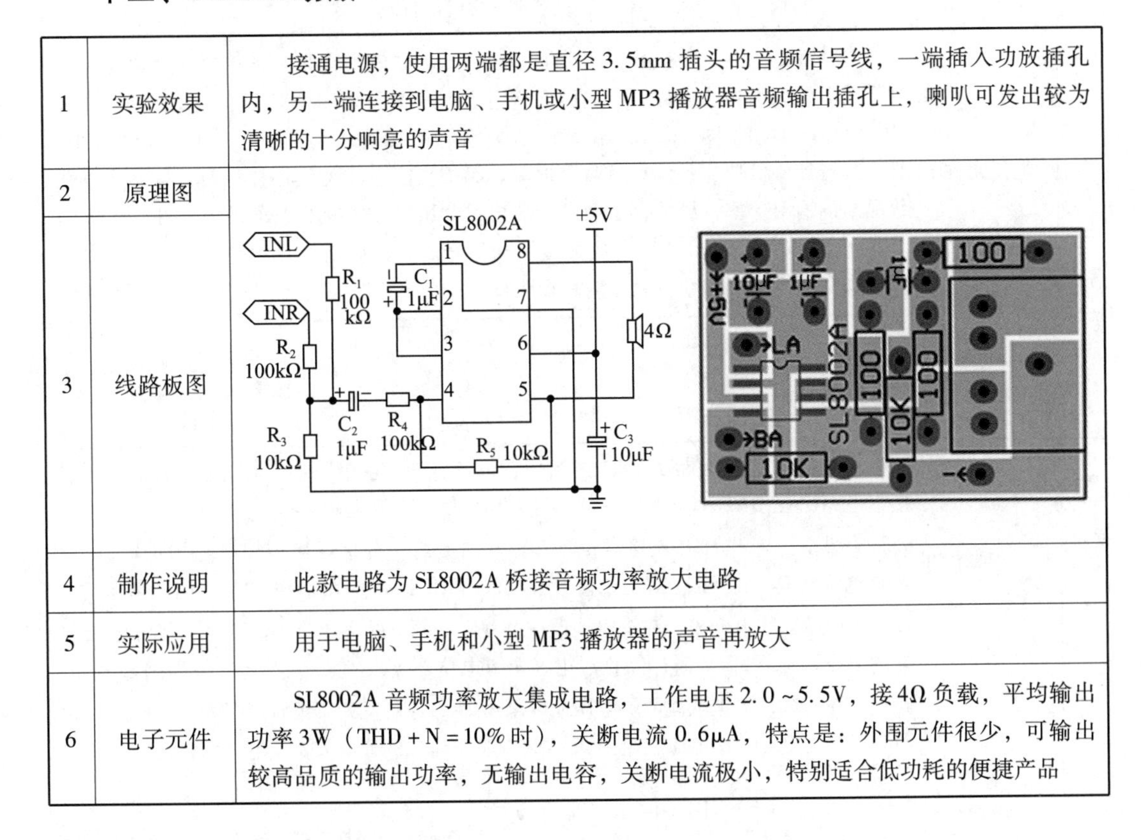
3	线路板图	
4	制作说明	此款电路为 SL8002A 桥接音频功率放大电路
5	实际应用	用于电脑、手机和小型 MP3 播放器的声音再放大
6	电子元件	SL8002A 音频功率放大集成电路，工作电压 2.0 ~ 5.5V，接 4Ω 负载，平均输出功率 3W（THD + N = 10% 时），关断电流 0.6μA，特点是：外围元件很少，可输出较高品质的输出功率，无输出电容，关断电流极小，特别适合低功耗的便捷产品

十四、TDA1517P 功放

1	实验效果	接通电源，用直径 3.5mm 插头接入音频信号，比如：将插头电脑耳机输出端，喇叭可发出十分清晰的洪亮的声音

续表

2	原理图	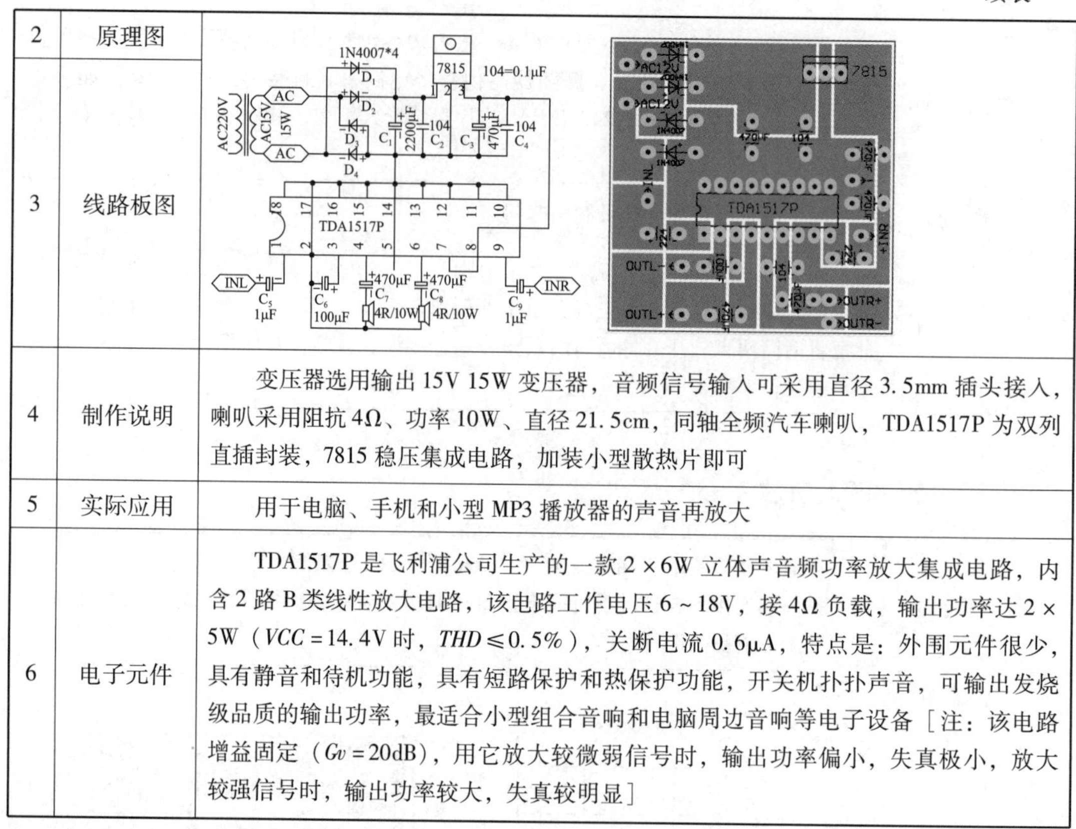
3	线路板图	
4	制作说明	变压器选用输出15V 15W变压器，音频信号输入可采用直径3.5mm插头接入，喇叭采用阻抗4Ω、功率10W、直径21.5cm，同轴全频汽车喇叭，TDA1517P为双列直插封装，7815稳压集成电路，加装小型散热片即可
5	实际应用	用于电脑、手机和小型MP3播放器的声音再放大
6	电子元件	TDA1517P是飞利浦公司生产的一款2×6W立体声音频功率放大集成电路，内含2路B类线性放大电路，该电路工作电压6～18V，接4Ω负载，输出功率达2×5W（VCC=14.4V时，THD≤0.5%），关断电流0.6μA，特点是：外围元件很少，具有静音和待机功能，具有短路保护和热保护功能，开关机扑扑声音，可输出发烧级品质的输出功率，最适合小型组合音响和电脑周边音响等电子设备［注：该电路增益固定（Gv=20dB），用它放大较微弱信号时，输出功率偏小，失真极小，放大较强信号时，输出功率较大，失真较明显］

十五、锂电池保护器

1	实验效果	本电路需使用两端为公头的USB连接线，USB连接线的一端接充电器，另一端接本电路，在BAT+与BAT-两端接电压表，调节电位器R_3，使电压表示数为4.2V，然后，断开USB连接线，将BAT+与BAT-分别焊接到锂电池的正负极上，调节电位器R_7，使红色发光二极管点亮，在OUT+与OUT-接入约10Ω 3W电阻，在电阻两端并联电压表，在锂电池放电过程中，两端的电压将逐渐降低，当锂电池两端的电压降低至3.7V时，停止放电，调节电位器R_7，使红色发光二极管刚好熄灭。经过上述调试，当锂电池两端电压充电至4.2V，绿色发光二极管点亮，充电电路自动断开，当锂电池两端电压放电至3.7V，红色发光二极管熄灭，放电电路将自动断开
2	原理图	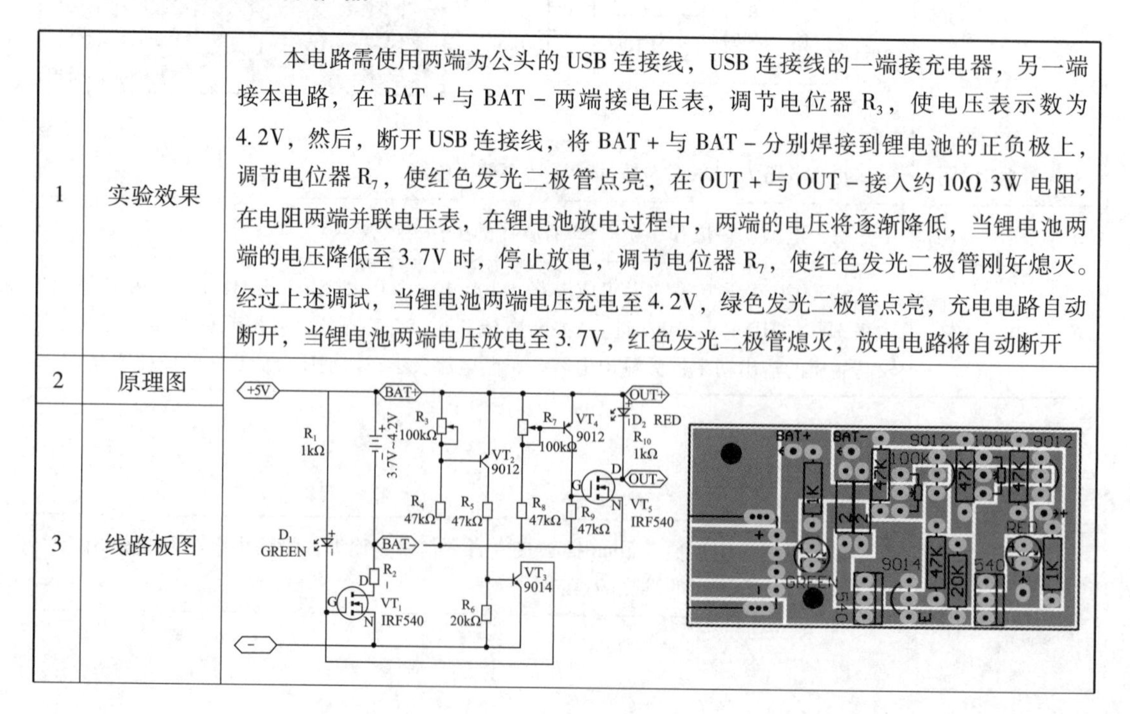
3	线路板图	

续表

4	制作说明	电路原理：此电路为分立元件的电压比较器电路，当电压高于 4.2V 时，三极管 VT_2 和 VT_3 导通，VT_1 截止，充电电路断开。当电压低于 3.7V 时，三极管 VT_4 和 VT_5 截止，放电电路断开
5	实际应用	用于保护锂电池，防止过分充电和过分放电
6	电子元件	电阻器、发光二极管、三极管、USB 插座均为普通元件，R_3 和 R_7 为 3296 多圈可调电位器，IRF540 为 VMOS 场效应管

十六、NE555 光电开关

1	实验效果	通电后，挡住光阻电阻上方的光线，发光二极管将点亮，移走光敏电阻上方的遮挡物，发光二极管将熄灭，需要特别说明的是：有时移走光敏电阻上方的遮挡物，发光二极管仍点亮，当环境光线变得足够亮时，发光二极管才熄灭，避免环境光线忽亮忽暗微小变化时，发光二极管反复点亮与熄灭
2	原理图	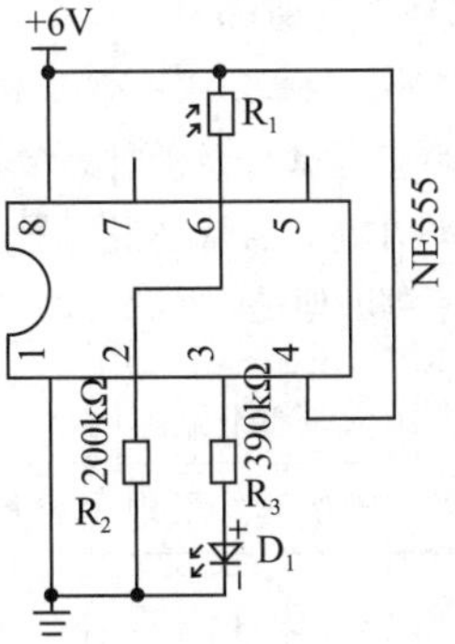
3	线路板图	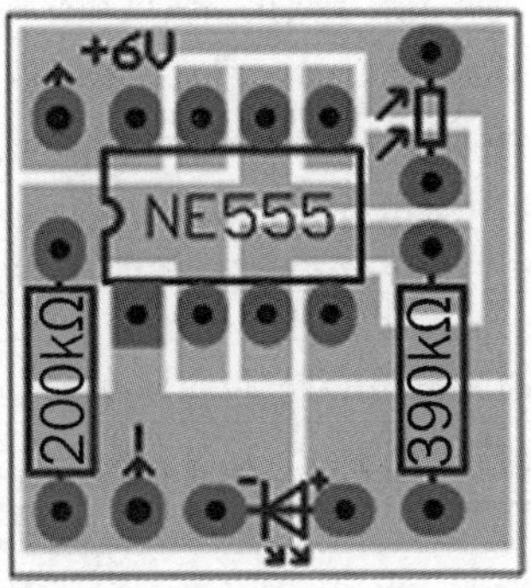
4	制作说明	电路原理：当环境光线变得足够暗时，光敏电阻的电阻值将变得很大，NE555 芯片的第 2 脚和第 6 脚电位将降低，当第 2 脚和第 6 脚电位降低至电源电压的 1/3，即约 2V 时，第 3 脚将输出高电平，发光二极管点亮。当环境光线变得足够亮时，光敏电阻的电阻值将变得很小，NE555 芯片的第 2 脚和第 6 脚电位将升高，当第 2 脚和第 6 脚电位升高至电源电压的 2/3，即约 3.8V 时，第 3 脚将输出低电平，发光二极管熄灭
5	实际应用	用于光电控制电路，比如：光控路灯、光控航标灯、光控窗帘、光控塑料大棚、光控火灾报警器、光控防盗报警器、照相机自动曝光装置、自动给水和停水装置以及光电计数器、光电温度计等
6	电子元件	电阻、发光二极管为普通元件，光敏电阻为可见光光敏电阻，对可见光比较灵敏，如：硫化镉、硒化镉、碲化镉、砷化镓、硫化锌等光敏电阻，NE555 集成电路在本电路中构成了施密特触发器。施密特触发器特点是：当输入电压高于正向阈值电压，输出为高；当输入电压低于负向阈值电压，输出为低；当输入在正负向阈值电压之间，输出不改变，此种电路具有很强的抗干扰性

十七、风雨报警测谎器

1	实验效果	由于刮风导致探头 P_1 和 P_2 接触，喇叭将发出一定频率的声音。下雨时，探头 P_1 和 P_2 接触雨水，由于雨水导电，喇叭也会发出一定频率的声音。测谎时，将探头 P_1 和 P_2 接触身体容易流汗部位（如手心），由于人体导电，喇叭将发出一定频率的声音，如果测试过程中，测试者说谎，且流汗，喇叭发声频率将升高一些
2	原理图	
3	线路板图	
4	制作说明	电路原理：当探头 P_1 和 P_2 接入电阻时，或直接短路时，三极管 VT_1 将导通，三极管 VT_2 也将导通，喇叭将有电流通过，由于电容 C_1 在充电和放电过程中，两端的电压将出现升高和降低现象，导致三极管 VT_1 出现导通和截止现象，从而导致三极管 VT_2 出现导通与截止，通过喇叭的电流时有时无，于是发出声音，探头 P_1 和 P_2 接入电阻值越小，喇叭发出的声音频率越高，反之，探头 P_1 和 P_2 接入电阻值越大，喇叭发出的声音频率越低，测谎时，由于测试者说谎时，多有流汗这种生理反应，使得人体导电电阻变小，喇叭发声频率升高。需特别说明的是：对于说谎不流汗的测试者，此电路无法通过喇叭发声频率判断他是否说谎
5	实际应用	用于测试说谎游戏，以及监测刮风、下雨天气变化
6	电子元件	电阻器、电容器、三极管均为普通元件，喇叭为等效电阻 8Ω 的扬声器

十八、带喇叭的 FM 收音机

1	实验效果	接通电源开关，按一下“复位”开关，喇叭将发出明显噪声，按一下“频道＋”或“频道－”开关，喇叭将播放出清晰的调频广播电台声音，按“音量＋”或“音量－”可调音量大小
2	原理图	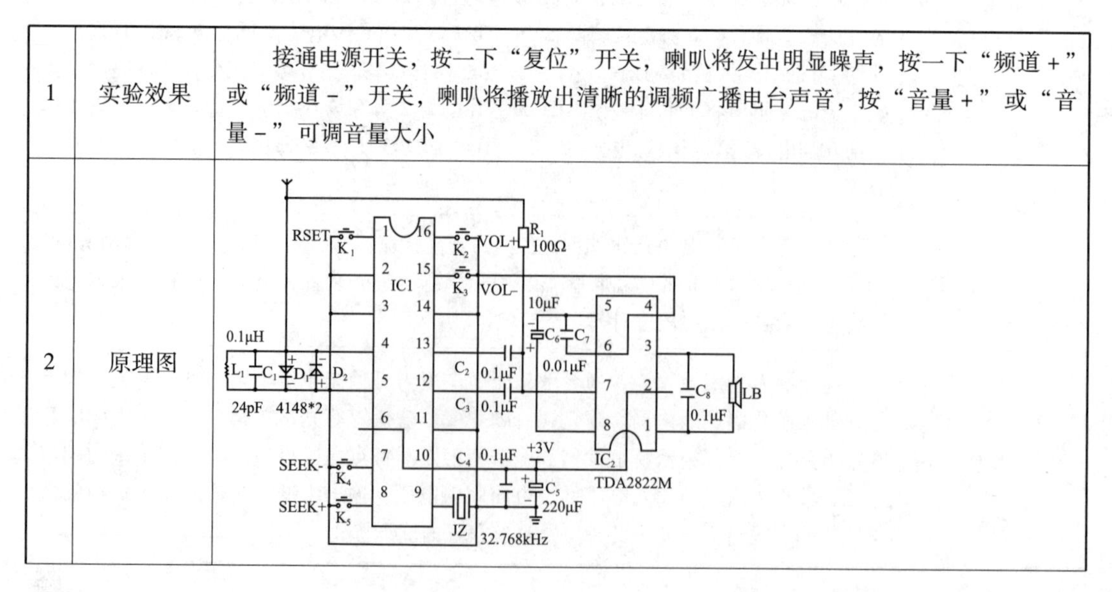

续表

3	线路板图	
4	制作说明	调频收音机就是运用 FM 调频载波方式传输无线电信号的收音机。这款调频收音机，灵敏度高，噪声小，抗干扰能力强，外接元件少，使用方法简单，搭配一个 TDA2822M 功放集成电路，使得实际放音效果声音洪亮、背景干净、音质清爽，深受电子爱好者所喜爱
5	实际应用	用于接受调频广播电台节目，可接收到 10 ~ 15 个电台
6	电子元件	电阻值、电容器均为普通元件，电感器 L_1 为普通四色环或五色环电感器，晶振为圆柱状石英晶体振荡器，TDA2822M 功放集成电路为 DIP8 封装集成电路，集成电路 IC_1 型为 RDA7088，封装形式为 SOP16，是一个数字调频收音机集成电路

十九、TL431A 可调稳压电源

1	实验效果	接通交流 220V 电源线，调节电位器 R_4，输出端“OUT +”和“OUT -”可输出 0. 6A 2. 5 ~ 12V 高精度稳压直流电源
2	原理图	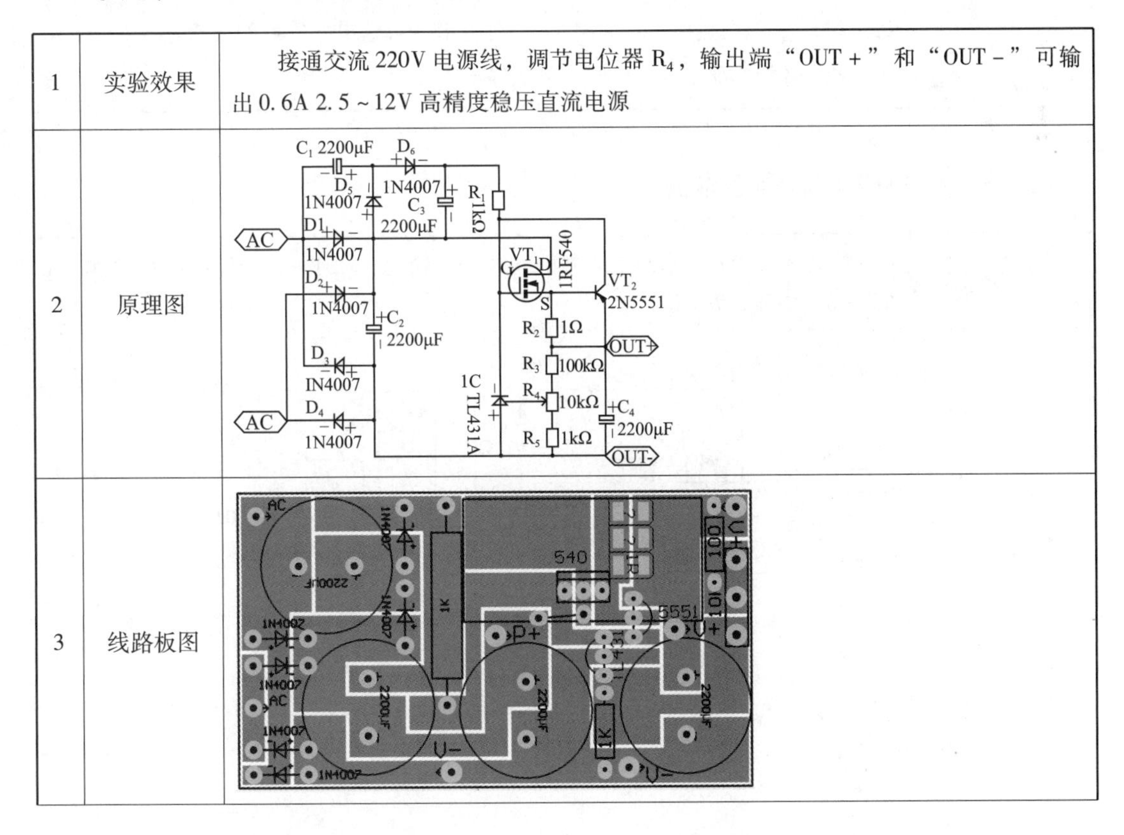
3	线路板图	

续表

4	制作说明	电路原理：此电路需外接 1 只 220V 转 9V 1A 的小型变压器，变压器 9V 输出端接入电路板 AC 端口，经过整流二极管 $D_1 \sim D_4$ 桥式整流后，将交流电变成了单向脉动直流电，经过电容 C_2 滤波，单向脉动直流电变成较为平滑的直流电，在稳压集成电路 TL431A 作用下，输出端“OUT +”和“OUT -”可输出 2.5 ~ 12V 高精度稳压直流电，当输出电流大于 0.6A 时，三极管 VT_2 导通，场效应管 VT_1 断开，避免输出电流过大，烧毁稳压电路和变压器
5	实际应用	此电路可为电子小制作作品提供 2.5 ~ 12V 0.6A 高精度稳压直流电源，需特别说明的是：此电路稳压效果极好，如输出 5.000V，精度为 0.001V，即 1mV，电压表示数几乎不变，另外，此电路最大输出电流约 0.6A，用 12V 电压给锂电池充电时，输出电压将自动下降至 3.7 ~ 4.2V，实现恒流 0.6A 充电，当锂电池两端电压充至 4.2V 时，如果锂电池不带过充电保护电路，需要手动断开电源，以免过充
6	电子元件	变压器规格为 9V1A，电容器 $C_1 \sim C_3$ 耐压 25V，电容器 C_4 耐压 16V，电阻器 R_1 功率 1W，稳压集成电路 TL431A 封装形式为 TO - 92，场效应管 VT_1 为 IRF540（100V33A）封装形式为 TO - 220，加装散热片。 如果希望产生 2.5 ~ 30V 1 ~ 3A 高精度稳压直流电源，变压器规格为 24V5A，整流二极管 $D_1 \sim D_5$ 使用 1N5408，电容器 $C_1 \sim C_3$ 耐压 100V，电容器 C_4 耐压 50V，电阻器 R_1 功率 3W，场效应管 VT_1 推荐使用 NCE0224F（200V24A）封装形式为 TO - 220，加装散热片，R_4 采用 3 只 1Ω 并联，可输出电流 1.8A，采用 5 只 1Ω 并联，可输出电流约 3A

二十、LM317 可调稳压电源

1	实验效果	接通交流 220V 电源线，调节电位器 R4，输出端 OUT + 和 OUT - 可输出约 0.6A 2.5 ~ 12V 稳压直流电源
2	原理图	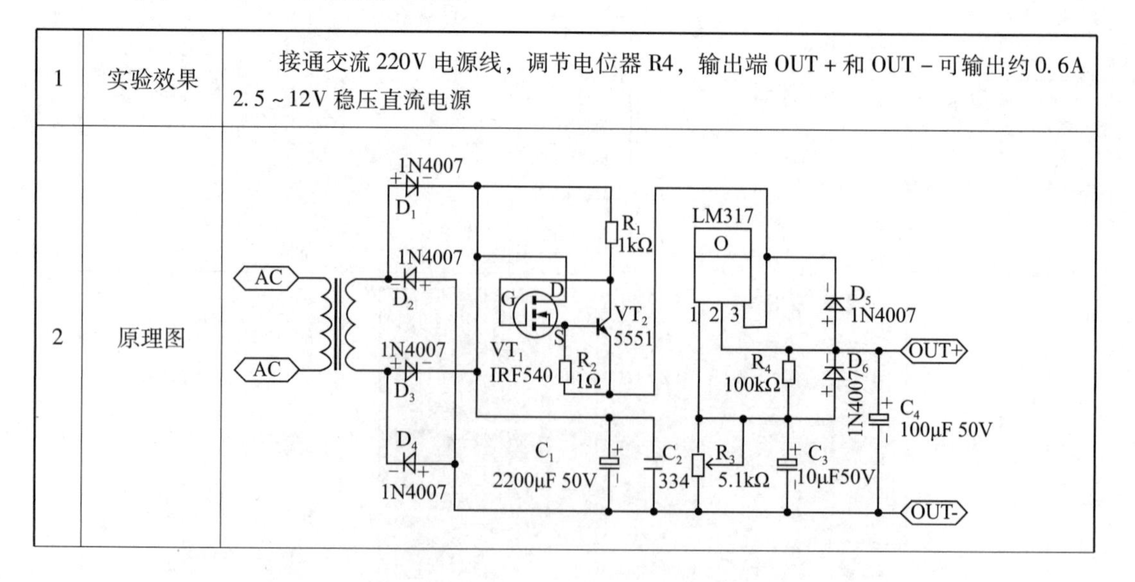

续表

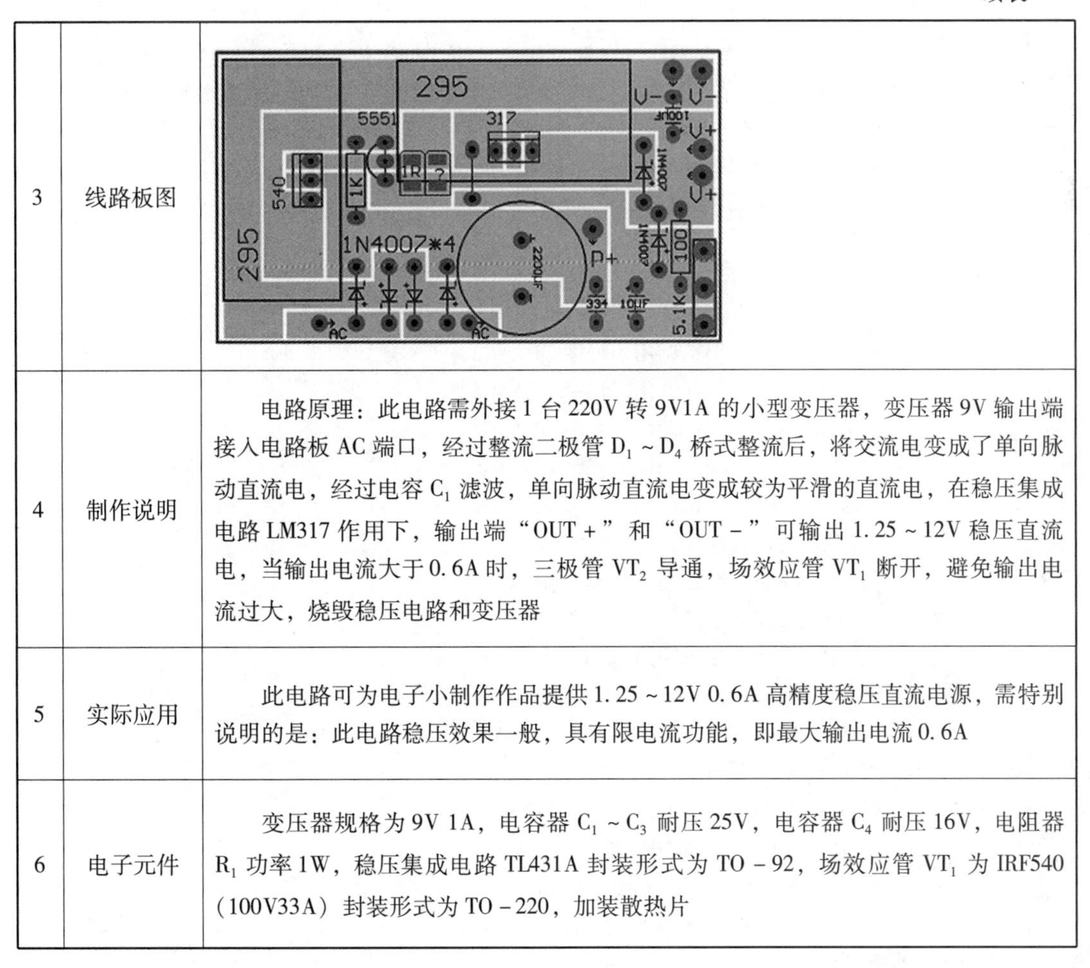

3	线路板图	（见上图）
4	制作说明	电路原理：此电路需外接1台220V转9V1A的小型变压器，变压器9V输出端接入电路板AC端口，经过整流二极管D_1～D_4桥式整流后，将交流电变成了单向脉动直流电，经过电容C_1滤波，单向脉动直流电变成较为平滑的直流电，在稳压集成电路LM317作用下，输出端“OUT＋”和“OUT－”可输出1.25～12V稳压直流电，当输出电流大于0.6A时，三极管VT_2导通，场效应管VT_1断开，避免输出电流过大，烧毁稳压电路和变压器
5	实际应用	此电路可为电子小制作作品提供1.25～12V 0.6A高精度稳压直流电源，需特别说明的是：此电路稳压效果一般，具有限电流功能，即最大输出电流0.6A
6	电子元件	变压器规格为9V 1A，电容器C_1～C_3耐压25V，电容器C_4耐压16V，电阻器R_1功率1W，稳压集成电路TL431A封装形式为TO－92，场效应管VT_1为IRF540（100V33A）封装形式为TO－220，加装散热片

二十一、单片机七彩灯

1	实验效果	接通电源，七彩发光二极管发出红、绿、蓝、红绿、红蓝、绿蓝、红绿蓝7种颜色的光，按照一定规律循环闪亮
2	原理图	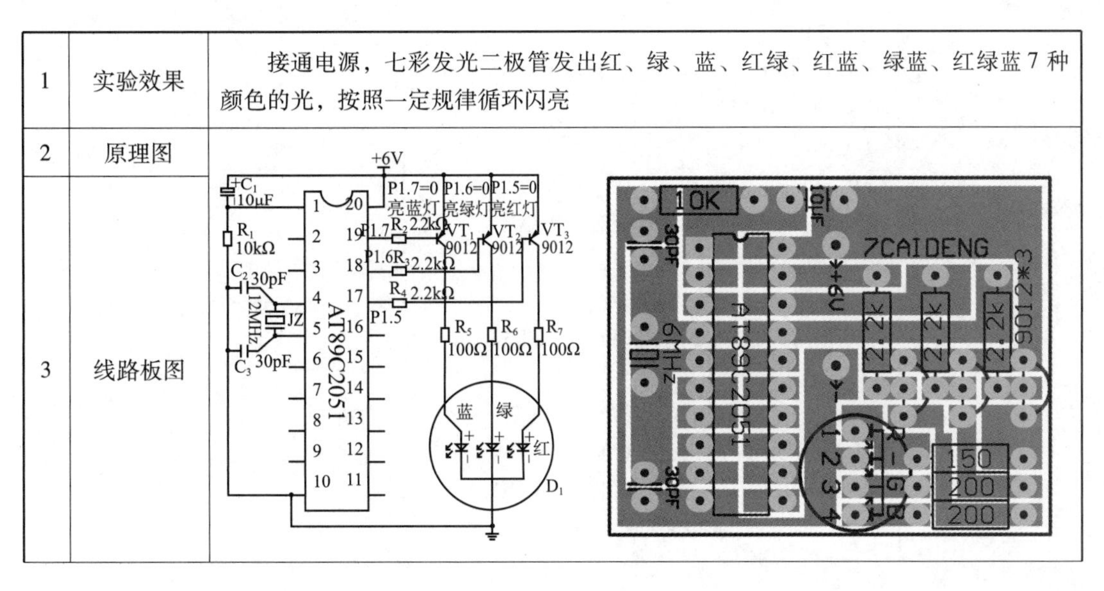
3	线路板图	（见上图）

续表

<table>
<tr><td>4</td><td>电子元件</td><td>电阻器、电容器、三极管为普通元件，七彩发光二极管为直径 5mm、高亮度、共阴极七彩发光二极管。AT89C2051 单片机带 2k 字节内存，可反复擦写 1000 次</td></tr>
<tr><td>5</td><td>汇编程序</td><td>ORG　0000H；程序从地址 0000H 开始执行
LJMP　MAIN；跳转到 MAIN 开始执行
MAIN：
LCALL　GUANG1；调用子程序 GUANG1
LCALL　GUANG2；调用子程序 GUANG2
LCALL　GUANG3；调用子程序 GUANG3
LCALL　GUANG4；调用子程序 GUANG4
LCALL　GUANG5；调用子程序 GUANG5
LCALL　GUANG6；调用子程序 GUANG6
LCALL　GUANG7；调用子程序 GUANG7
（此处可增加程序）
LJMP　MAIN；跳转到 MAIN 开始执行
GUANG1：CLR　P1.7；端口 P1.7 = 0
LCALL　DELAY；调用延时程序 DELAY
SETB　P1.7；端口 P1.7 = 1
LCALL　DELAY；调用延时程序 DELAY
RET；子程序返回
GUANG2：CLR　P1.6；端口 P1.6 = 0
LCALL　DELAY；调用延时程序 DELAY
SETB　P1.6；端口 P1.6 = 1
LCALL　DELAY；调用延时程序 DELAY
RET；子程序返回
GUANG3：CLR　P1.5；端口 P1.5 = 0
LCALL　DELAY；调用延时程序 DELAY
SETB　P1.5；端口 P1.5 = 1
LCALL　DELAY；调用延时程序 DELAY
RET；子程序返回
GUANG4：CLR　P1.7；端口 P1.7 = 0
CLR　P1.6；端口 P1.6 = 0
LCALL　DELAY；调用延时程序 DELAY
SETB　P1.7；端口 P1.7 = 1
SETB　P1.6；端口 P1.6 = 1
LCALL　DELAY；调用延时程序 DELAY
RET；子程序返回
GUANG5：CLR　P1.5；端口 P1.5 = 0
CLR　P1.6；端口 P1.6 = 0
LCALL　DELAY；调用延时程序 DELAY
SETB　P1.5；端口 P1.5 = 1</td></tr>
</table>

续表

<table>
<tr><td>5</td><td>汇编程序</td><td>SETB　P1.6；端口 P1.6 =1
LCALL　DELAY；调用延时程序 DELAY
RET；子程序返回
GUANG6：CLR　P1.7；端口 P1.7 =0
CLR　P1.5；端口 P1.5 =0
LCALL　DELAY；调用延时程序 DELAY
SETB　P1.7；端口 P1.7 =1
SETB　P1.5；端口 P1.5 =1
LCALL　DELAY；调用延时程序 DELAY
RET；子程序返回
GUANG7：CLR　P1.7；端口 P1.7 =0
CLR　P1.6；端口 P1.6 =0
CLR　P1.5；端口 P1.5 =0
LCALL　DELAY；调用延时程序 DELAY
SETB　P1.7；端口 P1.7 =1
SETB　P1.6；端口 P1.6 =1
SETB　P1.5；端口 P1.5 =1
LCALL　DELAY；调用延时程序 DELAY
RET；子程序返回
LJMP　MAIN；跳转到 MAIN 开始执行
DELAY：MOV　R1，#4
D0：MOV　R2，#248
D1：MOV　R3，#250
D2：DJNZ　R3，D2
DJNZ　R2，D1
DJNZ　R1，D0
RET；子程序返回
END；程序结束
（增加的程序）
LCALL　GUANG1
LCALL　GUANG1
LCALL　GUANG2
LCALL　GUANG2
LCALL　GUANG3
LCALL　GUANG3
LCALL　GUANG4
LCALL　GUANG4
LCALL　GUANG5
LCALL　GUANG5
LCALL　GUANG6
LCALL　GUANG6</td></tr>
</table>

续表

5	汇编程序	LCALL　GUANG7 LCALL　GUANG7
6	实际应用	用于玩具装饰、路边小广告或警示灯

二十二、单片机跑马灯

1	实验效果	通电后，14 只发光二极管有规律地循环闪亮
2	原理图	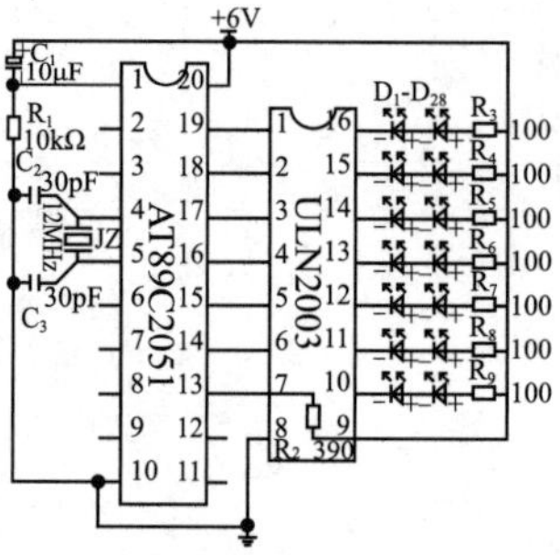 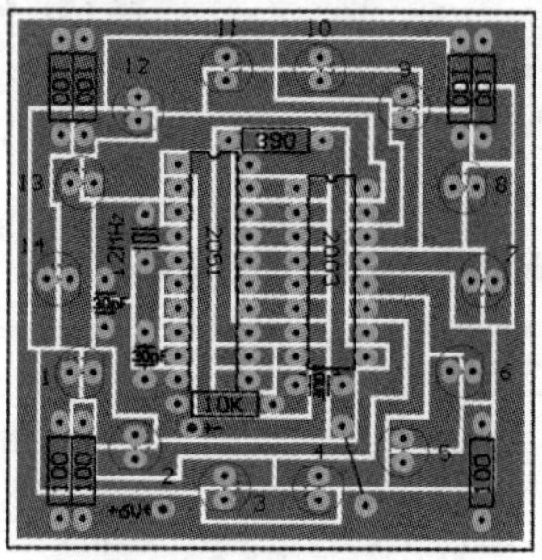
3	线路板图	
4	电子元件	AT89C2051 单片机带 2k 字节内存，可反复擦写 1000 次，ULN2003 集成电路可驱动 7 路 20mA 5V 高电平输入，500mA 50V 低电平输出
5	汇编程序	ORG　0000H；程序从地址 0000H 开始执行 MOV　P1，#00H；端口 P1.0 – P1.7 清零 MAIN：SETB　P1.1；端口 P1.1 = 1 LCALL　DELAY；调用延时程序 DELAY CLR　P1.1；端口 P1.1 = 0 LCALL　DELAY；调用延时程序 DELAY SETB　P1.2；端口 P1.2 = 1 LCALL　DELAY；调用延时程序 DELAY CLR　P1.2；端口 P1.2 = 0 LCALL　DELAY；调用延时程序 DELAY SETB　P1.3；端口 P1.3 = 1 LCALL　DELAY；调用延时程序 DELAY CLR　P1.3；端口 P1.3 = 0 LCALL　DELAY；调用延时程序 DELAY SETB　P1.4；端口 P1.4 = 1 LCALL　DELAY；调用延时程序 DELAY CLR　P1.4；端口 P1.4 = 0 LCALL　DELAY；调用延时程序 DELAY SETB　P1.5；端口 P1.5 = 1 LCALL　DELAY；调用延时程序 DELAY CLR　P1.5；端口 P1.5 = 0

续表

5	汇编程序	LCALL　DELAY；调用延时程序 DELAY SETB　P1.6；端口 P1.6 = 1 LCALL　DELAY；调用延时程序 DELAY CLR　P1.6；端口 P1.6 = 0 LCALL　DELAY；调用延时程序 DELAY SETB　P1.7；端口 P1.7 = 1 LCALL　DELAY；调用延时程序 DELAY CLR　P1.7；端口 P1.7 = 0 LCALL　DELAY；调用延时程序 DELAY SETB　P1.7；端口 P1.7 = 1 LCALL　DELAY；调用延时程序 DELAY CLR　P1.7；端口 P1.7 = 0 LCALL　DELAY；调用延时程序 DELAY SETB　P1.6；端口 P1.6 = 1 LCALL　DELAY；调用延时程序 DELAY CLR　P1.6；端口 P1.6 = 0 LCALL　DELAY；调用延时程序 DELAY SETB　P1.5；端口 P1.5 = 1 LCALL　DELAY；调用延时程序 DELAY CLR　P1.5；端口 P1.5 = 0 LCALL　DELAY；调用延时程序 DELAY SETB　P1.4；端口 P1.4 = 1 LCALL　DELAY；调用延时程序 DELAY CLR　P1.4；端口 P1.4 = 0 LCALL　DELAY；调用延时程序 DELAY SETB　P1.3；端口 P1.3 = 1 LCALL　DELAY；调用延时程序 DELAY CLR　P1.3；端口 P1.3 = 0 LCALL　DELAY；调用延时程序 DELAY SETB　P1.2；端口 P1.2 = 1 LCALL　DELAY；调用延时程序 DELAY CLR　P1.2；端口 P1.2 = 0 LCALL　DELAY；调用延时程序 DELAY SETB　P1.1；端口 P1.1 = 1 LCALL　DELAY；调用延时程序 DELAY CLR　P1.1；端口 P1.1 = 0 LCALL　DELAY；调用延时程序 DELAY SETB　P1.1；端口 P1.1 = 1 LCALL　DELAY；调用延时程序 DELAY SETB　P1.2；端口 P1.2 = 1 LCALL　DELAY；调用延时程序 DELAY

续表

5	汇编程序	SETB P1.3；端口 P1.3 =1 LCALL DELAY；调用延时程序 DELAY SETB P1.4；端口 P1.4 =1 LCALL DELAY；调用延时程序 DELAY SETB P1.5；端口 P1.5 =1 LCALL DELAY；调用延时程序 DELAY SETB P1.6；端口 P1.6 =1 LCALL DELAY；调用延时程序 DELAY SETB P1.7；端口 P1.7 =1 LCALL DELAY；调用延时程序 DELAY CLR P1.7；端口 P1.7 =0 LCALL DELAY；调用延时程序 DELAY CLR P1.6；端口 P1.6 =0 LCALL DELAY；调用延时程序 DELAY CLR P1.5；端口 P1.5 =0 LCALL DELAY；调用延时程序 DELAY CLR P1.4；端口 P1.4 =0 LCALL DELAY；调用延时程序 DELAY CLR P1.3；端口 P1.3 =0 LCALL DELAY；调用延时程序 DELAY CLR P1.2；端口 P1.2 =0 LCALL DELAY；调用延时程序 DELAY CLR P1.1；端口 P1.1 =0 LCALL DELAY；调用延时程序 DELAY LJMP MAIN；跳转到 MAIN 开始执行 DELAY：MOV R1，#4 D0：MOV R2，#248 D1：MOV R3，#25 D2：DJNZ R3，D2 DJNZ R2，D1 DJNZ R1，D0 RET；子程序返回 END；程序结束
6	实际应用	用于玩具装饰、路边小广告或警示灯

二十三、单片机摇摇棒

1	实验效果	接通电源，将摇摇棒向两侧反复摇晃，发光二极管将显现出“无线电 OK”字样

续表

2	原理图	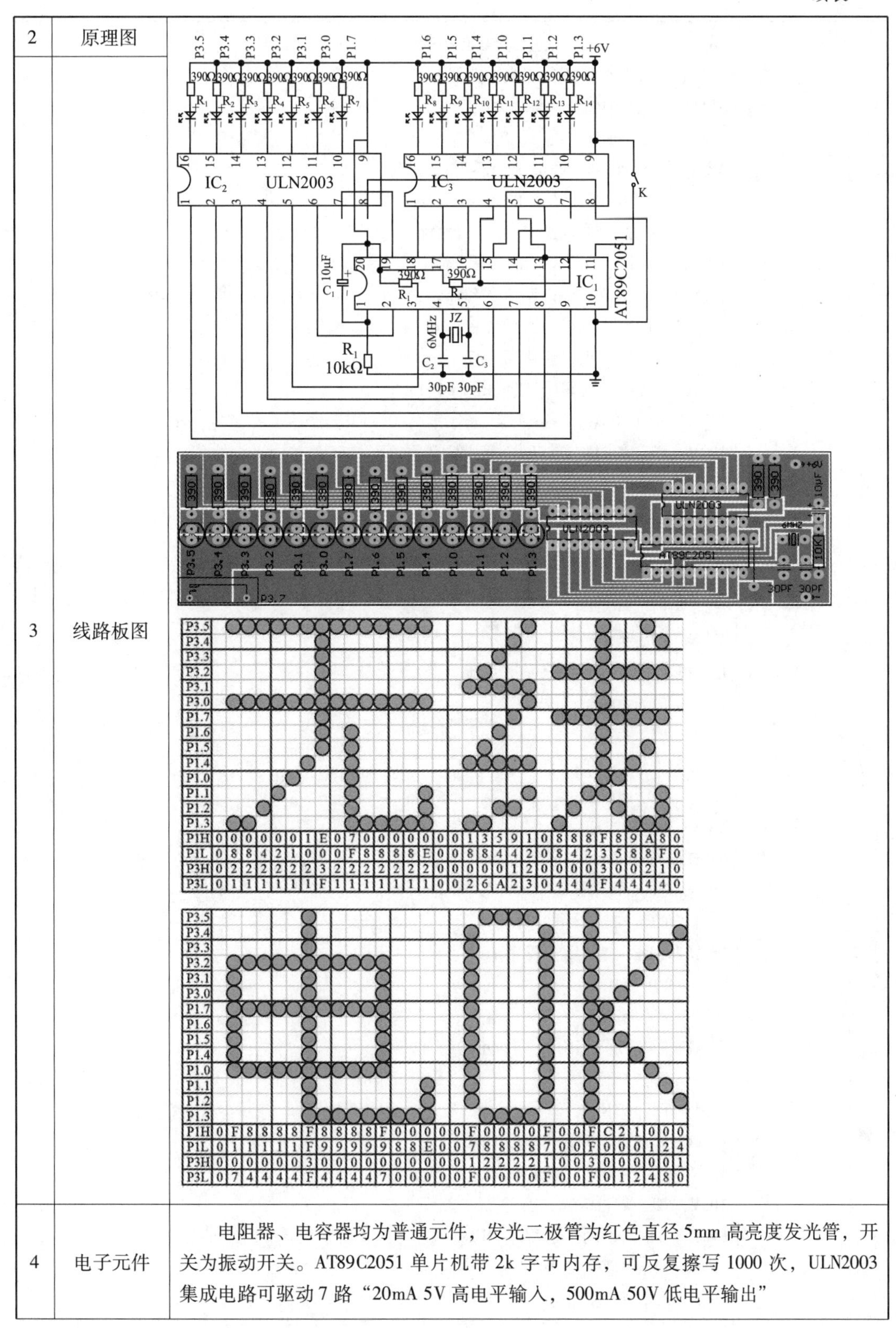
3	线路板图	
4	电子元件	电阻器、电容器均为普通元件，发光二极管为红色直径5mm高亮度发光管，开关为振动开关。AT89C2051单片机带2k字节内存，可反复擦写1000次，ULN2003集成电路可驱动7路“20mA 5V高电平输入，500mA 50V低电平输出”

续表

5	汇编程序	ORG　0000H；程序从地址 0000H 开始执行 LJMP　MAIN；跳转到 MAIN 开始执行 MAIN：CLR　P3.7；端口 P3.7 = 0 JB　P3.7，DISPLAY；P3.7 = 1 MOV　P1，#00H；端口 P1.0 - P1.7 清零 MOV　P3，#00H；端口 P3.0 - P3.7 清零 LJMP　MAIN；跳转到 MAIN 开始执行 DISPLAY：LCALL　WUXYOU；调用子程序 LCALL　XIANXYOU；调用子程序 LCALL　DIANXYOU；调用子程序 LCALL　OKXYOU；调用子程序 AJMP　MAIN；跳转到地址 MAIN 处执行 WUXYOU：MOV　P1，#00H；端口 P1.0 - P1.7 清零 MOV　P3，#00H；端口 P3.0 - P3.7 清零 LCALL　DEL；调用子程序 DEL MOV　P1，#08H MOV　P3，#21H LCALL　DEL；调用子程序 DEL MOV　P1，#08H MOV　P3，#21H LCALL　DEL；调用子程序 DEL MOV　P1，#04H MOV　P3，#21H LCALL　DEL；调用子程序 DEL MOV　P1，#02H MOV　P3，#21H LCALL　DEL；调用子程序 DEL MOV　P1，#01H MOV　P3，#21H LCALL　DEL；调用子程序 DEL MOV　P1，#10H MOV　P3，#21H LCALL　DEL；调用子程序 DEL MOV　P1，#0E0H MOV　P3，#3FH LCALL　DEL；调用子程序 DEL MOV　P1，#00H；端口 P1.0 - P1.7 清零 MOV　P3，#21H LCALL　DEL；调用子程序 DEL MOV　P1，#7FH MOV　P3，#21H

续表

<table>
<tr><td>5</td><td>汇编程序</td><td>LCALL DEL；调用子程序 DEL
MOV P1，#08H
MOV P3，#21H
LCALL DEL；调用子程序 DEL
MOV P1，#08H
MOV P3，#21H
LCALL DEL；调用子程序 DEL
MOV P1，#08H
MOV P3，#21H
LCALL DEL；调用子程序 DEL
MOV P1，#08H
MOV P3，#21H
LCALL DEL；调用子程序 DEL
MOV P1，#0EH
MOV P3，#21H
LCALL DEL；调用子程序 DEL
MOV P1，#00H；端口 P1.0 - P1.7 清零
MOV P3，#00H；端口 P3.0 - P3.7 清零
LCALL DEL；调用子程序 DEL
RET；子程序返回
；+ +
XIANXYOU：MOV P1，#00H；端口 P1.0 - P1.7 清零
MOV P3，#00H；端口 P3.0 - P3.7 清零
LCALL DEL；调用子程序 DEL
MOV P1，#18H
MOV P3，#02H
LCALL DEL；调用子程序 DEL
MOV P1，#38H
MOV P3，#06H
LCALL DEL；调用子程序 DEL
MOV P1，#54H
MOV P3，#0AH
LCALL DEL；调用子程序 DEL
MOV P1，#94H
MOV P3，#12H
LCALL DEL；调用子程序 DEL
MOV P1，#12H
MOV P3，#23H
LCALL DEL；调用子程序 DEL
MOV P1，#00H；端口 P1.0 - P1.7 清零
MOV P3，#00H；端口 P3.0 - P3.7 清零</td></tr>
</table>

续表

5	汇编程序	LCALL DEL；调用子程序 DEL MOV P1，#088H MOV P3，#04H LCALL DEL；调用子程序 DEL MOV P1，#84H MOV P3，#04H LCALL DEL；调用子程序 DEL MOV P1，#82H MOV P3，#04H LCALL DEL；调用子程序 DEL MOV P1，#0F3H MOV P3，#3FH LCALL DEL；调用子程序 DEL MOV P1，#085H MOV P3，#04H LCALL DEL；调用子程序 DEL MOV P1，#98H MOV P3，#04H LCALL DEL；调用子程序 DEL MOV P1，#0A8H MOV P3，#24H LCALL DEL；调用子程序 DEL MOV P1，#08FH MOV P3，#14H LCALL DEL；调用子程序 DEL MOV P1，#00H；端口 P1.0－P1.7 清零 MOV P3，#00H；端口 P3.0－P3.7 清零 LCALL DEL；调用子程序 DEL RET；子程序返回 DIANXYOU： MOV P1，#00H；端口 P1.0－P1.7 清零 MOV P3，#00H；端口 P3.0－P3.7 清零 LCALL DEL；调用子程序 DEL MOV P1，#0F1H MOV P3，#07H LCALL DEL；调用子程序 DEL MOV P1，#81H MOV P3，#04H LCALL DEL；调用子程序 DEL MOV P1，#81H MOV P3，#04H

续表

5	汇编程序	LCALL　DEL；调用子程序 DEL MOV　P1，#81H MOV　P3，#04H LCALL　DEL；调用子程序 DEL MOV　P1，#81H MOV　P3，#04H LCALL　DEL；调用子程序 DEL MOV　P1，#0FFH MOV　P3，#3FH LCALL　DEL；调用子程序 DEL MOV　P1，#89H MOV　P3，#04H LCALL　DEL；调用子程序 DEL MOV　P1，#89H MOV　P3，#04H LCALL　DEL；调用子程序 DEL MOV　P1，#89H MOV P3，#04H LCALL　DEL；调用子程序 DEL MOV　P1，#89H MOV　P3，#04H LCALL　DEL；调用子程序 DEL MOV　P1，#0F9H MOV　P3，#07H LCALL　DEL；调用子程序 DEL MOV　P1，#08H MOV　P3，#00H；端口 P3.0 – P3.7 清零 LCALL　DEL；调用子程序 DEL MOV　P1，#08H MOV　P3，#00H；端口 P3.0 – P3.7 清零 LCALL　DEL；调用子程序 DEL MOV　P1，#0EH MOV　P3，#00H；端口 P3.0 – P3.7 清零 LCALL　DEL；调用子程序 DEL MOV　P1，#00H；端口 P1.0 – P1.7 清零 MOV　P3，#00H；端口 P3.0 – P3.7 清零 LCALL　DEL；调用子程序 DEL RET；子程序返回 ；+ OKXYOU：MOV　P1，#00H；端口 P1.0 – P1.7 清零 MOV　P3，#00H；端口 P3.0 – P3.7 清零

续表

5	汇编程序	LCALL　DEL；调用子程序 DEL MOV　P1，#0F7H MOV　P3，#1FH LCALL　DEL；调用子程序 DEL MOV　P1，#08H MOV　P3，#20H LCALL　DEL；调用子程序 DEL MOV　P1，#08H MOV　P3，#20H LCALL　DEL；调用子程序 DEL MOV　P1，#08H MOV　P3，#20H LCALL　DEL；调用子程序 DEL MOV　P1，#08H MOV　P3，#20H LCALL　DEL；调用子程序 DEL MOV　P1，#0F7H MOV　P3，#1FH LCALL　DEL；调用子程序 DEL MOV　P1，#00H；端口 P1.0 – P1.7 清零 MOV　P3，#00H；端口 P3.0 – P3.7 清零 LCALL　DEL；调用子程序 DEL LCALL　DEL；调用子程序 DEL MOV　P1，#0FFH MOV　P3，#3FH LCALL　DEL；调用子程序 DEL MOV　P1，#0C0H MOV　P3，#00H；端口 P3.0 – P3.7 清零 LCALL　DEL；调用子程序 DEL MOV　P1，#20H MOV　P3，#01H LCALL　DEL；调用子程序 DEL MOV　P1，#10H MOV　P3，#02H LCALL　DEL；调用子程序 DEL MOV　P1，#01H MOV　P3，#04H LCALL　DEL；调用子程序 DEL MOV　P1，#02H MOV　P3，#08H LCALL　DEL；调用子程序 DEL

续表

5	汇编程序	MOV　P1，#04H MOV　P3，#10H LCALL　DEL；调用子程序 DEL MOV　P1，#00H；端口 P1.0 - P1.7 清零 MOV　P3，#00H；端口 P3.0 - P3.7 清零 LCALL　DEL；调用子程序 DEL RET；子程序返回 ；+ DEL：MOV　R1，#1 D1：MOV　R2，#12 D2：MOV　R3，#25 D3：DJNZ　R3，D3 DJNZ　R2，D2 DJNZ　R1，D1 RET；子程序返回 END；程序结束
6	实际应用	主要用于单片机编程学习。此款电路配套的单片机编程是采用逐列扫描方式来显示字符“无线电 OK”的，编程前，用方格纸写出字符“无线电 OK”，每个字符高度为 14 点，宽度为 16 点，然后，运用电子表格输入自编的公式将二进制转换为十六进制，最后，按照逐列扫描方式输入代码即可

二十四、单片机电子骰子

1	实验效果	通电后，发光二极管 P1.7 点亮，0.1s 后，发光二极管 P1.1、P1.6 点亮，0.2s 后，发光二极管 P1.2、P1.5、P1.7 点亮，0.3s 后，发光二极管 P1.2、P1.3、P1.4、P1.5 点亮，0.4s 后，发光二极管 P1.2、P1.3、P1.4、P1.5、P1.7 点亮，0.5s 后，发光二极管 P1.1、P1.2、P1.3、P1.4、P1.5、P1.6 点亮，依上述规律循环，如果在某一时刻按下按键 P3.7，那么发光二极管运行一段时间后，将停止循环，呈现出 1～6 只发光二极管点亮状态，好比掷骰子，最终呈现出 1～6 点，重新开启电源，发光二极管再次开始循环点亮
2	原理图	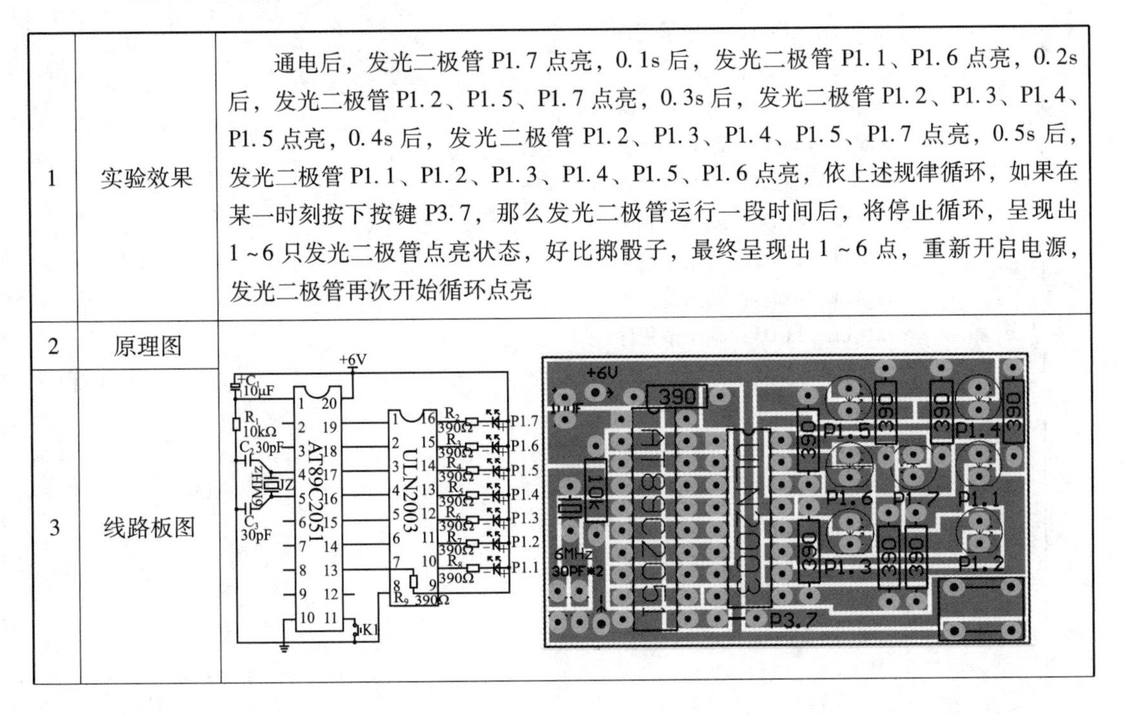
3	线路板图	

续表

4	电子元件	AT89C2051单片机带2k字节内存，可反复擦写1000次，ULN2003集成电路可驱动7路“20mA 5V高电平输入，500mA 50V低电平输出”
5	汇编程序	ORG 0000H；程序从地址0000H开始执行；6MHz MAIN：SETB P3.7；端口P3.7=1 LCALL LED1；调用子程序 JNB P3.7，NEXT1；当端口P3.7=0时跳转到NEXT1处执行 LCALL LED2；调用子程序 JNB P3.7，NEXT2；当端口P3.7=0时跳转到NEXT2处执行 LCALL LED3；调用子程序 JNB P3.7，NEXT3；当端口P3.7=0时跳转到NEXT3处执行 LCALL LED4；调用子程序 JNB P3.7，NEXT4；当端口P3.7=0时跳转到NEXT4处执行 LCALL LED5；调用子程序 JNB P3.7，NEXT51；当端口P3.7=0时跳转到NEXT51处执行 LCALL LED6；调用子程序 JNB P3.7，NEXT61；当端口P3.7=0时跳转到NEXT61处执行 AJMP MAIN；跳转到地址MAIN处执行 NEXT51：LJMP NEXT5；跳转到NEXT5处执行 NEXT61：LJMP NEXT6；跳转到NEXT6处执行 NEXT1：LCALL LED1；调用子程序 LCALL LED2；调用子程序 LCALL LED3；调用子程序 LCALL LED4；调用子程序 LCALL LED5；调用子程序 LCALL LED6；调用子程序 LOOP1：LCALL LED1；调用子程序 AJMP LOOP1；跳转到LOOP1处执行 NEXT2：LCALL LED1；调用子程序 LCALL LED2；调用子程序 LCALL LED3；调用子程序 LCALL LED4；调用子程序 LCALL LED5；调用子程序 LCALL LED6；调用子程序 LCALL LED1；调用子程序 LOOP2：LCALL LED2；调用子程序 AJMP LOOP2；跳转到LOOP2处执行 NEXT3：LCALL LED1；调用子程序 LCALL LED2；调用子程序 LCALL LED3；调用子程序 LCALL LED4；调用子程序

续表

5	汇编程序	LCALL　LED5；调用子程序 LCALL　LED6；调用子程序 LCALL　LED1；调用子程序 LCALL　LED2；调用子程序 LOOP3：LCALL　LED3；调用子程序 AJMP　LOOP3；跳转到 LOOP3 处执行 NEXT4：LCALL　LED1；调用子程序 LCALL　LED2；调用子程序 LCALL　LED3；调用子程序 LCALL　LED4；调用子程序 LCALL　LED5；调用子程序 LCALL　LED6；调用子程序 LCALL　LED1；调用子程序 LCALL　LED2；调用子程序 LCALL　LED3；调用子程序 LOOP4：LCALL　LED4；调用子程序 AJMP　LOOP4；跳转到 LOOP4 处执行 NEXT5：LCALL　LED1；调用子程序 LCALL　LED2；调用子程序 LCALL　LED3；调用子程序 LCALL　LED4；调用子程序 LCALL　LED5；调用子程序 LCALL　LED6；调用子程序 LCALL　LED1；调用子程序 LCALL　LED2；调用子程序 LCALL　LED3；调用子程序 LCALL　LED4；调用子程序 LOOP5：LCALL　LED5；调用子程序 AJMP　LOOP5；跳转到 LOOP5 处执行 NEXT6：LCALL　LED1；调用子程序 LCALL　LED2；调用子程序 LCALL　LED3；调用子程序 LCALL　LED4；调用子程序 LCALL　LED5；调用子程序 LCALL　LED6；调用子程序 LCALL　LED1；调用子程序 LCALL　LED2；调用子程序 LCALL　LED3；调用子程序 LCALL　LED4；调用子程序 LCALL　LED5；调用子程序 LOOP6：LCALL　LED6；调用子程序 AJMP　LOOP6；跳转到 LOOP6 处执行

续表

5	汇编程序	LED1：SETB P1.7；端口 P1.7=1 CLR P1.1；端口 P1.1=0 CLR P1.2；端口 P1.2=0 CLR P1.3；端口 P1.3=0 CLR P1.4；端口 P1.4=0 CLR P1.5；端口 P1.5=0 CLR P1.6；端口 P1.6=0 LCALL DEL；调用子程序 DEL MOV P1，#00H；端口 P1.0-P1.7 清零 RET；子程序返回 LED2：CLR P1.7；端口 P1.7=0 SETB P1.1；端口 P1.1=1 CLR P1.2；端口 P1.2=0 CLR P1.3；端口 P1.3=0 CLR P1.4；端口 P1.4=0 CLR P1.5；端口 P1.5=0 SETB P1.6；端口 P1.6=1 LCALL DEL；调用子程序 DEL MOV P1，#00H RET；子程序返回 LED3：SETB P1.7；端口 P1.7=1 CLR P1.1；端口 P1.1=0 SETB P1.2；端口 P1.2=1 CLR P1.3；端口 P1.3=0 CLR P1.4；端口 P1.4=0 SETB P1.5；端口 P1.5=1 CLR P1.6；端口 P1.6=0 LCALL DEL；调用子程序 DEL MOV P1，#00H；端口 P1.0-P1.7 清零 RET；子程序返回 LED4：CLR P1.7；端口 P1.7=0 CLR P1.1；端口 P1.1=0 SETB P1.2；端口 P1.2=1 SETB P1.3；端口 P1.3=1 SETB P1.4；端口 P1.4=1 SETB P1.5；端口 P1.5=1 CLR P1.6；端口 P1.6=0 LCALL DEL；调用子程序 DEL MOV P1，#00H；端口 P1.0-P1.7 清零 RET；子程序返回 LED5：SETB P1.7；端口 P1.7=1

续表

<table>
<tr><td>5</td><td>汇编程序</td><td>CLR　P1.1；端口 P1.1 =0
SETB　P1.2；端口 P1.2 =1
SETB　P1.3；端口 P1.3 =1
SETB　P1.4；端口 P1.4 =1
SETB　P1.5；端口 P1.5 =1
CLR　P1.6；端口 P1.6 =0
LCALL　DEL；调用子程序 DEL
MOV　P1，#00H；端口 P1.0 - P1.7 清零
RET；子程序返回
LED6：CLR　P1.7；端口 P1.7 =0
SETB　P1.1；端口 P1.1 =1
SETB　P1.2；端口 P1.2 =1
SETB　P1.3；端口 P1.3 =1
SETB　P1.4；端口 P1.4 =1
SETB　P1.5；端口 P1.5 =1
SETB　P1.6；端口 P1.6 =1
LCALL　DEL；调用子程序 DEL
MOV　P1，#00H；端口 P1.0 - P1.7 清零
RET；子程序返回
DEL：MOV　R1，#250
D1：MOV　R2，#248
D2：DJNZ　R2，D2
DJNZ　R1，D1
RET；子程序返回
END；程序结束</td></tr>
<tr><td>6</td><td>实际应用</td><td>此款电路用于掷骰子游戏、测试反应速度游戏。在进行掷骰子游戏时，接通电源，发光二极管将按照编写的程序顺序不停地闪亮，当有人按一下按键开关，3s 后，发光二极管将停止闪亮，呈现出 1、2、3、4、5、6 只中某个数的发光二极管点亮状态。在进行反应速度测试时，接通电源，发光二极管将按照编写的程序顺序不停地闪亮，这需要测试人员注意力高度集中，比如要求测试人员按下按键开关后，只有 3 只发光二极管点亮，当测试人员看到只有 3 只发光二极管点亮的一瞬间，快速按下按键开关，那么电路最终将只有 3 只发光二极管点亮，如果提前或滞后按下按键，那么电路将显示更少或更多只发光二极管点亮</td></tr>
</table>

二十五、单片机幸运转盘

1	实验效果	通电后，发光二极管 P3.3 点亮，0.1s 后，发光二极管 P3.3 熄灭、P3.5 点亮；0.2s 后，发光二极管 P3.5 熄灭、P3.4 点亮；0.3s 后，发光二极管 P3.4 熄灭、P1.6 点亮；0.4s 后，发光二极管 P1.6 熄灭、P1.7 点亮；0.5s 后，发光二极管 P1.7 熄灭、P1.5 点亮；0.6s 后，发光二极管 P1.5 熄灭、P1.4 点亮；0.7s 后，发光二极管 P1.4 熄灭、P1.3 点亮；0.8s 后，发光二极管 P1.3 熄灭、P1.2 点亮；0.9s 后，发光二极管 P1.2 熄灭、P3.2 点亮；1.0s 后，发光二极管 P3.2 熄灭、P3.3 点亮，然后按照此顺序循环。如果在某一时刻按下按键 P3.7，那么发光二极管运行一段时间后，将停止循环。某一只发光二极管将长时间点亮，而不熄灭，好比幸运转盘，最终呈现出 0～9 中某 1 个幸运数字，重新开启电源，发光二极管再次开始循环点亮
2	原理图	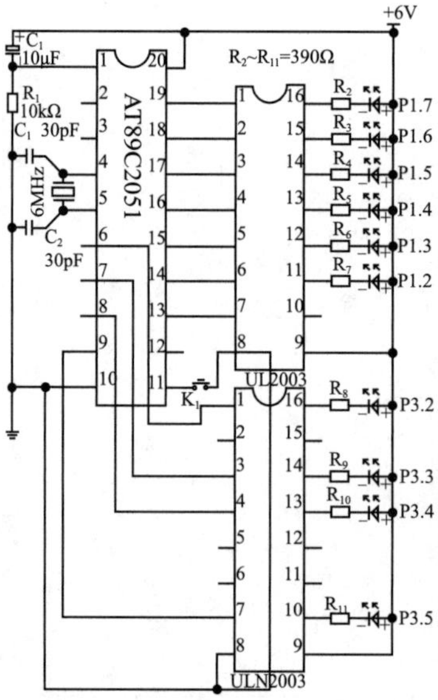
3	线路板图	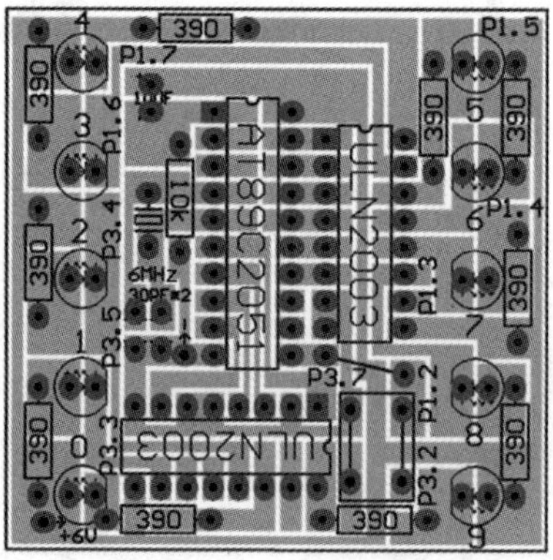
4	电子元件	AT89C2051 单片机带 2k 字节内存，可反复擦写 1000 次，ULN2003 集成电路可驱动 7 路“20mA 5V 高电平输入，500mA 50V 低电平输出”
5	汇编程序	ORG　0000H；程序从地址 0000H 开始执行；6MHz MAIN：SETB　P3.7；端口 P3.7 = 1 LCALL　LED0；调用子程序 JNB　P3.7，NEXT0 LCALL　LED1；调用子程序 JNB　P3.7，NEXT11 LCALL　LED2；调用子程序 JNB　P3.7，NEXT21 LCALL　LED3；调用子程序 JNB　P3.7，NEXT31 LCALL　LED4；调用子程序

续表

5	汇编程序	JNB　P3.7，NEXT41 LCALL　LED5；调用子程序 JNB　P3.7，NEXT51 LCALL　LED6；调用子程序 JNB　P3.7，NEXT61 LCALL　LED7；调用子程序 JNB　P3.7，NEXT71 LCALL　LED8；调用子程序 JNB　P3.7，NEXT81 LCALL　LED9；调用子程序 JNB　P3.7，NEXT91 AJMP　MAIN；跳转到地址 MAIN 处执行 NEXT11：LJMP　NEXT1 NEXT21：LJMP　NEXT2 NEXT31：LJMP　NEXT3 NEXT41：LJMP　NEXT4 NEXT51：LJMP　NEXT5 NEXT61：LJMP　NEXT6 NEXT71：LJMP　NEXT7 NEXT81：LJMP　NEXT8 NEXT91：LJMP　NEXT9 LEDA：LCALL　LED0；调用子程序 LCALL　LED1；调用子程序 LCALL　LED2；调用子程序 LCALL　LED3；调用子程序 LCALL　LED4；调用子程序 LCALL　LED5；调用子程序 LCALL　LED6；调用子程序 LCALL　LED7；调用子程序 LCALL　LED8；调用子程序 LCALL　LED9；调用子程序 RET；子程序返回 NEXT0：LCALL　LED1；调用子程序 LCALL　LED2；调用子程序 LCALL　LED3；调用子程序 LCALL　LED4；调用子程序 LCALL　LED5；调用子程序 LCALL　LED6；调用子程序 LCALL　LED7；调用子程序 LCALL　LED8；调用子程序 LCALL　LED9；调用子程序

续表

<table>
<tr>
<td>5</td>
<td>汇编程序</td>
<td>LCALL　LEDA；调用子程序
LOOP0：LCALL　LED0；调用子程序
AJMP　LOOP0
NEXT1：LCALL　LED2；调用子程序
LCALL　LED3；调用子程序
LCALL　LED4；调用子程序
LCALL　LED5；调用子程序
LCALL　LED6；调用子程序
LCALL　LED7；调用子程序
LCALL　LED8；调用子程序
LCALL　LED9；调用子程序
LCALL　LEDA；调用子程序
LCALL　LED0；调用子程序
LOOP1：LCALL　LED1；调用子程序
AJMP　LOOP1
NEXT2：LCALL　LED3；调用子程序
LCALL　LED4；调用子程序
LCALL　LED5；调用子程序
LCALL　LED6；调用子程序
LCALL　LED7；调用子程序
LCALL　LED8；调用子程序
LCALL　LED9；调用子程序
LCALL　LEDA；调用子程序
LCALL　LED0；调用子程序
LCALL　LED1；调用子程序
LOOP2：LCALL　LED2；调用子程序
AJMP　LOOP2
NEXT3：LCALL　LED4；调用子程序
LCALL　LED5；调用子程序
LCALL　LED6；调用子程序
LCALL　LED7；调用子程序
LCALL　LED8；调用子程序
LCALL　LED9；调用子程序
LCALL　LEDA；调用子程序
LCALL　LED0；调用子程序
LCALL　LED1；调用子程序
LCALL　LED2；调用子程序
LOOP3：LCALL　LED3；调用子程序
AJMP　LOOP3
NEXT4：LCALL　LED5；调用子程序
LCALL　LED6；调用子程序</td>
</tr>
</table>

续表

5	汇编程序	LCALL　LED7；调用子程序 LCALL　LED8；调用子程序 LCALL　LED9；调用子程序 LCALL　LEDA；调用子程序 LCALL　LED1；调用子程序 LCALL　LED2；调用子程序 LCALL　LED3；调用子程序 LOOP4：LCALL　LED4；调用子程序 AJMP　LOOP4 NEXT5：LCALL　LED6；调用子程序 LCALL　LED7；调用子程序 LCALL　LED8；调用子程序 LCALL　LED9；调用子程序 LCALL　LEDA；调用子程序 LCALL　LED0；调用子程序 LCALL　LED1；调用子程序 LCALL　LED2；调用子程序 LCALL　LED3；调用子程序 LCALL　LED4；调用子程序 LOOP5：LCALL　LED5；调用子程序 AJMP　LOOP5 NEXT6：LCALL　LED7；调用子程序 LCALL　LED8；调用子程序 LCALL　LED9；调用子程序 LCALL　LEDA；调用子程序 LCALL　LED1；调用子程序 LCALL　LED2；调用子程序 LCALL　LED3；调用子程序 LCALL　LED4；调用子程序 LCALL　LED5；调用子程序 LOOP6：LCALL　LED6；调用子程序 AJMP　LOOP6 NEXT7：LCALL　LED8；调用子程序 LCALL　LED9；调用子程序 LCALL　LEDA；调用子程序 LCALL　LED1；调用子程序 LCALL　LED2；调用子程序 LCALL　LED3；调用子程序 LCALL　LED4；调用子程序 LCALL　LED5；调用子程序 LCALL　LED6；调用子程序

续表

<table>
<tr><td>5</td><td>汇编程序</td><td>LOOP7：LCALL　LED7；调用子程序
AJMP　LOOP7
NEXT8：LCALL　LED9；调用子程序
LCALL　LEDA；调用子程序
LCALL　LED0；调用子程序
LCALL　LED1；调用子程序
LCALL　LED2；调用子程序
LCALL　LED3；调用子程序
LCALL　LED4；调用子程序
LCALL　LED5；调用子程序
LCALL　LED6；调用子程序
LCALL　LED7；调用子程序
LOOP8：LCALL　LED8；调用子程序
AJMP　LOOP8
NEXT9：LCALL　LEDA；调用子程序
LCALL　LED0；调用子程序
LCALL　LED1；调用子程序
LCALL　LED2；调用子程序
LCALL　LED3；调用子程序
LCALL　LED4；调用子程序
LCALL　LED5；调用子程序
LCALL　LED6；调用子程序
LCALL　LED7；调用子程序
LCALL　LED8；调用子程序
LOOP9：LCALL　LED9；调用子程序
AJMP LOOP9
LED0：SETB　P3. 3
CLR　P3. 2
CLR　P3. 4
CLR　P3. 5
MOV　P1，#00H；端口 P1. 0 - P1. 7 清零
LCALL　DEL；调用子程序 DEL
RET；子程序返回
LED1：SETB　P3. 5
CLR　P3. 2
CLR　P3. 3
CLR　P3. 4
MOV　P1，#00H；端口 P1. 0 - P1. 7 清零
LCALL　DEL；调用子程序 DEL
RET；子程序返回
LED2：SETB　P3. 4</td></tr>
</table>

续表

5	汇编程序	CLR　P3. 2 CLR　P3. 3 CLR　P3. 5 MOV　P1，#00H；端口 P1. 0 – P1. 7 清零 LCALL　DEL；调用子程序 DEL RET；子程序返回 LED3：CLR　P3. 2 CLR　P3. 3 CLR　P3. 4 CLR　P3. 5 MOV　P1，#00H；端口 P1. 0 – P1. 7 清零 SETB　P1. 6；端口 P1. 6 = 1 LCALL　DEL；调用子程序 DEL RET；子程序返回 LED4：CLR　P3. 2 CLR　P3. 3 CLR　P3. 4 CLR　P3. 5 MOV　P1，#00H；端口 P1. 0 – P1. 7 清零 SETB　P1. 7；端口 P1. 7 = 1 LCALL　DEL；调用子程序 DEL RET；子程序返回 LED5：CLR　P3. 2 CLR　P3. 3 CLR　P3. 4 CLR　P3. 5 MOV　P1，#00H；端口 P1. 0 – P1. 7 清零 SETB　P1. 5；端口 P1. 5 = 1 LCALL　DEL；调用子程序 DEL RET；子程序返回 LED6：CLR　P3. 2 CLR　P3. 3 CLR　P3. 4 CLR　P3. 5 MOV　P1，#00H；端口 P1. 0 – P1. 7 清零 SETB　P1. 4；端口 P1. 4 = 1 LCALL　DEL；调用子程序 DEL RET；子程序返回 LED7：CLR　P3. 2 CLR　P3. 3 CLR　P3. 4

续表

<table>
<tr><td>5</td><td>汇编程序</td><td>CLR　P3.5
MOV　P1，#00H；端口 P1.0－P1.7 清零
SETB　P1.3；端口 P1.3＝1
LCALL　DEL；调用子程序 DEL
RET；子程序返回
LED8：CLR　P3.2
CLR　P3.3
CLR　P3.4
CLR　P3.5
MOV　P1，#00H；端口 P1.0－P1.7 清零
SETB　P1.2；端口 P1.2＝1
LCALL DEL；调用子程序 DEL
RET；子程序返回
LED9：SETB　P3.2
CLR　P3.3
CLR　P3.4
CLR　P3.5
MOV　P1，#00H；端口 P1.0－P1.7 清零
LCALL　DEL；调用子程序 DEL
RET；子程序返回
DEL：MOV　R1，#250
D1：MOV　R2，#248
D2：DJNZ　R2，D2
DJNZ　R1，D1
RET；子程序返回
END；程序结束</td></tr>
<tr><td>6</td><td>实际应用</td><td>此款电路用于猜幸运数字游戏、测试反应速度游戏。在进行猜幸运数字时，接通电源，发光二极管将按照编写的程序从编号 0 至编号 9 依次快速点亮一瞬间，当有人按一下按键开关，3s 后，某个编号的发光二极管将长时间点亮。在进行反应速度测试时，接通电源，发光二极管将按照编写的程序从编号 0 至编号 9 依次快速点亮一瞬间，这需要测试人员注意力高度集中，比如要求测试人员按下按键开关后，编号 3 的发光二极管点亮，当测试人员看到编号 3 的发光二极管点亮的一瞬间，快速按下按键开关，那么电路将呈现编号 3 的发光二极管点亮，如果提前或滞后按下按键，那么电路将呈现其他编号的发光二极管点亮</td></tr>
</table>

二十六、单片机光电开关

1	实验效果	接通电源，将电路放入光线较暗处，将 12V 节能灯正极接 12V 正极，负极接 P 端子，调节电位器，使节能灯刚好点亮，当有持续较长时间的强光照在光敏电阻上时，节能灯才会熄灭
2	原理图	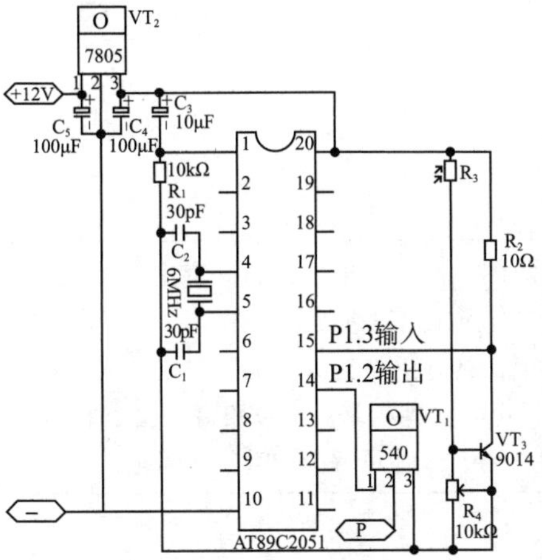 O　VT_2　7805　+12V　1 2 3　C_5 100μF　C_4 100μF　C_3 10μF　10kΩ R_1　30pF C_2　6MHz　30pF C_1　1 2 3 4 5 6 7 8 9 10　20 19 18 17 16 15 14 13 12 11　R_3　R_2 10Ω　P1.3输入　P1.2输出　O 540 VT_1　VT_3 9014　R_4 10kΩ　P　−　AT89C2051
3	线路板图	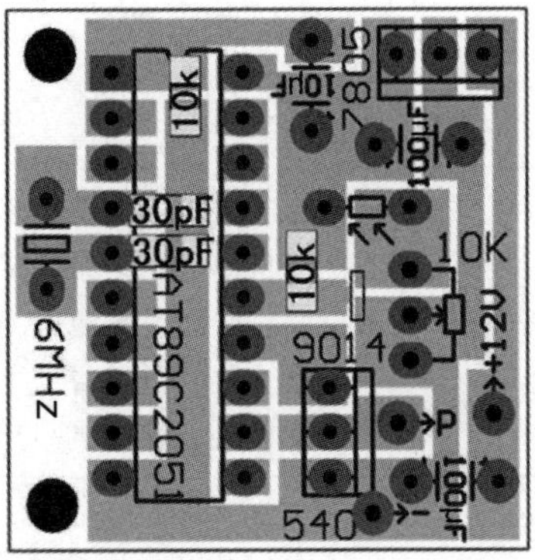 10k　10uF　7805　100uF　30pF　30pF　10k　AT89C2051　10K　9014　+12V　P　6MHz　540　100uF　−
4	电子元件	AT89C2051 单片机带 2k 字节内存，可反复擦写 1000 次，电容器 C_1 和 C_2、电阻器 R_1 和 R_2 为 1206 封装表面贴元件，7805 集成电路为三端稳压电路，可输出稳定的 5V 直流电，IRF540 为场效应管，加装小型散热片，可驱动 2～3A 电子负载
5	汇编程序	ORG　0000H；程序从地址 0000H 开始执行 MOV　P1，#0FFH MAIN：JNB　P1.3，NEXT SETB　P1.2；端口 P1.2 = 1 LCALL　DELAY；调用延时程序 DELAY LJMP　MAIN；跳转到 MAIN 开始执行 NEXT：LCALL　DELAY；调用延时程序 DELAY；1 * 0.5 JNB　P1.3，NEXT1 LJMP　MAIN；跳转到 MAIN 开始执行 NEXT1：LCALL　DELAY；调用延时程序 DELAY；2 * 0.5 JNB　P1.3，NEXT2 LJMP　MAIN；跳转到 MAIN 开始执行 NEXT2：LCALL　DELAY；调用延时程序 DELAY；3 * 0.5 JNB　P1.3，NEXT3 LJMP　MAIN；跳转到 MAIN 开始执行 NEXT3：LCALL　DELAY；调用延时程序 DELAY；4 * 0.5 JNB　P1.3，NEXT4 LJMP　MAIN；跳转到 MAIN 开始执行 NEXT4：CLR　P1.2；端口 P1.2 = 0

续表

5	汇编程序	LCALL　DELAY；调用延时程序 DELAY LJMP　MAIN；跳转到 MAIN 开始执行 DELAY：MOV　R1，#4 D0：MOVR2，#248 D1：MOV　R3，#250 D2：DJNZ　R3，D2 DJNZ　R2，D1 DJNZ　R1，D0 RET；子程序返回 END；程序结束
6	实际应用	本电路可用于马路两侧太阳能充电路灯，其突出的优点在于：当天色变暗后，路灯自动点亮，如果有汽车强光照射到光敏电阻上，路灯将会持续点亮，如果有闪电强光照射到光敏电阻上，路灯仍将持续点亮，总之，此款电路抗强光能力超强。如果天气由亮变暗、然后由暗变亮频繁，导致路灯一会点亮，一会熄灭，修改程序为“DELAY：MOV　R1，#40”，即可解决这类干扰问题

二十七、单片机寻迹小车

1	实验效果	这是一辆智能寻迹小车，可沿宽度 15mm 黑色轨迹行走，无论白天还是晚上，无论黑色轨迹笔直还是弯曲，此小车都不会跑偏脱轨 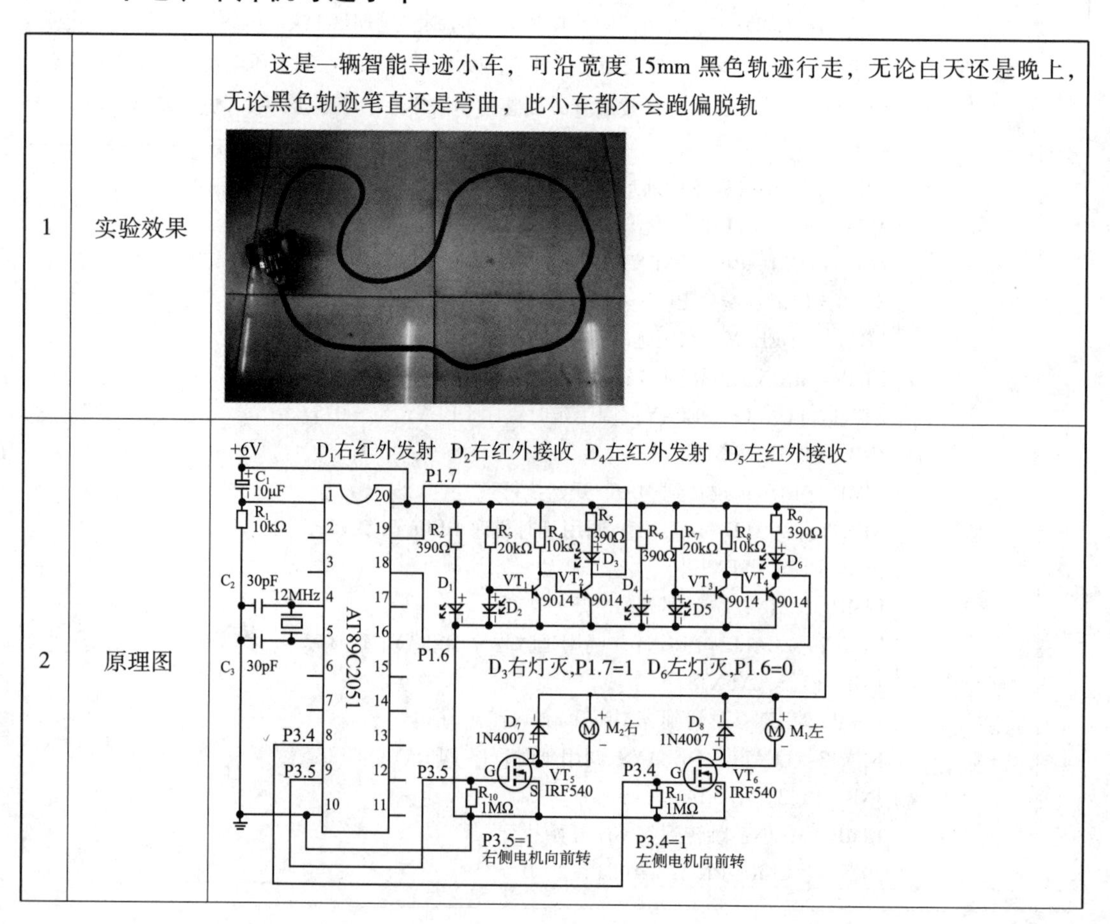
2	原理图	

续表

<table>
<tr><td rowspan="3">3</td><td>线路板图</td><td>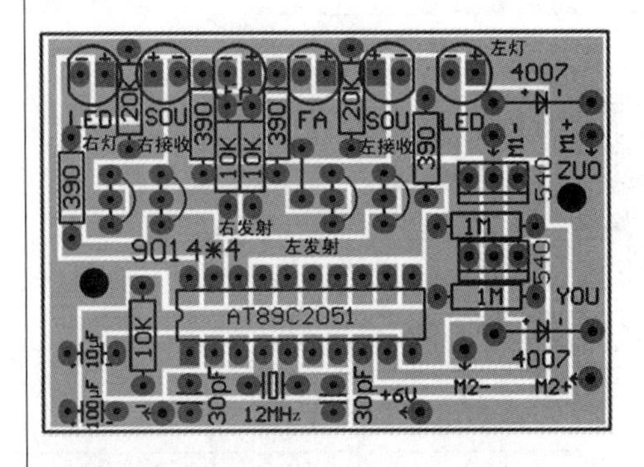
</td></tr>
<tr><td>实物图</td><td>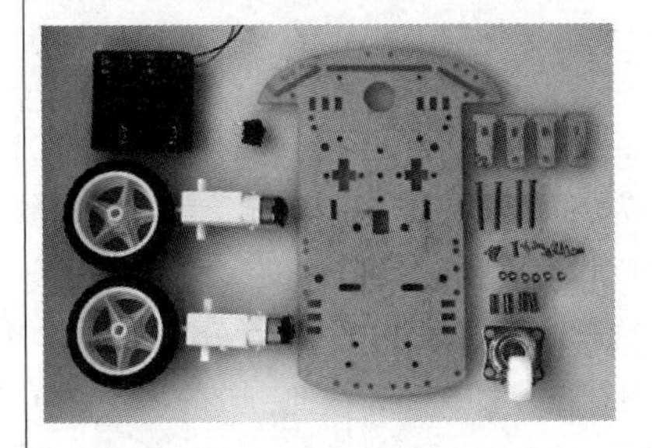</td></tr>
<tr><td>制作图</td><td>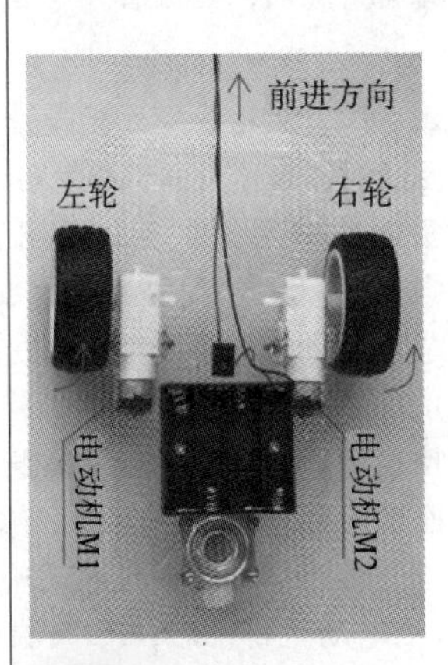

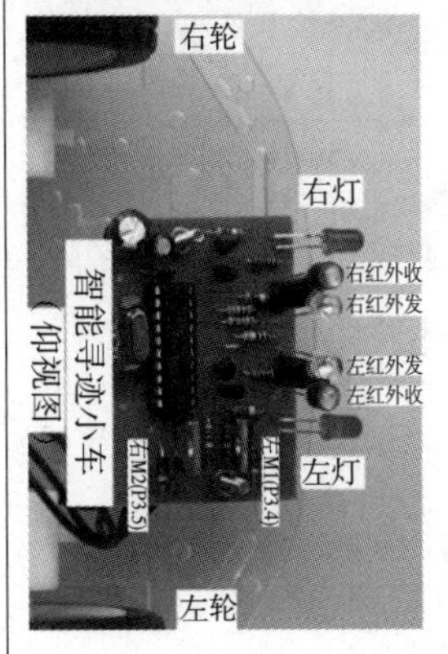
</td></tr>
</table>

续表

3	波形图	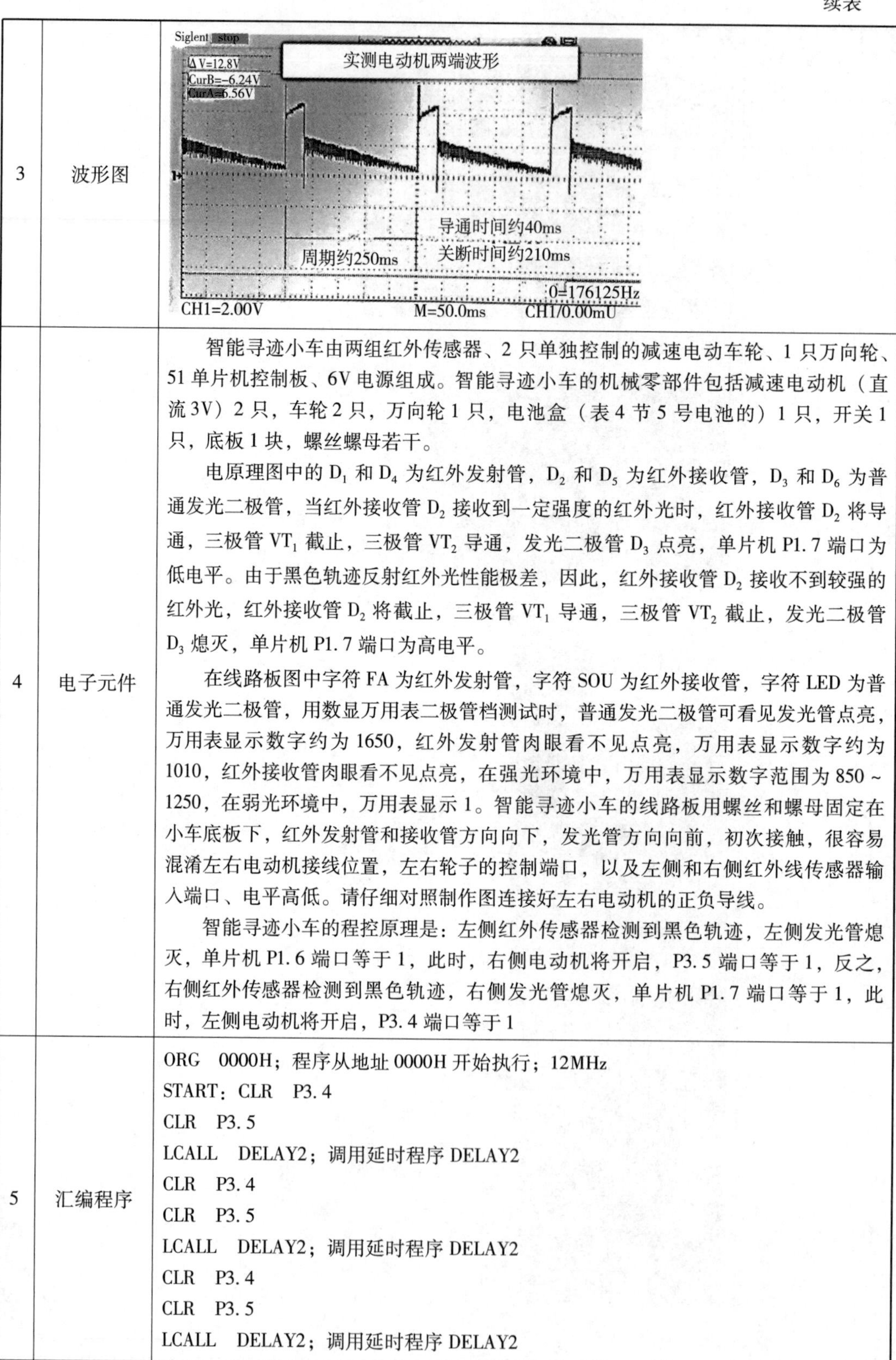
4	电子元件	智能寻迹小车由两组红外传感器、2 只单独控制的减速电动车轮、1 只万向轮、51 单片机控制板、6V 电源组成。智能寻迹小车的机械零部件包括减速电动机（直流 3V）2 只，车轮 2 只，万向轮 1 只，电池盒（表 4 节 5 号电池的）1 只，开关 1 只，底板 1 块，螺丝螺母若干。 电原理图中的 D_1 和 D_4 为红外发射管，D_2 和 D_5 为红外接收管，D_3 和 D_6 为普通发光二极管，当红外接收管 D_2 接收到一定强度的红外光时，红外接收管 D_2 将导通，三极管 VT_1 截止，三极管 VT_2 导通，发光二极管 D_3 点亮，单片机 P1. 7 端口为低电平。由于黑色轨迹反射红外光性能极差，因此，红外接收管 D_2 接收不到较强的红外光，红外接收管 D_2 将截止，三极管 VT_1 导通，三极管 VT_2 截止，发光二极管 D_3 熄灭，单片机 P1. 7 端口为高电平。 在线路板图中字符 FA 为红外发射管，字符 SOU 为红外接收管，字符 LED 为普通发光二极管，用数显万用表二极管档测试时，普通发光二极管可看见发光管点亮，万用表显示数字约为 1650，红外发射管肉眼看不见点亮，万用表显示数字约为 1010，红外接收管肉眼看不见点亮，在强光环境中，万用表显示数字范围为 850 ~ 1250，在弱光环境中，万用表显示 1。智能寻迹小车的线路板用螺丝和螺母固定在小车底板下，红外发射管和接收管方向向下，发光管方向向前，初次接触，很容易混淆左右电动机接线位置，左右轮子的控制端口，以及左侧和右侧红外线传感器输入端口、电平高低。请仔细对照制作图连接好左右电动机的正负导线。 智能寻迹小车的程控原理是：左侧红外传感器检测到黑色轨迹，左侧发光管熄灭，单片机 P1. 6 端口等于 1，此时，右侧电动机将开启，P3. 5 端口等于 1，反之，右侧红外传感器检测到黑色轨迹，右侧发光管熄灭，单片机 P1. 7 端口等于 1，此时，左侧电动机将开启，P3. 4 端口等于 1
5	汇编程序	ORG　0000H；程序从地址 0000H 开始执行；12MHz START：CLR　P3. 4 CLR　P3. 5 LCALL　DELAY2；调用延时程序 DELAY2 CLR　P3. 4 CLR　P3. 5 LCALL　DELAY2；调用延时程序 DELAY2 CLR　P3. 4 CLR　P3. 5 LCALL　DELAY2；调用延时程序 DELAY2

续表

5	汇编程序	MAIN：JNB　P1.7，ZUO JNB　P1.6，YOU SETB　P3.4 SETB　P3.5 LCALL　DELAY1；调用延时程序 DELAY1 CLR　P3.4 CLR　P3.5 LCALL　DELAY2；调用延时程序 DELAY2 AJMP　MAIN；跳转到地址 MAIN 处执行 ZUO：JNB　P1.6，RUN SETB　P3.5 LCALL　DELAY1；调用延时程序 DELAY1 CLR　P3.5 LCALL　DELAY2；调用延时程序 DELAY2 AJMP　MAIN；跳转到地址 MAIN 处执行 YOU：JNB　P1.7，RUN SETB　P3.4 LCALL　DELAY1；调用延时程序 DELAY1 CLR　P3.4 LCALL　DELAY2；调用延时程序 DELAY2 AJMP　MAIN；跳转到地址 MAIN 处执行 RUN：SETB　P3.4 SETB　P3.5 LCALL　DELAY1；调用延时程序 DELAY1 CLR　P3.4 CLR　P3.5 LCALL　DELAY2；调用延时程序 DELAY2 AJMP　MAIN；跳转到地址 MAIN 处执行 DELAY1：MOV　R1，#75 D1：MOV　R2，#240 D2：DJNZ　R2，D2 DJNZ　R1，D1 RET；子程序返回 DELAY2： MOV　R3，#6 D3：LCALL　DELAY1；调用延时程序 DELAY1 DJNZ　R3，D3 RET；子程序返回 END；程序结束
6	实际应用	1. 智能寻迹小车的左侧和右侧发光管同时点亮是怎么回事 这说明左侧和右侧红外接收管同时接收到红外光，此时，小车的左侧和右侧电

续表

6	实际应用	动机均不转动。如果右侧红外接收管在黑色轨迹正上方，且右侧发光管点亮，说明外界红外光线太强，请在右侧红外接收管上套上一小段黑色热缩管，如果无明显效果，更改 $R_3=20K$ 为 $R_3=10K$ 或更小，反之，如果左侧和右侧发光管都不亮，去掉红外接收管上的黑色热缩管，更改 $R_3=20K$ 为 $R_3=47K$ 或更大，左侧红外接收调试方法与右侧相同。 注：电路工作异常，首先检查各元件安装是否正确（重点是红外发射管、红外接收管正负极），其次检查焊接点有无短路或虚焊，正常情况下，智能寻迹小车放置在黑色轨迹上，只有一侧发光管点亮，如果轨迹宽度过窄，或左侧与右侧红外接收管间距过大也会导致左侧和右侧发光管同时点亮，将左侧与右侧红外接收管间距调窄一些，即可解决问题。 2. 智能寻迹小车跑偏脱轨是怎么回事 首先，确保红外接收管在黑色轨迹正上方时对应的发光管熄灭，红外接收管不在黑色轨迹正上方时对应的发光管点亮。 其次，控制电路接线正确、51 单片机控制正常，比如：P3.5 端口等于 1，右侧电动机将开启，右轮向前转动，P3.4 端口等于 1，左侧电动机将开启，左轮向前转动。 再次，反复调试延时程序参数，比如：电动机开启时间 DELAY1 等于 40ms，关断时间 DELAY2 等于 210ms，如果关断时间过短，小车容易失控。 最后，适当增大黑色轨迹弯道半径。 3. 智能寻迹小车行走速度偏慢，如何提高其行走速度 反复调试延时程序参数，更改 DELAY1 和 DELAY2 程序参数

二十八、单片机五路抢答器

1	实验效果	通电后，蜂鸣器响一声，数码管显示数字 0，这表示抢答器准备好了，可以进入抢答环节了，抢答过程中，如果有人抢先按下键盘“1”，数码管持续显示数字 1，蜂鸣器将不断地发出“嘀—嘀—嘀—”响声，后来的人按下其他按键无效，实现先抢先答的功能，按一下复位键 RSET，数码管显示数字 0，蜂鸣器将停止发声，抢答器再次进入抢答环节
2	原理图	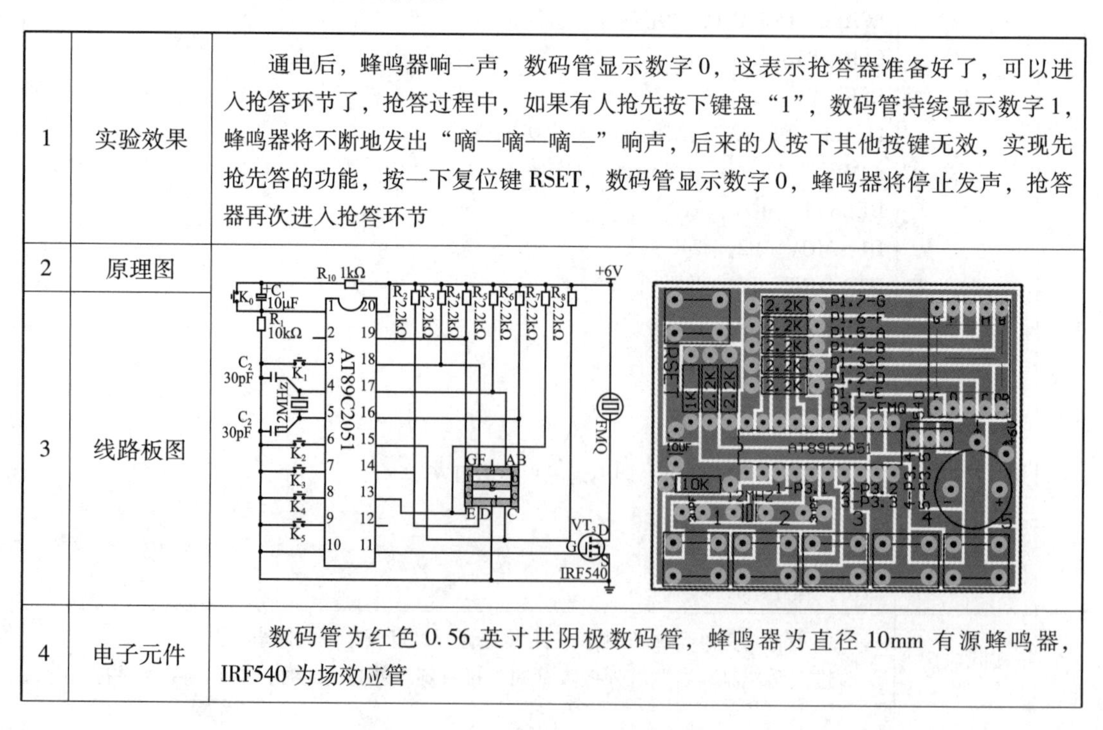
3	线路板图	
4	电子元件	数码管为红色 0.56 英寸共阴极数码管，蜂鸣器为直径 10mm 有源蜂鸣器，IRF540 为场效应管

续表

<table>
<tr><td>5</td><td>汇编程序</td><td>ORG　0000H；程序从地址0000H开始执行
AJMP　LOOP0
ORG　0030H；程序从地址0030H开始执行；
LOOP0：CLR　P1.7；端口P1.7=0
SETB　P1.1；端口P1.1=1
SETB　P1.2；端口P1.2=1
SETB　P1.3；端口P1.3=1
SETB　P1.4；端口P1.4=1
SETB　P1.5；端口P1.5=1
SETB　P1.6；端口P1.6=1
CLR　P3.7；端口P3.7=0
JNB　P3.1，NEXT1
JNB　P3.2，NEXT2
JNB　P3.3，NEXT3
JNB　P3.4，NEXT4
JNB　P3.5，NEXT5
AJMP　LOOP0
NEXT1：LCALL　DEL；调用子程序DEL
JB　P3.1，LOOP0
WAIT1：JNB　P3.1，WAIT1
SETB　P1.4；端口P1.4=1
SETB　P1.3；端口P1.3=1
CLR　P1.1；端口P1.1=0
CLR　P1.2；端口P1.2=0
CLR　P1.5；端口P1.5=0
CLR　P1.6；端口P1.6=0
CLR　P1.7；端口P1.7=0
LJMP　LOOP1
NEXT2：LCALL　DEL；调用子程序DEL
JB　P3.2，LOOP0
WAIT2：JNB　P3.2，WAIT2
SETB　P1.1；端口P1.1=1
SETB　P1.2；端口P1.2=1
SETB　P1.4；端口P1.4=1
SETB　P1.5；端口P1.5=1
SETB　P1.7；端口P1.7=1
CLR　P1.3；端口P1.3=0
CLR　P1.6；端口P1.6=0
LJMP　LOOP1
NEXT3：LCALL　DEL；调用子程序DEL
JB　P3.3，LOOP0</td></tr>
</table>

续表

<table>
<tr><td rowspan="1">5</td><td>汇编程序</td><td>WAIT3：JNB　P3.3，WAIT3
SETB　P1.2；端口 P1.2 = 1
SETB　P1.3；端口 P1.3 = 1
SETB　P1.4；端口 P1.4 = 1
SETB　P1.5；端口 P1.5 = 1
SETB　P1.7；端口 P1.7 = 1
CLR　P1.1；端口 P1.1 = 0
CLR　P1.6；端口 P1.6 = 0
LJMP　LOOP1
NEXT4：LCALL　DEL；调用子程序 DEL
JB　P3.4，LOOP0
WAIT4：JNB　P3.4，WAIT4
SETB　P1.3；端口 P1.3 = 1
SETB　P1.4；端口 P1.4 = 1
SETB　P1.6；端口 P1.6 = 1
SETB　P1.7；端口 P1.7 = 1
CLR　P1.1；端口 P1.1 = 0
CLR　P1.2；端口 P1.2 = 0
CLR　P1.5；端口 P1.5 = 0
LJMP　LOOP1
NEXT5：LCALL　DEL；调用子程序 DEL
JB　P3.5，LOOP00
WAIT5：JNB　P3.5，WAIT5
SETB　P1.2；端口 P1.2 = 1
SETB　P1.3；端口 P1.3 = 1
SETB　P1.5；端口 P1.5 = 1
SETB　P1.6；端口 P1.6 = 1
SETB　P1.7；端口 P1.7 = 1
CLR　P1.4；端口 P1.4 = 0
CLR　P1.1；端口 P1.1 = 0
LJMP　LOOP1
LOOP00：LJMP　LOOP0
LOOP1：SETB　P3.7；端口 P3.7 = 1
LCALL　DELAY；调用延时程序 DELAY
CLR　P3.7；端口 P3.7 = 0
LCALL　DELAY；调用延时程序 DELAY
LCALL　DELAY；调用延时程序 DELAY
LCALL　DELAY；调用延时程序 DELAY
AJMP　LOOP1
DELAY：MOV　R7，#1
D0：MOV　R6，#224</td></tr>
</table>

续表

5	汇编程序	D1：MOV　R5，#250 D2：DJNZ　R5，D2 DJNZ　R6，D1 DJNZ　R7，D0 RET；子程序返回 DEL：MOV　R4，#100 DJNZ　R4，$ RET；子程序返回 END；程序结束
6	实际应用	此电路可应用于 5 个小组智力抢答游戏

二十九、单片机五键密码灯

1	实验效果	通电后，输入密码 1121145，发光二极管将闪亮，蜂鸣器将发出“嘀嘀嘀”响声，按一下复位键 FUWEI，发光二极管停止闪亮，蜂鸣器停止发声。如果输入密码错误，发光二极管有可能由点亮变熄灭，也有可能由熄灭变点亮，蜂鸣器可能会发出“嘀”的一声响
2	原理图	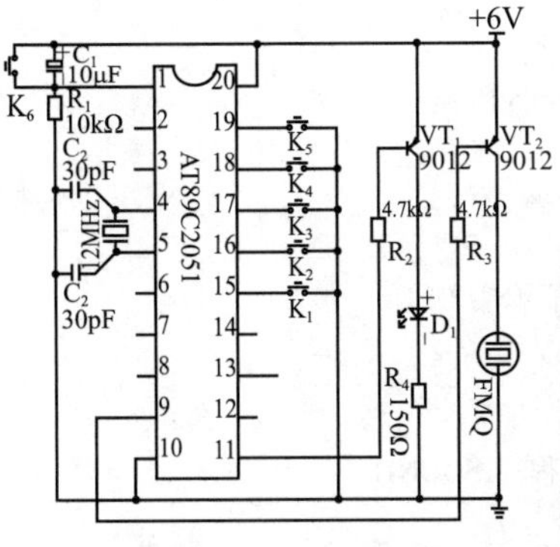
3	线路板图	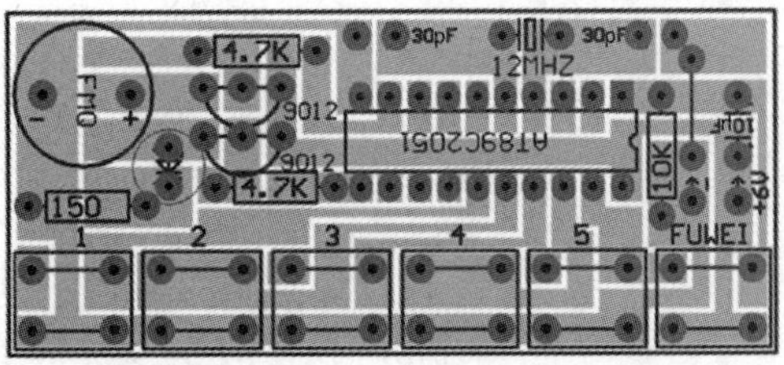
4	电子元件	电阻器、电容器、发光二极管、三极管、轻触开关均为普通元件，蜂鸣器为直径 10mm 有源蜂鸣器，AT89C2051 单片机带 2k 字节内存，可反复擦写 1000 次
5	汇编程序	ORG　0000H；程序从地址 0000H 开始执行 AJMP　LOOP0 ORG　0030H；程序从地址 0030H 开始执行； LOOP0：SETB　P3.7；端口 P3.7 =1 SETB　P3.5 JNB　P1.3，NEXT1 JNB　P1.4，LOOP0 JNB　P1.5，LOOP0 JNB　P1.6，LOOP0 JNB　P1.7，LOOP0

续表

5	汇编程序	AJMP　LOOP0 NEXT1：LCALL　DEL；调用子程序 DEL JB　P1.3，LOOP0 WAIT1：JNB　P1.3，WAIT1 LCALL　SOUND；调用声音子程序 SOUND LOOP1：CLR　P3.7；端口 P3.7 =0 JNB　P1.3，NEXT2 JNB　P1.4，LOOP0 JNB　P1.5，LOOP0 JNB　P1.6，LOOP0 JNB　P1.7，LOOP0 AJMP　LOOP1 NEXT2：LCALL　DEL；调用子程序 DEL JB　P1.3，LOOP1 WAIT2：JNB　P1.3，WAIT2 LCALL　SOUND；调用声音子程序 SOUND LOOP2：SETB　P3.7；端口 P3.7 =1 JNB　P1.4，NEXT3 JNB　P1.6，LOOP0 JNB　P1.5，LOOP0 JNB　P1.3，LOOP0 JNB　P1.7，LOOP0 AJMP　LOOP2 NEXT3：LCALL　DEL；调用子程序 DEL JB　P1.4，LOOP2 WAIT3：JNB　P1.4，WAIT3 LCALL　SOUND；调用声音子程序 SOUND LOOP3：CLR P3.7；端口 P3.7 =0 JNB　P1.3，NEXT4 JNB　P1.4，LOOP0 JNB　P1.5，LOOP0 JNB　P1.6，LOOP0 JNB　P1.7，LOOP0 AJMP　LOOP3 NEXT4：LCALL　DEL；调用子程序 DEL JB　P1.3，LOOP3 WAIT4：JNB　P1.3，WAIT4 LCALL　SOUND；调用声音子程序 SOUND LOOP4：SETB　P3.7；端口 P3.7 =1 JNB　P1.3，NEXT5 JNB　P1.4，LOOP00

续表

<table>
<tr><td>5</td><td>汇编程序</td><td>JNB　P1.5，LOOP00
JNB　P1.6，LOOP00
JNB　P1.7，LOOP00
AJMP　LOOP4
NEXT5：LCALL　DEL；调用子程序 DEL
JB　P1.3，LOOP4
WAIT5：JNB　P1.3，WAIT5
LCALL　SOUND；调用声音子程序 SOUND
LOOP5：CLR　P3.7；端口 P3.7 =0
JNB　P1.6，NEXT6
JNB　P1.4，LOOP00
JNB　P1.5，LOOP00
JNB　P1.3，LOOP00
JNB　P1.7，LOOP00
AJMP　LOOP5
LOOP00：LJMP　LOOP0
NEXT6：LCALL　DEL；调用子程序 DEL
JB　P1.6，LOOP5
WAIT6：JNB　P1.6，WAIT6
LCALL　SOUND；调用声音子程序 SOUND
LOOP6：SETB　P3.7；端口 P3.7 =1
JNB　P1.7，NEXT7
JNB　P1.3，LOOP00
JNB　P1.5，LOOP00
JNB　P1.6，LOOP00
JNB　P1.3，LOOP00
AJMP　LOOP6
NEXT7：LCALL　DEL；调用子程序 DEL
JB　P1.7，LOOP6
WAIT7：JNB　P1.7，WAIT7
LCALL　SOUND；调用声音子程序 SOUND
LOOP7：SETB　P3.7；端口 P3.7 =1
SETB　P3.5
LCALL　DELAY；调用延时程序 DELAY
LCALL　DELAY；调用延时程序 DELAY
LCALL　DELAY；调用延时程序 DELAY
CLR　P3.5
CLR　P3.7；端口 P3.7 =0
LCALL　DELAY；调用延时程序 DELAY
LJMP　LOOP7
SOUND：MOV　R3，#250；</td></tr>
</table>

续表

5	汇编程序	SS：CPL　P3.5 LCALL　DEL；调用子程序 DEL DJNZ　R3，SS RET；子程序返回 DELAY：MOV　R7，#1 D0：MOV　R6，#224 D1：MOV　R5，#250 D2：DJNZ　R5，D2 DJNZ　R6，D1 DJNZ　R7，D0 RET；子程序返回 DEL：MOV　R4，#100 DJNZ　R4，$ RET；子程序返回 END；程序结束
6	实际应用	可应用于电子密码锁装置

三十、单片机步行节拍器

1	实验效果	通电后，蜂鸣器有规律地发出“嘀—”“嘀—”两种响声：第一声“嘀—”持续时间为200ms，然后静音 300ms；第二声“嘀—”持续时间为 100ms，然后静音 400ms，依此循环。伴随着这种节拍，每分钟步行约 120 步，每次练习时间约 10min，如需继续练习，请按一下按钮开关，节拍器将再次响起，持续时间约 10min。步行速度与持续时间可通过修改源程序参数调整
2	原理图	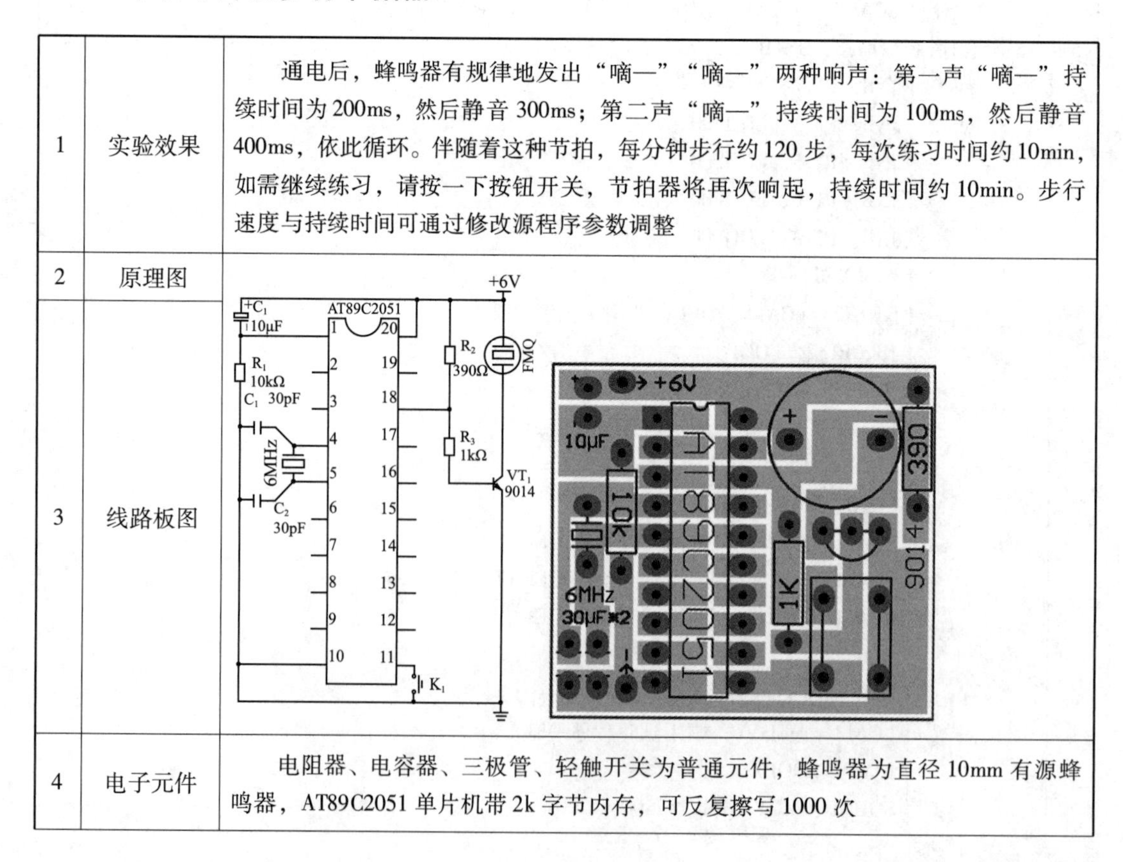
3	线路板图	
4	电子元件	电阻器、电容器、三极管、轻触开关为普通元件，蜂鸣器为直径 10mm 有源蜂鸣器，AT89C2051 单片机带 2k 字节内存，可反复擦写 1000 次

续表

<table>
<tr><td>5</td><td>汇编程序</td><td>ORG　0000H；程序从地址 0000H 开始执行；6MHz
LJMP　MAIN
MAIN：SETB P3.7
MOV　R3，#10；默认每次练习时间为 10 分钟
M1：MOV　R4，#60；
M2：SETB　P1.6；端口 P1.6 =1
LCALL　DEL；调用子程序 DEL
LCALL　DEL；调用子程序 DEL
CLR　P1.6；端口 P1.6 =0
LCALL　DEL；调用子程序 DEL
LCALL　DEL；调用子程序 DEL
LCALL　DEL；调用子程序 DEL
SETB　P1.6；端口 P1.6 =1
LCALL　DEL；调用子程序 DEL
CLR　P1.6；端口 P1.6 =0
LCALL　DEL；调用子程序 DEL
LCALL　DEL；调用子程序 DEL
LCALL　DEL；调用子程序 DEL
LCALL　DEL；调用子程序 DEL
DJNZ　R4，M2
DJNZ　R3，M1
LOOP：CLR　P1.6；端口 P1.6 =0
JNB P3.7，MAIN
AJMP　LOOP
DEL：MOV　R1，#100；晶振为 6MHz 时，此程序延时约 100ms
D1：MOV　R2，#250
D2：DJNZ　R2，D2
DJNZ　R1，D1
RET；子程序返回
END；程序结束</td></tr>
<tr><td>6</td><td>实际应用</td><td>可用于个人或集体步行节奏练习</td></tr>
</table>

三十一、单片机摩尔斯电码灯

1	实验效果	通电后，发光二极管有规律地闪亮，其规律是：发光管持续点亮 200ms，熄灭 300ms 后，再次点亮 200ms，熄灭 1300ms 后，发光管点亮 200ms，熄灭 300ms，点亮 200ms，熄灭 300ms，点亮 200ms，熄灭 1800ms，依此循环。类似于摩尔斯电码

续表

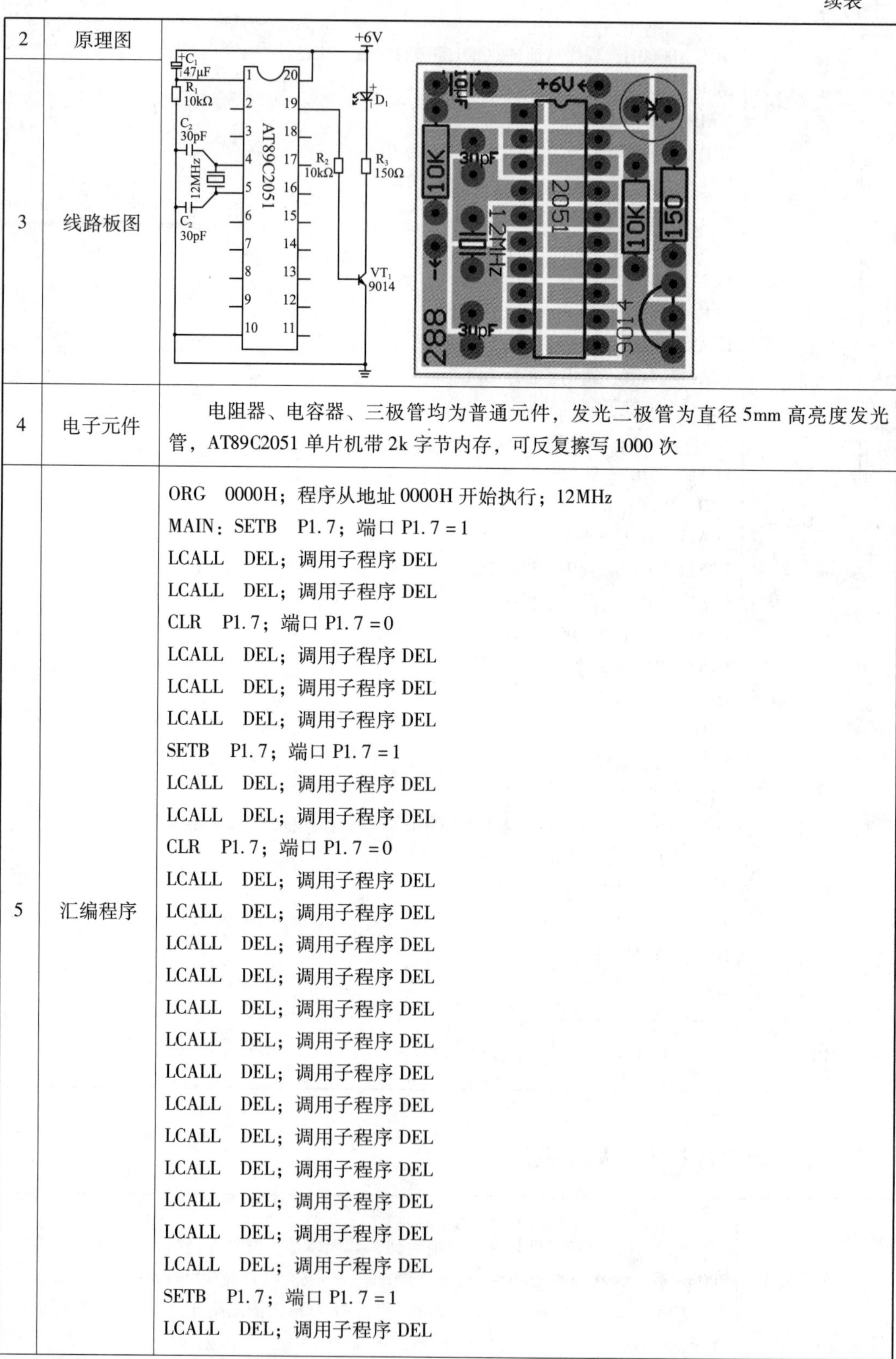

2	原理图	
3	线路板图	
4	电子元件	电阻器、电容器、三极管均为普通元件，发光二极管为直径 5mm 高亮度发光管，AT89C2051 单片机带 2k 字节内存，可反复擦写 1000 次
5	汇编程序	ORG　0000H；程序从地址 0000H 开始执行；12MHz MAIN：SETB　P1.7；端口 P1.7 = 1 LCALL　DEL；调用子程序 DEL LCALL　DEL；调用子程序 DEL CLR　P1.7；端口 P1.7 = 0 LCALL　DEL；调用子程序 DEL LCALL　DEL；调用子程序 DEL LCALL　DEL；调用子程序 DEL SETB　P1.7；端口 P1.7 = 1 LCALL　DEL；调用子程序 DEL LCALL　DEL；调用子程序 DEL CLR　P1.7；端口 P1.7 = 0 LCALL　DEL；调用子程序 DEL LCALL　DEL；调用子程序 DEL LCALL　DEL；调用子程序 DEL LCALL　DEL；调用子程序 DEL LCALL　DEL；调用子程序 DEL LCALL　DEL；调用子程序 DEL LCALL　DEL；调用子程序 DEL LCALL　DEL；调用子程序 DEL LCALL　DEL；调用子程序 DEL LCALL　DEL；调用子程序 DEL LCALL　DEL；调用子程序 DEL LCALL　DEL；调用子程序 DEL LCALL　DEL；调用子程序 DEL SETB　P1.7；端口 P1.7 = 1 LCALL　DEL；调用子程序 DEL

续表

5	汇编程序	LCALL　DEL；调用子程序 DEL CLR　P1.7；端口 P1.7 =0 LCALL　DEL；调用子程序 DEL LCALL　DEL；调用子程序 DEL LCALL　DEL；调用子程序 DEL SETB　P1.7；端口 P1.7 =1 LCALL　DEL；调用子程序 DEL LCALL　DEL；调用子程序 DEL CLR　P1.7；端口 P1.7 =0 LCALL　DEL；调用子程序 DEL LCALL　DEL；调用子程序 DEL LCALL　DEL；调用子程序 DEL SETB　P1.7；端口 P1.7 =1 LCALL　DEL；调用子程序 DEL LCALL　DEL；调用子程序 DEL CLR　P1.7；端口 P1.7 =0 LCALL　DEL；调用子程序 DEL LCALL　DEL；调用子程序 DEL LCALL　DEL；调用子程序 DEL LCALL　DEL；调用子程序 DEL LCALL　DEL；调用子程序 DEL LCALL　DEL；调用子程序 DEL LCALL　DEL；调用子程序 DEL LCALL　DEL；调用子程序 DEL LCALL　DEL；调用子程序 DEL LCALL　DEL；调用子程序 DEL LCALL　DEL；调用子程序 DEL LCALL　DEL；调用子程序 DEL LCALL　DEL；调用子程序 DEL LCALL　DEL；调用子程序 DEL LCALL　DEL；调用子程序 DEL LCALL　DEL；调用子程序 DEL LCALL　DEL；调用子程序 DEL LCALL　DEL；调用子程序 DEL LJMP　MAIN；跳转到 MAIN 开始执行 DEL：MOV　R1，#200 D1：MOV　R2，#248 D2：DJNZ　R2，D2 DJNZ　R1，D1 RET；子程序返回 END；程序结束

续表

6	实际应用	用直径 10mm 蜂鸣器代替发光管，按照摩尔斯码规则，可编制一段标准的摩尔斯电码，供单片机编程练习与摩尔斯电码练习

三十二、单片机程控音乐播放器

1	实验效果	接通电源，喇叭自动播放《天路》乐曲，音乐响亮干脆动听，播放完毕自动停止
2	原理图	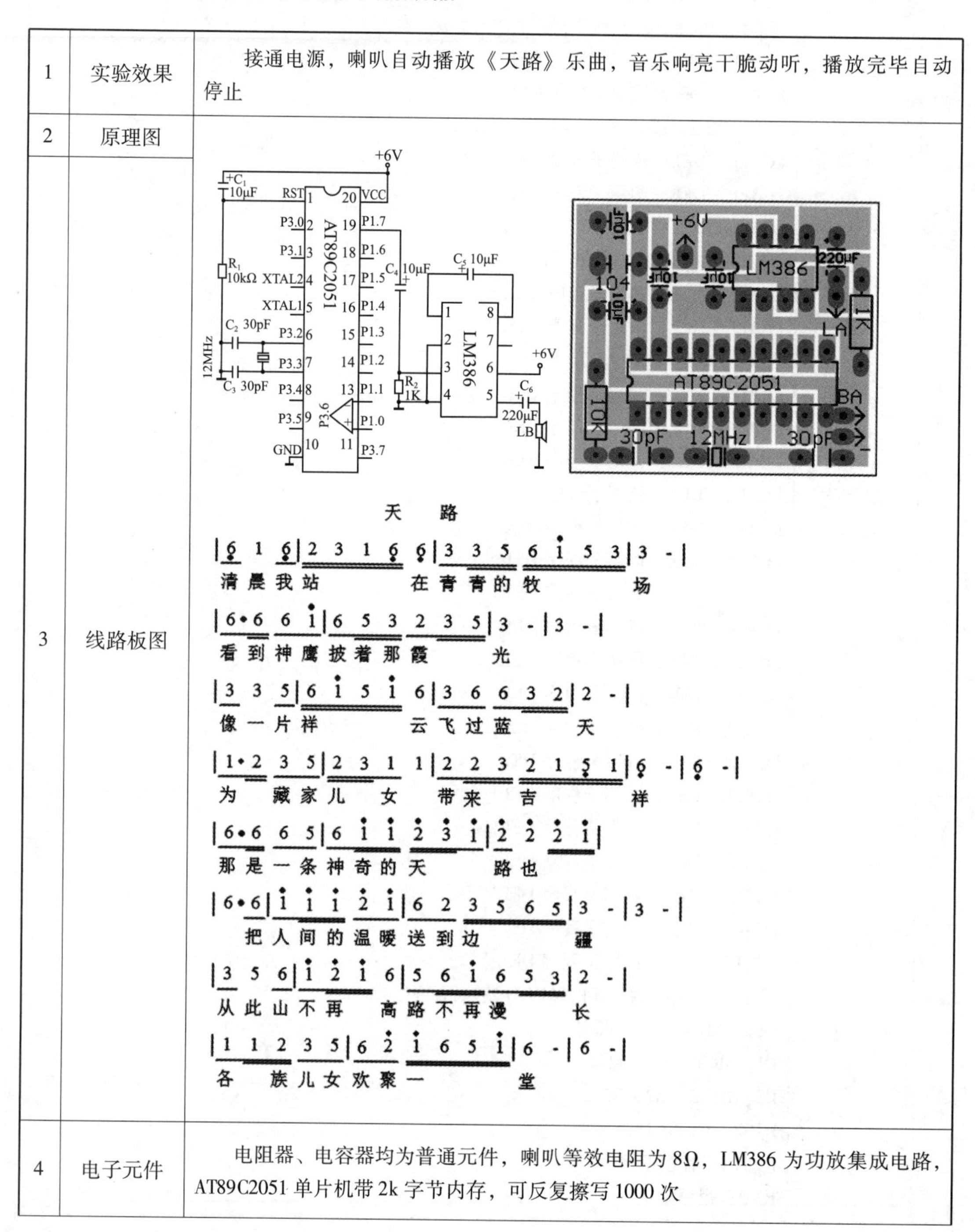
3	线路板图	
4	电子元件	电阻器、电容器均为普通元件，喇叭等效电阻为 8Ω，LM386 为功放集成电路，AT89C2051 单片机带 2k 字节内存，可反复擦写 1000 次

续表

<table>
<tr><td>5</td><td>汇编程序</td><td>ORG　0000H；程序从地址 0000H 开始执行；程序从地址 0000H 开始
LJMP　START；跳到 START
ORG　000BH；中断地址
LJMP　TIM0；跳到 TIM0
DELAY：MOV　R7，#2；延时程序
D0：MOV　R4，#186；如果发现音乐节奏偏快，请将 186 适当增大些
D1：MOV　R3，#248
DJNZ　R3，$
DJNZ　R4，D1
DJNZ　R7，D0
DJNZ　R5，DELAY
RET；子程序返回
START：MOV　TMOD，#00000001B；设置定时计数器为方式 1
MOV　IE，#10000010B；中断使能
START0：MOV　R1，#SONG；取歌曲代码地址
NEXT：MOV　A，R1
MOV　DPTR，#TABLE；取音调代码地址
MOVC　A，@A + DPTR
MOV　R2，A
JZ　END0；如果歌曲代码为 0，表示音乐播放完毕，跳到 END0
ANL　A，#0FH；与运算，取出歌曲低 4 位代码
MOV　R5，A；将低 4 位存入 R5，这将决定节拍的时间
MOV　A，R2
SWAP　A；将累加器 A 的高、低 4 位数据交换；高四位与低四位交换
ANL　A，#0FH；与运算，取出歌曲原高 4 位代码，这将决定音调的高低
JNZ　SING；如果原高 4 位代码不是 0，跳到发声程序 SING
CLR　TR0；歌曲原高 4 位代码为 0，定时计数器 0 停止运行
LJMP　NOSING；跳到无声程序 NOSING
SING：DEC　A；将歌曲原高 4 位代码数值减 1 存入 22H
MOV　22H，A
RL　A；循环左移 1 次，从数值上相当于乘 2
MOV　DPTR，#TABLE
MOVC　A，@A + DPTR
MOV　TH0，A；取歌曲原高 4 位代码存入 TH0
MOV　21H，A；取歌曲原高 4 位代码存入 21H
MOV　A，22H
RL　A；循环左移 1 次，从数值上相当于乘 2
INC　A；加 1
MOVC　A，@A + DPTR
MOV　TL0，A
MOV　20H，A</td></tr>
</table>

续表

5	汇编程序	SETB TR0 NOSING：LCALL DELAY；调用延时程序 DELAY；延时 INC R1；歌曲代码指针加 1 LJMP NEXT；跳到 NEXT END0：CLR TR0；定时计数器 0 停止运行 CLR P1.7；端口 P1.7 =0；将音乐输出端口 P1.7 清零 AJMP END0；循环 TIM0：PUSH ACC PUSH PSW SETB RS0 CLR RS1 MOV TL0，20H；重设计数值 MOV TH0，21H CPL P1.7；将音乐输出端口 P1.7 取反，即输出音频信号 POP PSW POP ACC RETI；中断程序完成后返回 ORG 100H TABLE： DW 64021，64103，64260，64400；1 – 低音 3，2 – 低音 4，3 – 低音 5，4 – 低音 6 DW 64524，64580，64684，64777；5 – 低音 7，6 – 中音 1，7 – 中音 2，8 – 中音 3 DW 64820，64898，64968，65030；9 – 中音 4，A – 中音 5，B 中音 6，C 中音 7 DW 65058，65110，65157；D – 高音 1，E – 高音 2，F – 高音 3 SONG： DB 42H，64H，42H，71H，81H，61H，41H，44H，82H，81H DB 0A1H，0B1H，0D1H，0A1H，081H，88H DB 0B3H，0B1H，0B2H，0D2H，0B2H，0A1H，81H，72H，81H DB 0A1H，88H，88H DB 82H，84H，0A2H，0B1H，0D1H，0A1H，0D1H，0B4H，82H DB 0B2H，0B2H，81H，71H，78H DB 63H，71H，82H，0A2H，71H，81H，62H，64H，72H，71H，81H DB 71H，61H，31H，61H，48H，48H DB 42H，64H，42H，71H，81H，61H，41H，44H，82H，81H DB 0A1H，0B1H，0D1H，0A1H，081H，88H；重复 1 DB 0B3H，0B1H，0B2H，0D2H，0B2H，0A1H，81H，72H，81H DB 0A1H，88H，88H；重复 2 DB 82H，84H，0A2H，0B1H，0D1H，0A1H，0D1H，0B4H，82H DB 0B2H，0B2H，81H，71H，78H；重复 3 DB 63H，71H，82H，0A2H，71H，81H，62H，64H，72H，71H，81H DB 71H，61H，31H，61H，48H，48H；重复 4 DB 0B3H，0B1H，0B2H，0A2H，0B2H，0D1H，0D1H，0E1H，0F1H

续表

<table>
<tr><td>5</td><td>汇编程序</td><td>DB　0D2H，0E2H，0E4H，0E2H，0D2H
DB　0B3H，0B1H，0D2H，0D1H，0D1H，0E2H，0D2H，0B2H，72H
DB　81H，0A1H，0B1H，0A1H，88H，88H
DB　82H，0A4H，0B2H，0D2H，0E1H，0D1H，0B4H，0A2H，0B1H
DB　0D1H，0B2H，0A1H，81H，78H
DB　62H，61H，71H，82H，0A2H，0B2H，0E2H，0D1H，0B1H
DB　0A1H，0D1H，0B8H，0B8H
DB　00H
END；程序结束
建议：
（1）使用前，请校准音调，比如：修改“D0：MOV　R4，#186”为“D0：MOV　R4，#248”
（2）使用前，请校准音长，比如：修改“TABLE：”下方代码为
DW　64034，64116，64273，64413；1 – 低音 3，2 – 低音 4，3 – 低音 5，4 – 低音 6
DW　64537，64593，64697，64790；5 – 低音 7，6 – 中音 1，7 – 中音 2，8 – 中音 3
DW　64833，64911，64981，65043；9 – 中音 4，A – 中音 5，B 中音 6，C 中音 7
DW　65071，65123，65170；D – 高音 1，E – 高音 2，F – 高音 3</td></tr>
<tr><td>6</td><td>实际应用</td><td>1. 音调发声原理
用单片机编程的方式编制好听的音乐，其原理是：用单片机定时计数值精确设定信号的振动频率，对应其发声音调。
比如：C 调，音符中音 1，频率 523Hz，周期 1912μs，内部计时一次 1μs（当晶体振荡器频率为 12MHz 时）。因此，单片机每计数 956 次反相 1 次，单片机定时计数值 T = 65536 – 956 = 64580。以此类推，其他音调的频率值见下表。
<table><tr><td>音符</td><td>低音 1</td><td>低音 2</td><td>低音 3</td><td>低音 4</td><td>低音 5</td><td>低音 6</td><td>低音 7</td></tr><tr><td>频率</td><td>262Hz</td><td>294Hz</td><td>330Hz</td><td>349Hz</td><td>392Hz</td><td>440Hz</td><td>494Hz</td></tr><tr><td>计数值</td><td>63628</td><td>63835</td><td>64021</td><td>64103</td><td>64260</td><td>64400</td><td>64524</td></tr></table>
<table><tr><td>音符</td><td>中音 1</td><td>中音 2</td><td>中音 3</td><td>中音 4</td><td>中音 5</td><td>中音 6</td><td>中音 7</td></tr><tr><td>频率</td><td>523Hz</td><td>587Hz</td><td>659Hz</td><td>698Hz</td><td>784Hz</td><td>880Hz</td><td>988Hz</td></tr><tr><td>计数值</td><td>64580</td><td>64684</td><td>64777</td><td>64820</td><td>64898</td><td>64968</td><td>65030</td></tr></table>
<table><tr><td>音符</td><td>高音 1</td><td>高音 2</td><td>高音 3</td><td>高音 4</td><td>高音 5</td><td>高音 6</td><td>高音 7</td></tr><tr><td>频率</td><td>1046Hz</td><td>1175Hz</td><td>1318Hz</td><td>1397Hz</td><td>1568Hz</td><td>1760Hz</td><td>1976Hz</td></tr><tr><td>计数值</td><td>65058</td><td>65110</td><td>65157</td><td>65178</td><td>65217</td><td>65252</td><td>65283</td></tr></table></td></tr>
</table>

续表

6	实际应用	（内容见下）

2. 用单片机编程方式编写音乐程序代码方法

	低音					中音							高音			
音调	$\underset{\cdot}{3}$	$\underset{\cdot}{4}$	$\underset{\cdot}{5}$	$\underset{\cdot}{6}$	$\underset{\cdot}{7}$	1	2	3	4	5	6	7	$\dot{1}$	$\dot{2}$	$\dot{3}$	0
音调值	1	2	3	4	5	6	7	8	9	A	B	C	D	E	F	0
音长	3	3•	3−	$\underline{3}$	$\underline{\underline{3}}$	$\underline{3\cdot}$	编码＝音调值＋音长值									
音长值	4	6	8	2	1	3	例：$\underline{\underset{\cdot}{6}}$ 编码＝ 4 2									

|$\underline{\underset{\cdot}{6}}$ 1 $\underline{\underset{\cdot}{6}}$|2 3 1 $\underset{\cdot}{6}$ $\underset{\cdot}{6}$|3 3 5 6 $\dot{1}$ 5 3|3 -|

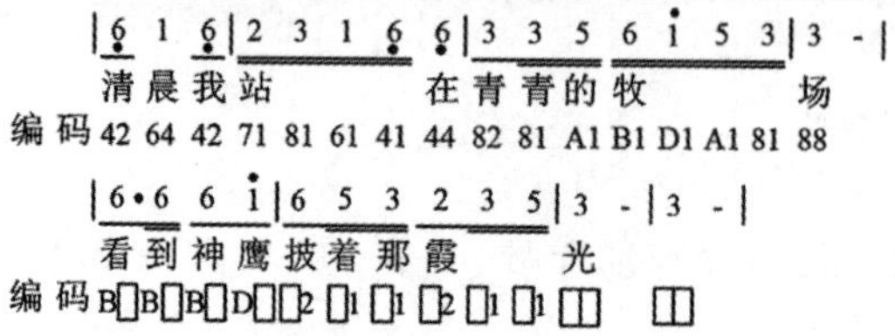

清晨我站 在青青的牧 场

编码 42 64 42 71 81 61 41 44 82 81 A1 B1 D1 A1 81 88

|6•6 6 $\dot{1}$|6 5 3 2 3 5|3 -|3 -|

看到神鹰披着那霞 光

编码 B□B□B□D□□2 □1 □1 □2 □1 □1 □□ □□

（1）低音 6 对应音调代码值为 4，低音 6 下面加一道横线为原时值减半，故音长代码值为 4 的 1/2，即 2，故第一个音符对应音乐代码为 42H，H 表示十六进制，如果编码第一位数为字母，应在前头加 0，比如：A1 对应音乐代码为 0A1H。

（2）中音 3 后面加一道横线为加 1 拍，故音长代码值为 4＋4＝8，中音 3 对应音调代码值为 8，故对应音乐代码为 88H。

（3）有的音乐简谱中出现 0，表示休止符，对应的音调代码值为 0。

3. 关于音乐节拍知识

（1）什么叫拍？根据曲作者的要求，用来定义音的长度的单位即拍，比如：作者规定 1 分钟 60 拍，那么 1 拍就是 1s。

（2）什么是音符？表示一个音发声时间长短的符号。比如：四分音符，八分音符，十六分音符。

（3）什么叫四分音符为 1 拍？就是在这个谱子上，四分音符这个符号演奏 1 拍的时长，比如：1 拍就是 1s，四分音符演奏 1s，八分音符演奏半拍（0.5s）的时长，十六分音符演奏 1/4 拍（0.25s）的时长，二分音符和全音就是 2s 和 4s。

（4）什么叫小节？一个曲子最基本的节奏循环单位。比如：3 拍子 1 个小节的舞曲节奏是一哒哒，二哒哒，三哒哒。

（5）什么叫 4/4、3/4、6/8？4/4 表示四分音符为 1 拍，每小节有 4 拍（分母的 4 表明是四分音符为 1 拍，分子的 4 表明 1 小节有 4 拍）。同理，3/4 表示四分音符为 1 拍，每小节有 3 拍，6/8 表示八分音符为 1 拍，每小节有 6 拍。

（6）在简谱中，为什么四分音符对应 1 个阿拉伯数字？这是简谱规定而已，1 个阿拉伯数字表示 1 拍，在阿拉伯数字后面加一横线表示时长 2 拍，在阿拉伯数字下面加一横线表示时长半拍，在阿拉伯数字下面加两横线表示时长 1/4 拍。

4. 校准音调（即发声频率）方法

将源程序中音乐编码改为 68H，喇叭将发出中音 1 音调（对应振动频率为 523Hz）。

```
SONG：DB   68H，68H，68H，68H，68H，68H，68H，68H
```

用示波器或万用表测试喇叭的发声频率是否为 523Hz？

续表

<table>
<tr>
<td>6</td>
<td>实际应用</td>
<td>
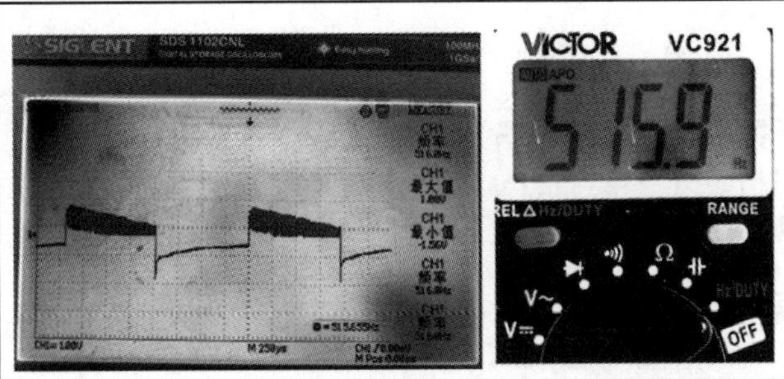

比如：实测喇叭的发声频率为516Hz，对应周期1938μs，与频率523Hz对应的周期1912μs相比较，增大了26μs，单片机定时计数值因此需增大13，对应源程序中TABLE表中数据应全部增大13，修改后的TABLE表为：
TABLE：
DW　64034，64116，64273，64413；1－低音3，2－低音4，3－低音5，4－低音6
DW　64537，64593，64697，64790；5－低音7，6－中音1，7－中音2，8－中音3
DW　64833，64911，64981，65043；9－中音4，A－中音5，B中音6，C中音7
DW　65071，65123，65170；D－高音1，E－高音2，F－高音3
经测试，修改后的音调发声频率与理论值误差小于1Hz。
5. 校准音长（即节拍发声时长）方法
故障现象：与MTV不完全同步，感觉人声与音乐一前一后。
调试方法：将源程序中音乐编码改为68H，08H喇叭将发出中音1音调（对应振动频率为523Hz）。
SONG：DB　68H，08H，68H，08H，68H，08H，68H，08H
用示波器测试喇叭的发声间隔是否为2s?
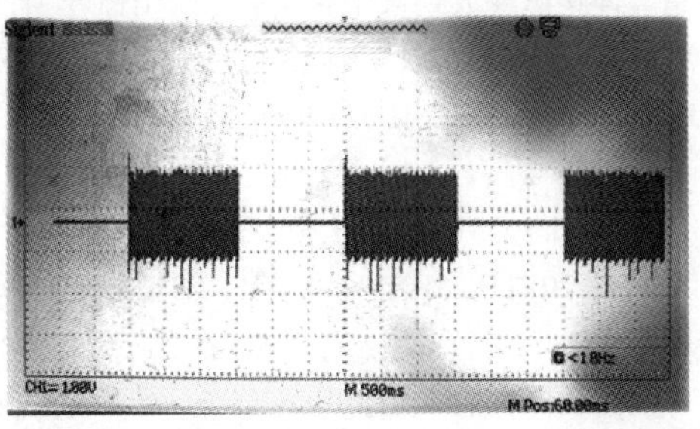

比如：实测发声间隔是否为1.5s，请将延时程序中的“D1：MOV　R4，#186”这一句中的“186”增大至186 * 2/1.5 = 248。
经测试，修改后的与MTV基本同步，2min的音乐前后偏差小于2s。
6. 发现个别音调不准
解决办法：请检查音乐代码程序中的“SONG：DB”这一段中对应的音乐代码。
7. 音乐播放完毕，喇叭仍有声音
解决办法：请检查音乐结束程序中的“END0：CLR　TR0”“CLR　P1.7；端口P1.7＝0”“AJMP　END0”这三句是否有误，第一句是让定时计数器0停止运行，第二句是让音乐输出端口P1.7清零，即测量AT89C2051芯片第19脚电压为0V，第三句，让程序循环（如果去掉AT89C2051芯片后仍有杂音或噪声，请检查功放电路是否有短路与断路现象，LM386芯片是否损坏，这种故障现象极为少见）
</td>
</tr>
</table>

续表

<table>
<tr><td>7</td><td>拓展练习</td><td> 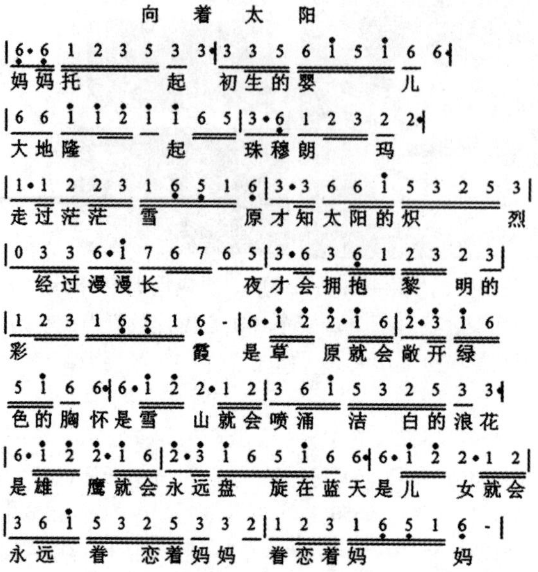向 着 太 阳
|6·6 1 2 3 5 3 3|3 3 5 6 1 5 1 6 6|
妈妈托 起 初生的婴 儿
|6 6 1 1 2 1 1 6 5|3·6 1 2 3 2 2|
大地隆 起 珠穆朗 玛
|1·1 2 2 3 1 6 5 1 6|3·3 6 6 1 5 3 2 5 3|
走过茫茫 雪 原才知太阳的炽 烈
|0 3 3 6·1 7 6 7 6 5|3·6 3 6 1 2 3 2 3|
经过漫漫长 夜才会拥抱 黎 明的
|1 2 3 1 6 5 1 6 -|6·1 2 2·1 6|2·3 1 6
彩 霞 是草 原就会敞开绿
5 1 6 6|6·1 2 2·1 2|3 6 1 5 3 2 5 3 3|
色的胸 怀是雪 山就会喷涌 洁 白的浪花
|6·1 2 2·1 6|2·3 1 6 5 1 6 6|6·1 2 2·1 2|
是雄 鹰就会永远盘 旋在蓝天是儿 女就会
|3 6 1 5 3 2 5 3 3 2|1 2 3 1 6 5 1 6 -|
永远 眷 恋着妈妈 眷恋着妈 妈

请按照上述方法，将上述音乐播放内容改为《向着太阳》，即将“SONG：DB”至“DB　00H”之间的数据改编成《向着太阳》音乐编码</td></tr>
<tr><td>8</td><td>拓展创新</td><td>问题：如果想编一段很长的音乐，或多编几首音乐，让 AT89C2051 单片机自动播放，可以吗？
研究表明：“SONG：DB”至“DB　00H”之间的数据大于 226 个字节，上述单片机程序将会出错，即喇叭播放到某个音符后，发出怪音。
解决办法：将编码分成 2～4 段，确保每一段“SONG：DB”至“DB　00H”之间的数据小于或等于 226 个字节，比如：以下数据编码数为 17 个字节。
SONG：
DB　42H，64H，42H，71H，81H，61H，41H，44H
DB　82H，81H，0A1H，0B1H，0D1H，0A1H，081H，88H
DB　00H
例如：让上述单片机播放《向着太阳》等 8 首音乐的源程序如下：
ORG　0000H；程序从地址 0000H 开始执行；程序从地址 0000H 开始
LJMP　START；跳到 START
ORG　000BH；中断地址
LJMP　TIM0；跳到 TIM0
DELAY：MOV　R7，#2；延时程序
D0：MOV　R4，#186；如果发现音乐节奏偏快，请将 186 适当增大些
D1：MOV R3，#248
DJNZ　R3，$
DJNZ　R4，D1
DJNZ　R7，D0
DJNZ　R5，DELAY</td></tr>
</table>

续表

<table>
<tr><td>8</td><td>拓展创新</td><td>RET；子程序返回
START：
MOV　TMOD，#00000001B；设置定时计数器为方式 1
MOV　IE，#10000010B；中断使能
START0：MOV　R1，#SONG0；取歌曲代码地址
NEXT0：MOV　A，R1
MOV　DPTR，#TABLE0；取音调代码地址
MOVC　A，@ A + DPTR
MOV　R2，A
JZ　END0；如果歌曲代码为 0，表示音乐播放完毕，跳到 END0
ANL　A，#0FH；与运算，取出歌曲低 4 位代码
MOV　R5，A；将低 4 位存入 R5，这将决定节拍的时间
MOV　A，R2
SWAP　A；将累加器 A 的高、低 4 位数据交换；高四位与低四位交换
ANL　A，#0FH；与运算，取出歌曲原高 4 位代码，这将决定音调的高低
JNZ　SING0；如果原高 4 位代码不是 0，跳到发声程序 SING0
CLR　TR0；歌曲原高 4 位代码为 0，定时计数器 0 停止运行
LJMP　NOSING0；跳到无声程序 NOSING0
SING0：DEC　A；将歌曲原高 4 位代码数值减 1 存入 22H
MOV　22H，A
RL　A；循环左移 1 次，从数值上相当于乘 2
MOV　DPTR，#TABLE0
MOVC　A，@ A + DPTR
MOV　TH0，A；取歌曲原高 4 位代码存入 TH0
MOV　21H，A；取歌曲原高 4 位代码存入 21H
MOV　A，22H
RL　A；循环左移 1 次，从数值上相当于乘 2
INC　A；加 1
MOVC　A，@ A + DPTR
MOV　TL0，A
MOV　20H，A
SETB　TR0
NOSING0：LCALL　DELAY；调用延时程序 DELAY；延时
INC　R1；歌曲代码指针加 1
LJMP　NEXT0；跳到 NEXT0
END0：
MOV　TMOD，#00000001B；设置定时计数器为方式 1
MOV　IE，#10000010B；中断使能
START1：MOV　R1，#SONG1；取歌曲代码地址
NEXT1：MOV　A，R1
MOV　DPTR，#TABLE1；取音调代码地址</td></tr>
</table>

续表

<table>
<tr><td>8</td><td>拓展创新</td><td>MOVC　A，@A + DPTR
MOV　R2，A
JZ　END1；如果歌曲代码为 0，表示音乐播放完毕，跳到 END1
ANL　A，#0FH；与运算，取出歌曲低 4 位代码
MOV　R5，A；将低 4 位存入 R5，这将决定节拍的时间
MOV　A，R2
SWAP　A；将累加器 A 的高、低 4 位数据交换；高四位与低四位交换
ANL　A，#0FH；与运算，取出歌曲原高 4 位代码，这将决定音调的高低
JNZ　SING1；如果原高 4 位代码不是 0，跳到发声程序 SING1
CLR　TR0；歌曲原高 4 位代码为 0，定时计数器 0 停止运行
LJMP　NOSING1；跳到无声程序 NOSING1
SING1：DEC　A；将歌曲原高 4 位代码数值减 1 存入 22H
MOV　22H，A
RL　A；循环左移 1 次，从数值上相当于乘 2
MOV　DPTR，#TABLE1
MOVC　A，@A + DPTR
MOV　TH0，A；取歌曲原高 4 位代码存入 TH0
MOV　21H，A；取歌曲原高 4 位代码存入 21H
MOV　A，22H
RL　A；循环左移 1 次，从数值上相当于乘 2
INC　A；加 1
MOVC　A，@A + DPTR
MOV　TL0，A
MOV　20H，A
SETB　TR0
NOSING1：LCALL　DELAY；调用延时程序 DELAY；延时
INC　R1；歌曲代码指针加 1
LJMP　NEXT1；跳到 NEXT1
END1：MOV　TMOD，#00000001B；设置定时计数器为方式 1
MOV　IE，#10000010B；中断使能
START2：MOV　R1，#SONG2；取歌曲代码地址
NEXT2：MOV　A，R1
MOV　DPTR，#TABLE2；取音调代码地址
MOVC　A，@A + DPTR
MOV　R2，A
JZ　END2；如果歌曲代码为 0，表示音乐播放完毕，跳到 END2
ANL　A，#0FH；与运算，取出歌曲低 4 位代码
MOV　R5，A；将低 4 位存入 R5，这将决定节拍的时间
MOV　A，R2
SWAP　A；将累加器 A 的高、低 4 位数据交换；高四位与低四位交换
ANL　A，#0FH；与运算，取出歌曲原高 4 位代码，这将决定音调的高低</td></tr>
</table>

续表

8	拓展创新	JNZ　SING2；如果原高 4 位代码不是 0，跳到发声程序 SING2 CLR　TR0；歌曲原高 4 位代码为 0，定时计数器 0 停止运行 LJMP　NOSING2；跳到无声程序 NOSING2 SING2：DEC　A；将歌曲原高 4 位代码数值减 1 存入 22H MOV　22H，A RL　A；循环左移 1 次，从数值上相当于乘 2 MOV DPTR，#TABLE2 MOVC　A，@ A + DPTR MOV　TH0，A；取歌曲原高 4 位代码存入 TH0 MOV　21H，A；取歌曲原高 4 位代码存入 21H MOV　A，22H RL　A；循环左移 1 次，从数值上相当于乘 2 INC　A；加 1 MOVC　A，@ A + DPTR MOV　TL0，A MOV　20H，A SETB　TR0 NOSING2：LCALL　DELAY；调用延时程序 DELAY；延时 INC　R1；歌曲代码指针加 1 LJMP　NEXT2；跳到 NEXT2 END2：MOV TMOD，#00000001B；设置定时计数器为方式 1 MOV　IE，#10000010B；中断使能 START3：MOV　R1，#SONG3；取歌曲代码地址 NEXT3：MOV　A，R1 MOV　DPTR，#TABLE3；取音调代码地址 MOVC　A，@ A + DPTR MOV　R2，A JZ　END3；如果歌曲代码为 0，表示音乐播放完毕，跳到 END3 ANL　A，#0FH；与运算，取出歌曲低 4 位代码 MOV　R5，A；将低 4 位存入 R5，这将决定节拍的时间 MOV　A，R2 SWAPA；将累加器 A 的高、低 4 位数据交换；高四位与低四位交换 ANL　A，#0FH；与运算，取出歌曲原高 4 位代码，这将决定音调的高低 JNZ　SING3；如果原高 4 位代码不是 0，跳到发声程序 SING3 CLR　TR0；歌曲原高 4 位代码为 0，定时计数器 0 停止运行 LJMP　NOSING3；跳到无声程序 NOSING3 SING3：DEC　A；将歌曲原高 4 位代码数值减 1 存入 22H MOV　22H，A RL　A；循环左移 1 次，从数值上相当于乘 2 MOV　DPTR，#TABLE3 MOVC　A，@ A + DPTR

续表

<table>
<tr><td>8</td><td>拓展创新</td><td>MOV TH0，A；取歌曲原高 4 位代码存入 TH0
MOV 21H，A；取歌曲原高 4 位代码存入 21H
MOV A，22H
RL A；循环左移 1 次，从数值上相当于乘 2
INC A；加 1
MOVC A，@ A + DPTR
MOV TL0，A
MOV 20H，A
SETB TR0
NOSING3：LCALL DELAY；调用延时程序 DELAY；延时
INC R1；歌曲代码指针加 1
LJMP NEXT3；跳到 NEXT3
END3：CLR TR0；定时计数器 0 停止运行
CLR P1.7；端口 P1.7 =0；将音乐输出端口 P1.7 清零
AJMP END3；循环
TIM0：PUSH ACC
PUSH PSW
SETB RS0
CLR RS1
MOV TL0，20H；重设计数值
MOV TH0，21H
CPL P1.7；将音乐输出端口 P1.7 取反，即输出音频信号
POP PSW
POP ACC
RETI；中断程序完成后返回
ORG 400H
TABLE0：
DW 64021，64103，64260，64400；1 – 低音 3，2 – 低音 4，3 – 低音 5，4 – 低音 6
DW 64524，64580，64684，64777；5 – 低音 7，6 – 中音 1，7 – 中音 2，8 – 中音 3
DW 64820，64898，64968，65030；9 – 中音 4，A – 中音 5，B 中音 6，C 中音 7
DW 65058，65110，65157；D – 高音 1，E – 高音 2，F – 高音 3
SONG0：；向着太阳
DB 43H，41H，61H，71H，81H，0A1H，82H，86H
DB 82H，81H，0A1H，0B1H，0D1H，0A1H，0D1H，0B2H，0B6H
DB 0B2H，0B2H，0D2H，0D1H，0E1H，0D2H，0D4H，0B1H，0A1H
DB 83H，41H，62H，71H，81H，72H，76H
DB 63H，61H，72H，71H，81H，61H，41H，31H，61H，44H
DB 83H，81H，0B2H，0B1H，0D1H，0A1H，81H，71H，0A1H，84H
DB 02H，81H，81H，0B3H，0D1H，0C2H，0B1H，0C1H，0B2H，0A2H
DB 83H，0B1H，82H，41H，61H，71H，81H，74H，82H
DB 62H，71H，81H，61H，41H，31H，61H，48H</td></tr>
</table>

续表

8	拓展创新	DB 0B6H，0D1H，0E1H，0E6H，0D1H，0B1H DB 0E3H，0F1H，0D1H，0B1H DB 0A1H，0D1H，0B2H，0B6H，0B6H，0D1H，0E1H，76H，61H，71H DB 82H，0B1H，0D1H，0A1H，81H，71H，0A1H，82H，86H DB 0B6H，0D1H，0E1H，0E6H，0D1H，0B1H DB 0E3H，0F1H，0D1H，0B1H，0A1H，0D1H，0B2H，0B6H DB 0B6H，0D1H，0E1H，76H，61H，71H DB 82H，0B1H，0D1H，0A1H，81H，71H，0A1H，82H，84H，72H DB 62H，71H，81H，61H，41H，31H，61H，48H DB 00H ORG 500H TABLE1： DW 64021，64103，64260，64400；1－低音3，2－低音4，3－低音5，4－低音6 DW 64524，64580，64684，64777；5－低音7，6－中音1，7－中音2，8－中音3 DW 64820，64898，64968，65030；9－中音4，A－中音5，B中音6，C中音7 DW 65058，65110，65157；D－高音1，E－高音2，F－高音3 SONG1：；天路 DB 42H，64H，42H，71H，81H，61H，41H，44H，82H，81H，0A1H DB 0B1H，0D1H，0A1H，081H，88H DB 0B3H，0B1H，0B2H，0D2H，0B2H，0A1H，81H，72H DB 81H，0A1H，88H，88H DB 82H，84H，0A2H，0B1H，0D1H，0A1H，0D1H，0B4H，82H，0B2H DB 0B2H，81H，71H，78H DB 63H，71H，82H，0A2H，71H，81H，62H，64H DB 72H，71H，81H，71H DB 61H，31H，61H，48H，48H DB 42H，64H，42H，71H，81H，61H，41H，44H，82H，81H，0A1H DB 0B1H，0D1H，0A1H，081H，88H；重复1 DB 0B3H，0B1H，0B2H，0D2H，0B2H，0A1H，81H，72H DB 81H，0A1H，88H，88H；重复2 DB 82H，84H，0A2H，0B1H，0D1H，0A1H，0D1H，0B4H，82H，0B2H DB 0B2H，81H，71H，78H；重复3 DB 63H，71H，82H，0A2H，71H，81H，62H，64H DB 72H，71H，81H，71H DB 61H，31H，61H，48H，48H；重复4 DB 0B3H，0B1H，0B2H，0A2H，0B2H，0D1H DB 0D1H，0E1H，0F1H，0D2H DB 0E2H，0E4H，0E2H，0D2H DB 0B3H，0B1H，0D2H，0D1H，0D1H，0E2H，0D2H，0B2H，72H，81H DB 0A1H，0B1H，0A1H，88H，88H DB 82H，0A4H，0B2H，0D2H，0E1H，0D1H，0B4H，0A2H，0B1H，0D1H

续表

8	拓展创新	DB　0B2H，0A1H，81H，78H DB　62H，61H，71H，82H，0A2H，0B2H，0E2H，0D1H，0B1H，0A1H DB　0D1H，0B8H，0B8H DB　00H ORG　600H TABLE2： DW　64021，64103，64260，64400；1－低音3，2－低音4，3－低音5，4－低音6 DW　64524，64580，64684，64777；5－低音7，6－中音1，7－中音2，8－中音3 DW　64820，64898，64968，65030；9－中音4，A－中音5，B 中音6，C 中音7 DW　65058，65110，65157；D－高音1，E－高音2，F－高音3 SONG2:；新年好 DB　62H，62H，64H，34H，82H，82H，84H，64H DB　62H，82H，0A4H，0A4H，92H，82H，78H DB　72H，82H，94H，94H，82H，72H，84H，64H DB　62H，82H，74H，34H，52H，72H，68H ；祝你生日快乐 DB　32H，32H，44H，34H，64H，58H DB　32H，32H，44H，34H，74H，68H DB　32H，32H，0A4H，84H，64H，54H，44H DB　93H，91H，84H，64H，74H，68H ；兰花草 DB　42H，82H，82H，82H，86H，72H，63H，71H，62H，52H，48H DB　0B2H，0B2H，0B2H，0B2H，0B6H，0A2H，83H，0A1H DB　0A2H，92H，88H DB　82H，0B2H，0B2H，0A2H，86H，72H，62H，72H，62H DB　52H，44H，14H DB　12H，62H，62H，52H，46H，82H，73H，61H，52H，32H，48H ；捉泥鳅 DB　0B4H，0B3H，0A1H，0B2H，0A2H，84H，0A2H，82H DB　82H，72H，88H DB　74H，73H，61H，72H，72H，0A4H，0A2H，82H，82H，72H，88H DB　0B4H，0B3H，0A1H，0B2H，0A2H，84H，92H，91H，91H DB　82H，72H，88H DB　0A4H，0A3H，0A1H，0A2H，0A2H，0C4H DB　0B2H，0B1H，0B1H，0B2H，0A2H，0B8H DB　0D4H，0D2H，0D2H，0C4H，0A4H DB　0B2H，0B1H，0B1H，0B2H，0A2H，0B3H，0A1H，84H DB　0A4H，0A3H，0A1H，0A2H，0A2H，0C4H DB　0B2H，0B1H，0B1H，0B2H，0A2H，0B8H DB　00H ORG　700H

续表

<table>
<tr><td>8</td><td>拓展创新</td><td>TABLE3：
DW　64021，64103，64260，64400；1－低音 3，2－低音 4，3－低音 5，4－低音 6
DW　64524，64580，64684，64777；5－低音 7，6－中音 1，7－中音 2，8－中音 3
DW　64820，64898，64968，65030；9－中音 4，A－中音 5，B 中音 6，C 中音 7
DW　65058，65110，65157；D－高音 1，E－高音 2，F－高音 3
SONG3：；草原英雄小姐妹
DB　42H，42H，72H，71H，82H，0B2H，72H，72H
DB　63H，71H，82H，0B2H，73H，81H，72H，02H
DB　62H，61H，71H，82H，0B2H，72H，62H，42H
DB　42H，33H，41H，71H，81H，62H，48H
DB　72H，71H，71H，72H，71H，71H，82H，0B2H，72H，72H
DB　63H，71H，82H，0B2H，73H，81H，72H，02H
DB　62H，61H，71H，82H，0B2H，72H，62H，42H
DB　42H，33H，41H，71H，81H，62H，48H
DB　0B6H，81H，0A1H，0B4H，0B1H，0B3H，83H，0B1H
DB　0B2H，72H，84H，81H，83H
DB　82H，81H，0A1H，0B2H，0B2H，0A2H，82H，72H，72H
DB　63H，71H，81H，0A1H，62H，48H
；月亮之上
DB　02H，82H，0B2H，0C2H，0B8H，02H，82H，0B2H，0C2H，0A8H
DB02H，82H，0B2H，0C2H，0B2H，0A4H
DB　82H，72H，0B1H，0B1H，0B2H，0A2H，0B1H，0A1H，82H，84H
DB　02H，82H，0B2H，0C2H，0B8H
DB　02H，0D2H，0E1H，0D3H，0C2H，0A2H，0A4H
DB　02H，81H，81H，0B2H，0C2H，0B2H，0A4H
DB　82H，72H，0B1H，0B1H，0B2H，0A2H，0B2H，0A1H，81H，84H
DB　02H，0B2H，82H，72H，71H
DB　61H，76H，02H，82H，0A1H，0B3H，68H
DB　64H，41H，61H，42H，81H，71H，76H
DB　02H，72H，72H，62H，84H，44H，48H
DB　00H
END；程序结束
建议：
1. 使用前，请校准音调，比如：修改“D0：MOV　R4，#186”为“D0：MOV R4，#248”
2. 使用前，请校准音长，比如：修改“TABLE：”下方代码为
DW　64034，64116，64273，64413；1－低音 3，2－低音 4，3－低音 5，4－低音 6
DW　64537，64593，64697，64790；5－低音 7，6－中音 1，7－中音 2，8－中音 3
DW　64833，64911，64981，65043；9－中音 4，A－中音 5，B 中音 6，C 中音 7
DW　65071，65123，65170；D－高音 1，E－高音 2，F－高音 3</td></tr>
</table>

三十三、单片机可控音乐播放器

1	实验效果	接通电源，按一下播放键，喇叭将播放一首音乐，播放完毕，再按一下播放键，喇叭将播放下一首音乐，此电路部总共可播放六首不同音乐，按复位键，将再次从第一首音乐开始播放
2	原理图	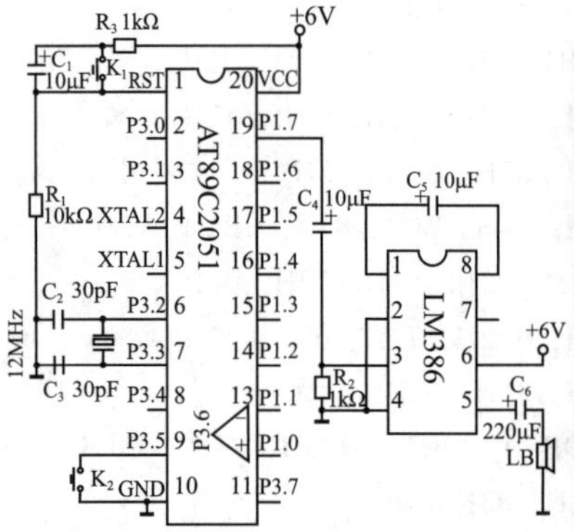
3	线路板图	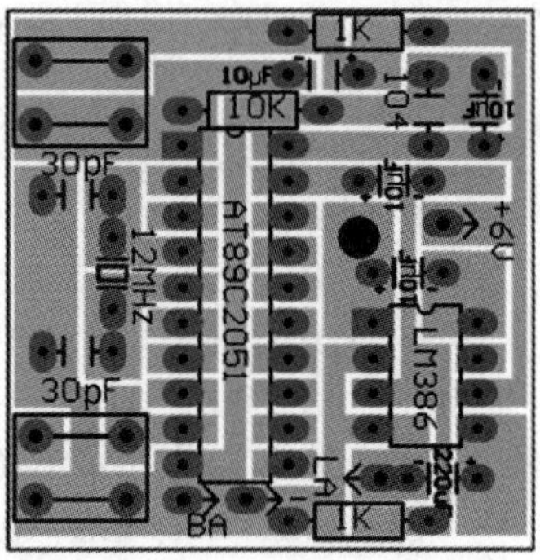 新年好 |1 1 1 5|3 3 3 1|1 3 5 5|4 3 2 -| 新年好呀新年好呀祝贺大家新年好 |2 3 4 4|3 2 3 1|1 3 2 5|7 2 1 -| 我们唱歌我们跳舞祝贺大家新年好 祝你生日快乐 |5 5 6 5|1 7 -|5 5 6 5|2 1 -| 祝你生日快乐 祝你生日快乐 |5 5 5 3|1 7 6|4•4 3 1|2 1 -| 祝你生日快乐 祝你生日快乐 兰花草 |6 3 3 3 3•2|1•2 1 7 6 -| 我从山中来 带着兰花草 |6 6 6 6 6•5|3•5 5 4 3 -| 种在校园中 希望花开早 |3 6 6 5 3•2|1 2 1 7 6 3| 一日看三回 看得花时过 |3 1 1 7 6•3|2•1 7 5 6 -| 兰花却依然 苞也无一个

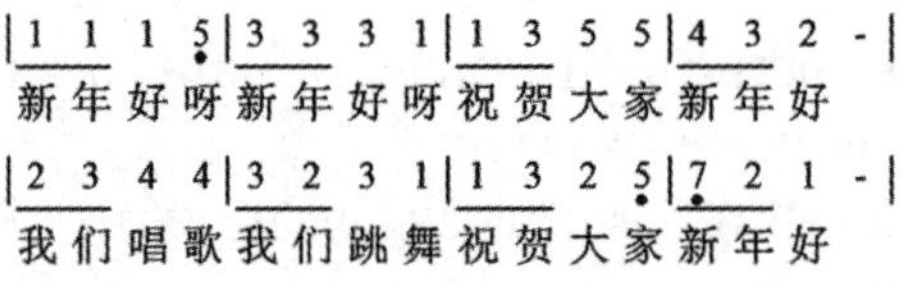

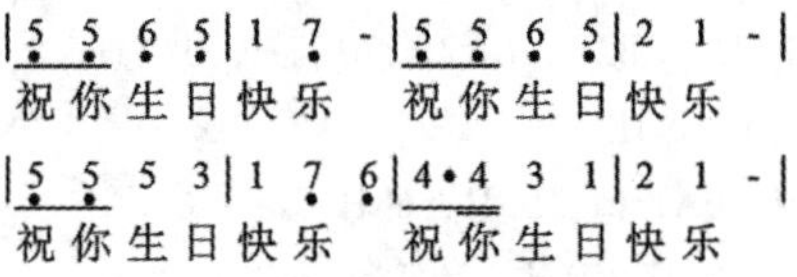

续表

3	线路板图	捉泥鳅 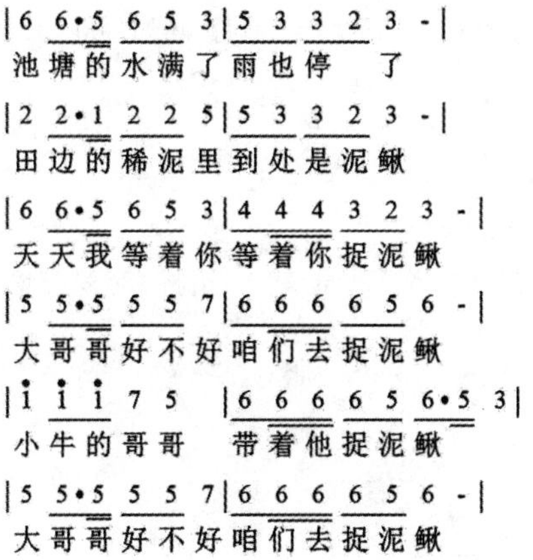 |6 6•5 6 5 3|5 3 3 2 3 -| 池塘的水满了雨也停 了 |2 2•1 2 2 5|5 3 3 2 3 -| 田边的稀泥里到处是泥鳅 |6 6•5 6 5 3|4 4 4 3 2 3 -| 天天我等着你等着你捉泥鳅 |5 5•5 5 5 7|6 6 6 6 5 6 -| 大哥哥好不好咱们去捉泥鳅 |1 1 1 7 5 |6 6 6 6 5 6•5 3| 小牛的哥哥 带着他捉泥鳅 |5 5•5 5 5 7|6 6 6 6 5 6 -| 大哥哥好不好咱们去捉泥鳅 草原英雄小姐妹 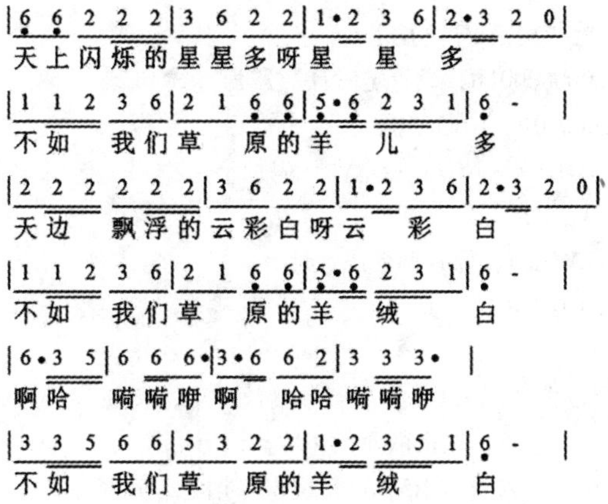 |6 6 2 2 2|3 6 2 2|1•2 3 6|2•3 2 0| 天上闪烁的星星多呀星 星 多 |1 1 2 3 6|2 1 6 6|5•6 2 3 1|6 - | 不如 我们草 原的羊 儿 多 |2 2 2 2 2 2|3 6 2 2|1•2 3 6|2•3 2 0| 天边 飘浮的云彩白呀云 彩 白 |1 1 2 3 6|2 1 6 6|5•6 2 3 1|6 - | 不如 我们草 原的羊 绒 白 |6•3 5|6 6 6•|3•6 6 2|3 3 3• | 啊哈 嗬嗬咿啊 哈哈嗬嗬咿 |3 3 5 6 6|5 3 2 2|1•2 3 5 1|6 - | 不如 我们草 原的羊 绒 白 月亮之上 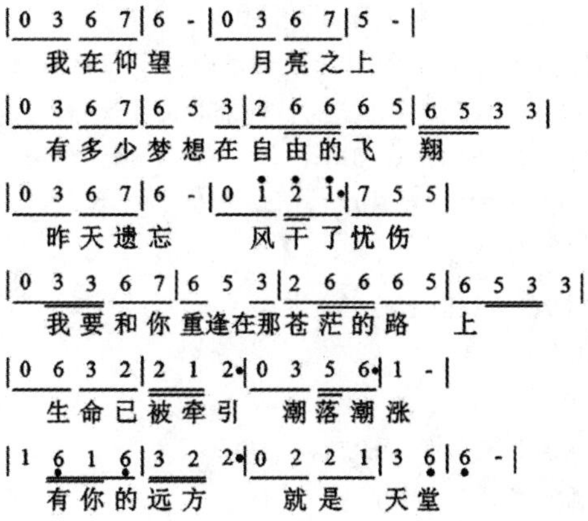 |0 3 6 7|6 -|0 3 6 7|5 -| 我在仰望 月亮之上 |0 3 6 7|6 5 3|2 6 6 6 5|6 5 3 3 3| 有多少梦想在自由的飞 翔 |0 3 6 7|6 -|0 1 2 1•7 5 5| 昨天遗忘 风干了忧伤 |0 3 3 6 7|6 5 3|2 6 6 6 5|6 5 3 3 3| 我要和你重逢在那苍茫的路 上 |0 6 3 2|2 1 2•|0 3 5 6•|1 -| 生命已被牵引 潮落潮涨 |1 6 1 6|3 2 2•|0 2 2 1|3 6|6 -| 有你的远方 就是 天堂

续表

4	电子元件	电阻器、电容器均为普通元件，喇叭等效电阻为 8Ω，LM386 为功放集成电路，AT89C2051 单片机带 2k 字节内存，可反复擦写 1000 次
5	汇编程序	ORG　0000H；程序从地址 0000H 开始执行；程序从地址 0000H 开始 LJMP　START；跳到 START ORG　000BH；中断地址 LJMP　TIM0；跳到 TIM0 DELAY：MOV　R7，#2；延时程序 D0：MOV　R4，#186；如果发现音乐节奏偏快，请将 186 适当增大些 D1：MOV　R3，#248 DJNZ　R3，$ DJNZ　R4，D1 DJNZ　R7，D0 DJNZ　R5，DELAY RET；子程序返回 START：SETB　P3.5 NOP JB　P3.5，$；等待按键 P3.5 按下 MOV　TMOD，#00000001B；设置定时计数器为方式 1 MOV　IE，#10000010B；中断使能 START1：MOV　R1，#SONG1；取歌曲代码地址 NEXT1：MOV　A，R1 MOV　DPTR，#TABLE1；取音调代码地址 MOVC　A，@A + DPTR MOV　R2，A JZ　END1；如果歌曲代码为 0，表示音乐播放完毕，跳到 END1 ANL　A，#0FH；与运算，取出歌曲低 4 位代码 MOV　R5，A；将低 4 位存入 R5，这将决定节拍的时间 MOV　A，R2 SWAP　A；将累加器 A 的高、低 4 位数据交换；高四位与低四位交换 ANL　A，#0FH；与运算，取出歌曲原高 4 位代码，这将决定音调的高低 JNZ　SING1；如果原高 4 位代码不是 0，跳到发声程序 SING1 CLR　TR0；歌曲原高 4 位代码为 0，定时计数器 0 停止运行 LJMP　NOSING1；跳到无声程序 NOSING1 SING1：DEC　A；将歌曲原高 4 位代码数值减 1 存入 22H MOV　22H，A RL　A；循环左移 1 次，从数值上相当于乘 2 MOV　DPTR，#TABLE1 MOVC　A，@A + DPTR MOV　TH0，A；取歌曲原高 4 位代码存入 TH0 MOV　21H，A；取歌曲原高 4 位代码存入 21H MOV　A，22H

续表

<table>
<tr><td>5</td><td>汇编程序</td><td>RL　A；循环左移 1 次，从数值上相当于乘 2
INC　A；加 1
MOVC　A，@ A + DPTR
MOV　TL0，A
MOV　20H，A
SETB　TR0
NOSING1：LCALL　DELAY；调用延时程序 DELAY；延时
INC　R1；歌曲代码指针加 1
LJMP　NEXT1；跳到 NEXT1
END1：CLR　TR0；定时计数器 0 停止运行
SETB　P3.5
NOP
JB　P3.5，$；等待按键松开
MOV　TMOD，#00000001B；设置定时计数器为方式 1
MOV　IE，#10000010B；中断使能
START2：MOV　R1，#SONG2；取歌曲代码地址
NEXT2：MOV　A，R1
MOV　DPTR，#TABLE2；取音调代码地址
MOVC　A，@ A + DPTR
MOV　R2，A
JZ　END2；如果歌曲代码为 0，表示音乐播放完毕，跳到 END2
ANL　A，#0FH；与运算，取出歌曲低 4 位代码
MOV　R5，A；将低 4 位存入 R5，这将决定节拍的时间
MOV　A，R2
SWAP　A；将累加器 A 的高、低 4 位数据交换；高四位与低四位交换
ANL　A，#0FH；与运算，取出歌曲原高 4 位代码，这将决定音调的高低
JNZ　SING2；如果原高 4 位代码不是 0，跳到发声程序 SING2
CLR　TR0；歌曲原高 4 位代码为 0，定时计数器 0 停止运行
LJMP　NOSING2；跳到无声程序 NOSING2
SING2：DEC　A；将歌曲原高 4 位代码数值减 1 存入 22H
MOV　22H，A
RL　A；循环左移 1 次，从数值上相当于乘 2
MOV　DPTR，#TABLE2
MOVC　A，@ A + DPTR
MOV　TH0，A；取歌曲原高 4 位代码存入 TH0
MOV　21H，A；取歌曲原高 4 位代码存入 21H
MOV　A，22H
RL　A；循环左移 1 次，从数值上相当于乘 2
INC　A；加 1
MOVC　A，@ A + DPTR
MOV　TL0，A</td></tr>
</table>

续表

5	汇编程序	MOV　20H，A SETB　TR0 NOSING2：LCALL　DELAY；调用延时程序 DELAY；延时 INC　R1；歌曲代码指针加 1 LJMP　NEXT2；跳到 NEXT2 END2：CLR　TR0；定时计数器 0 停止运行 SETB　P3.5 NOP JB　P3.5，$；等待按键 P3.5 按下 MOV　TMOD，#00000001B；设置定时计数器为方式 1 MOV　IE，#10000010B；中断使能 START3：MOV　R1，#SONG3；取歌曲代码地址 NEXT3：MOV　A，R1 MOV　DPTR，#TABLE3；取音调代码地址 MOVC　A，@A+DPTR MOV　R2，A JZ　END3；如果歌曲代码为 0，表示音乐播放完毕，跳到 END3 ANL　A，#0FH；与运算，取出歌曲低 4 位代码 MOV　R5，A；将低 4 位存入 R5，这将决定节拍的时间 MOV　A，R2 SWAP　A；将累加器 A 的高、低 4 位数据交换；高四位与低四位交换 ANL　A，#0FH；与运算，取出歌曲原高 4 位代码，这将决定音调的高低 JNZ　SING3；如果原高 4 位代码不是 0，跳到发声程序 SING3 CLR　TR0；歌曲原高 4 位代码为 0，定时计数器 0 停止运行 LJMP　NOSING3；跳到无声程序 NOSING3 SING3：DEC　A；将歌曲原高 4 位代码数值减 1 存入 22H MOV　22H，A RL　A；循环左移 1 次，从数值上相当于乘 2 MOV　DPTR，#TABLE3 MOVC　A，@A+DPTR MOV　TH0，A；取歌曲原高 4 位代码存入 TH0 MOV　21H，A；取歌曲原高 4 位代码存入 21H MOV　A，22H RL　A；循环左移 1 次，从数值上相当于乘 2 INC　A；加 1 MOVC　A，@A+DPTR MOV　TL0，A MOV　20H，A SETB　TR0 NOSING3：LCALL　DELAY；调用延时程序 DELAY；延时 INC　R1；歌曲代码指针加 1

续表

<table>
<tr><td>5</td><td>汇编程序</td><td>LJMP　NEXT3；跳到 NEXT3
END3：CLR　TR0；定时计数器 0 停止运行
SETB　P3.5
NOP
JB　P3.5，$；等待按键 P3.5 按下
MOV　TMOD，#00000001B；设置定时计数器为方式 1
MOV　IE，#10000010B；中断使能
START4：MOV　R1，#SONG4；取歌曲代码地址
NEXT4：MOV　A，R1
MOV　DPTR，#TABLE4；取音调代码地址
MOVC　A，@A+DPTR
MOV　R2，A
JZ　END4；如果歌曲代码为 0，表示音乐播放完毕，跳到 END4
ANL　A，#0FH；与运算，取出歌曲低 4 位代码
MOV　R5，A；将低 4 位存入 R5，这将决定节拍的时间
MOV　A，R2
SWAP　A；将累加器 A 的高、低 4 位数据交换；高四位与低四位交换
ANL　A，#0FH；与运算，取出歌曲原高 4 位代码，这将决定音调的高低
JNZ　SING4；如果原高 4 位代码不是 0，跳到发声程序 SING4
CLR　TR0；歌曲原高 4 位代码为 0，定时计数器 0 停止运行
LJMP　NOSING4；跳到无声程序 NOSING4
SING4：DEC　A；将歌曲原高 4 位代码数值减 1 存入 22H
MOV　22H，A
RL　A；循环左移 1 次，从数值上相当于乘 2
MOV　DPTR，#TABLE4
MOVC　A，@A+DPTR
MOV　TH0，A；取歌曲原高 4 位代码存入 TH0
MOV　21H，A；取歌曲原高 4 位代码存入 21H
MOV　A，22H
RL　A；循环左移 1 次，从数值上相当于乘 2
INC　A；加 1
MOVC　A，@A+DPTR
MOV　TL0，A
MOV　20H，A
SETB　TR0
NOSING4：LCALL　DELAY；调用延时程序 DELAY；延时
INC　R1；歌曲代码指针加 1
LJMP　NEXT4；跳到 NEXT4
END4：CLR　TR0；定时计数器 0 停止运行
SETB　P3.5
NOP</td></tr>
</table>

续表

<table>
<tr><td>5</td><td>汇编程序</td><td>JB P3.5，$；等待按键 P3.5 按下
MOV TMOD，#00000001B；设置定时计数器为方式 1
MOV IE，#10000010B；中断使能
START5：MOV R1，#SONG5；取歌曲代码地址
NEXT5：MOV A，R1
MOV DPTR，#TABLE5；取音调代码地址
MOVC A，@ A + DPTR
MOV R2，A
JZ END5；如果歌曲代码为 0，表示音乐播放完毕，跳到 END5
ANL A，#0FH；与运算，取出歌曲低 4 位代码
MOV R5，A；将低 4 位存入 R5，这将决定节拍的时间
MOV A，R2
SWAP A；将累加器 A 的高、低 4 位数据交换；高四位与低四位交换
ANL A，#0FH；与运算，取出歌曲原高 4 位代码，这将决定音调的高低
JNZ SING5；如果原高 4 位代码不是 0，跳到发声程序 SING5
CLR TR0；歌曲原高 4 位代码为 0，定时计数器 0 停止运行
LJMP NOSING5；跳到无声程序 NOSING5
SING5：DEC A；将歌曲原高 4 位代码数值减 1 存入 22H
MOV 22H，A
RL A；循环左移 1 次，从数值上相当于乘 2
MOV DPTR，#TABLE5
MOVC A，@ A + DPTR
MOV TH0，A；取歌曲原高 4 位代码存入 TH0
MOV 21H，A；取歌曲原高 4 位代码存入 21H
MOV A，22H
RL A；循环左移 1 次，从数值上相当于乘 2
INC A；加 1
MOVC A，@ A + DPTR
MOV TL0，A
MOV 20H，A
SETB TR0
NOSING5：LCALL DELAY；调用延时程序 DELAY；延时
INC R1；歌曲代码指针加 1
LJMP NEXT5；跳到 NEXT5
END5：CLR TR0；定时计数器 0 停止运行
LJMP START；循环
TIM0：PUSH ACC
PUSH PSW
SETB RS0
CLR RS1
MOV TL0，20H；重设计数值</td></tr>
</table>

续表

5	汇编程序	MOV　TH0，21H CPL　P1.7；将音乐输出端口 P1.7 取反，即输出音频信号 POP　PSW POP　ACC RETI；中断程序完成后返回 ORG　300H TABLE1： DW　64021，64103，64260，64400；1－低音 3，2－低音 4，3－低音 5，4－低音 6 DW　64524，64580，64684，64777；5－低音 7，6－中音 1，7－中音 2，8－中音 3 DW　64820，64898，64968，65030；9－中音 4，A－中音 5，B 中音 6，C 中音 7 DW　65058，65110，65157；D－高音 1，E－高音 2，F－高音 3 SONG1：；新年好 DB　62H，62H，64H，34H，82H，82H，84H，64H DB　62H，82H，0A4H，0A4H，92H，82H，78H DB　72H，82H，94H，94H，82H，72H，84H，64H DB　62H，82H，74H，34H，52H，72H，68H ；祝你生日快乐 DB　32H，32H，44H，34H，64H，58H DB　32H，32H，44H，34H，74H，68H DB　32H，32H，0A4H，84H，64H，54H，44H DB　93H，91H，84H，64H，74H，68H DB　00H； ORG　400H TABLE2： DW　64021，64103，64260，64400；1－低音 3，2－低音 4，3－低音 5，4－低音 6 DW　64524，64580，64684，64777；5－低音 7，6－中音 1，7－中音 2，8－中音 3 DW　64820，64898，64968，65030；9－中音 4，A－中音 5，B 中音 6，C 中音 7 DW　65058，65110，65157；D－高音 1，E－高音 2，F－高音 3 SONG2：；兰花草 DB　42H，82H，82H，82H，86H，72H，63H，71H，62H，52H，48H DB　0B2H，0B2H，0B2H，0B2H，0B6H，0A2H，83H DB　0A1H，0A2H，92H，88H DB　82H，0B2H，0B2H，0A2H，86H，72H，62H，72H DB　62H，52H，44H，14H DB　12H，62H，62H，52H，46H，82H，73H，61H，52H，32H，48H DB　00H； ORG　500H TABLE3： DW　64021，64103，64260，64400；1－低音 3，2－低音 4，3－低音 5，4－低音 6 DW　64524，64580，64684，64777；5－低音 7，6－中音 1，7－中音 2，8－中音 3 DW　64820，64898，64968，65030；9－中音 4，A－中音 5，B 中音 6，C 中音 7

续表

5	汇编程序	DW　65058，65110，65157；D－高音1，E－高音2，F－高音3 SONG3:；捉泥鳅 DB　0B4H，0B3H，0A1H，0B2H，0A2H，84H DB　0A2H，82H，82H，72H，88H DB　74H，73H，61H，72H，72H，0A4H，0A2H，82H，82H，72H，88H DB　0B4H，0B3H，0A1H，0B2H，0A2H，84H DB　92H，91H，91H，82H，72H，88H DB　0A4H，0A3H，0A1H，0A2H，0A2H，0C4H DB　0B2H，0B1H，0B1H，0B2H，0A2H，0B8H DB　0D4H，0D2H，0D2H，0C4H，0A4H DB　0B2H，0B1H，0B1H，0B2H，0A2H，0B3H，0A1H，84H DB　0A4H，0A3H，0A1H，0A2H，0A2H，0C4H DB　0B2H，0B1H，0B1H，0B2H，0A2H，0B8H DB　00H ORG　600H TABLE4: DW　64021，64103，64260，64400；1－低音3，2－低音4，3－低音5，4－低音6 DW　64524，64580，64684，64777；5－低音7，6－中音1，7－中音2，8－中音3 DW　64820，64898，64968，65030；9－中音4，A－中音5，B中音6，C中音7 DW　65058，65110，65157；D－高音1，E－高音2，F－高音3 SONG4:；草原英雄小姐妹 DB　42H，42H，72H，71H，82H，0B2H，72H，72H DB　63H，71H，82H，0B2H，73H，81H，72H，02H DB　62H，61H，71H，82H，0B2H，72H，62H，42H DB　42H，33H，41H，71H，81H，62H，48H DB　72H，71H，71H，72H，71H，71H，82H，0B2H，72H，72H DB　63H，71H，82H，0B2H，73H，81H，72H，02H DB　62H，61H，71H，82H，0B2H，72H，62H，42H DB　42H，33H，41H，71H，81H，62H，48H DB　0B6H，81H，0A1H，0B4H，0B1H，0B3H，83H，0B1H DB　0B2H，72H，84H，81H，83H DB　82H，81H，0A1H，0B2H，0B2H，0A2H，82H，72H，72H DB　63H，71H，81H，0A1H，62H，48H DB　00H; ORG　700H TABLE5: DW　64021，64103，64260，64400；1－低音3，2－低音4，3－低音5，4－低音6 DW　64524，64580，64684，64777；5－低音7，6－中音1，7－中音2，8－中音3 DW　64820，64898，64968，65030；9－中音4，A－中音5，B中音6，C中音7 DW　65058，65110，65157；D－高音1，E－高音2，F－高音3 SONG5:；月亮之上

续表

<table>
<tr><td>5</td><td>汇编程序</td><td>DB　02H，82H，0B2H，0C2H，0B8H，02H，82H，0B2H，0C2H，0A8H
DB　02H，82H，0B2H，0C2H，0B2H，0A4H
DB　82H，72H，0B1H，0B1H，0B2H，0A2H，0B1H，0A1H，82H，84H
DB　02H，82H，0B2H，0C2H，0B8H
DB　02H，0D2H，0E1H，0D3H，0C2H，0A2H，0A4H
DB　02H，81H，81H，0B2H，0C2H，0B2H，0A4H
DB　82H，72H，0B1H，0B1H，0B2H，0A2H，0B2H，0A1H，81H，84H
DB　02H，0B2H，82H，72H，71H
DB　61H，76H，02H，82H，0A1H，0B3H，68H
DB　64H，41H，61H，42H，81H，71H，76H
DB　02H，72H，72H，62H，84H，44H，48H
DB　00H；
END；程序结束
建议：
1. 使用前，请校准音调，比如：修改“D0：MOV　R4，#186”为“D0：MOV　R4，#248”
2. 使用前，请校准音长，比如：修改“TABLE：”下方代码为
DW　64034，64116，64273，64413；1－低音 3，2－低音 4，3－低音 5，4－低音 6
DW　64537，64593，64697，64790；5－低音 7，6－中音 1，7－中音 2，8－中音 3
DW　64833，64911，64981，65043；9－中音 4，A－中音 5，B 中音 6，C 中音 7
DW　65071，65123，65170；D－高音 1，E－高音 2，F－高音 3</td></tr>
<tr><td>6</td><td>实际应用</td><td>AT89C2051 单片机能编写多少首音乐？AT89C2051 单片机内存为 2K 字节，上述音乐汇编文件大小为 9kB，HEX 十六进制代码文件大小为 5kB，BIN 二进制代码文件大小为 2kB，由此看来，AT89C2051 单片机可存储的文件大小似乎是以 BIN 二进制代码文件大小为准，然而，最为精准的判断方法是，可通过编译器软件查看 HEX 十六进制代码文件占用缓存的多少来判断。
比如：上述源程序的 HEX 十六进制代码占用地址 770H－7FFH 内存单元状态如下，已用 112 字节，剩余 144 字节，其中方框内部为《月亮之上》音乐编码。
<table>
<tr><td>地址</td><td colspan="16">数　据（HEX）</td></tr>
<tr><td>00000700</td><td>FA</td><td>22</td><td>FA</td><td>74</td><td>FB</td><td>11</td><td>FB</td><td>9D</td><td>FC</td><td>19</td><td>FC</td><td>51</td><td>FC</td><td>B9</td><td>FD</td><td>16</td></tr>
<tr><td>00000710</td><td>FD</td><td>41</td><td>FD</td><td>8F</td><td>FD</td><td>D5</td><td>FE</td><td>13</td><td>FE</td><td>2F</td><td>FE</td><td>63</td><td>FE</td><td>92</td><td>02</td><td>82</td></tr>
<tr><td>00000720</td><td>B2</td><td>C2</td><td>B8</td><td>02</td><td>82</td><td>B2</td><td>C2</td><td>A8</td><td>02</td><td>82</td><td>B2</td><td>C2</td><td>B2</td><td>A4</td><td>82</td><td>72</td></tr>
<tr><td>00000730</td><td>[illegible]</td><td>[illegible]</td><td>[illegible]</td><td>[illegible]</td><td>B1</td><td>A1</td><td>82</td><td>84</td><td>02</td><td>82</td><td>B2</td><td>[illegible]</td><td>B8</td><td>[illegible]</td><td>[illegible]</td><td>E1</td></tr>
<tr><td>00000740</td><td>[illegible]</td><td>[illegible]</td><td>A2</td><td>[illegible]</td><td>[illegible]</td><td>81</td><td>81</td><td>B2</td><td>C2</td><td>B2</td><td>A4</td><td>82</td><td>[illegible]</td><td>B1</td><td>[illegible]</td><td>[illegible]</td></tr>
<tr><td>00000750</td><td>A2</td><td>[illegible]</td><td>A1</td><td>81</td><td>84</td><td>02</td><td>B2</td><td>82</td><td>72</td><td>71</td><td>61</td><td>76</td><td>[illegible]</td><td>82</td><td>A1</td><td>B3</td></tr>
<tr><td>00000760</td><td>68</td><td>64</td><td>41</td><td>61</td><td>42</td><td>81</td><td>71</td><td>76</td><td>02</td><td>72</td><td>72</td><td>62</td><td>84</td><td>44</td><td>48</td><td>00</td></tr>
<tr><td>00000770</td><td>FF</td><td>FF</td><td>FF</td><td>FF</td><td>FF</td><td>FF</td><td>FF</td><td>FF</td><td>FF</td><td>FF</td><td>FF</td><td>FF</td><td>FF</td><td>FF</td><td>FF</td><td>FF</td></tr>
<tr><td>00000780</td><td>FF</td><td>FF</td><td>FF</td><td>FF</td><td>FF</td><td>FF</td><td>FF</td><td>FF</td><td>FF</td><td>FF</td><td>FF</td><td>FF</td><td>FF</td><td>FF</td><td>FF</td><td>FF</td></tr>
<tr><td>00000790</td><td>FF</td><td>FF</td><td>FF</td><td>FF</td><td>FF</td><td>FF</td><td>FF</td><td>FF</td><td>FF</td><td>FF</td><td>FF</td><td>FF</td><td>FF</td><td>FF</td><td>FF</td><td>FF</td></tr>
<tr><td>000007A0</td><td>FF</td><td>[illegible]</td><td>FF</td><td>FF</td><td>FF</td><td>FF</td><td>FF</td><td>FF</td><td>FF</td><td>FF</td><td>FF</td><td>FF</td><td>FF</td><td>[illegible]</td><td>[illegible]</td><td>FF</td></tr>
<tr><td>000007B0</td><td>FF</td><td>[illegible]</td><td>FF</td><td>FF</td><td>FF</td><td>FF</td><td>FF</td><td>FF</td><td>FF</td><td>FF</td><td>FF</td><td>FF</td><td>FF</td><td>FF</td><td>[illegible]</td><td>FF</td></tr>
<tr><td>000007C0</td><td>FF</td><td>FF</td><td>FF</td><td>FF</td><td>FF</td><td>FF</td><td>FF</td><td>FF</td><td>FF</td><td>FF</td><td>FF</td><td>FF</td><td>[illegible]</td><td>FF</td><td>FF</td><td>FF</td></tr>
<tr><td>000007D0</td><td>FF</td><td>FF</td><td>FF</td><td>FF</td><td>FF</td><td>FF</td><td>FF</td><td>FF</td><td>FF</td><td>FF</td><td>FF</td><td>FF</td><td>FF</td><td>FF</td><td>FF</td><td>FF</td></tr>
<tr><td>000007E0</td><td>FF</td><td>FF</td><td>FF</td><td>FF</td><td>FF</td><td>FF</td><td>FF</td><td>FF</td><td>FF</td><td>FF</td><td>FF</td><td>FF</td><td>FF</td><td>FF</td><td>FF</td><td>FF</td></tr>
<tr><td>000007F0</td><td>FF</td><td>FF</td><td>FF</td><td>FF</td><td>FF</td><td>FF</td><td>FF</td><td>FF</td><td>FF</td><td>FF</td><td>FF</td><td>FF</td><td>FF</td><td>FF</td><td>FF</td><td>FF</td></tr>
</table>
用 16*7＝112 字节
余 16*9＝144 字节
研究表明，AT89C2051 单片机能编写至少 5 首音乐编码</td></tr>
</table>

三十四、单片机限时 1min 提醒器

序号	项目	内容
1	实验效果	在接通电源前，首先通过四位拨码开关设置定时提醒时间，比如：左侧第 1 位处于“ON”位置，为设置时间 5min，当时间过去 4min 时，蜂鸣器响 1 声，表示定时时间还剩余 1min，当定时时间到，蜂鸣器将不断地发出“嘀－嘀－嘀”响声，表示定时时间到了，左侧第 1 位处于“OFF”位置，左侧第 2 位处于“ON”位置，为设置时间 10min，左侧第 1 位处于“OFF”位置，左侧第 2 位处于“ON”位置，为设置时间 10min，左侧第 1、2 位处于“OFF”位置，左侧第 3 位处于“ON”位置，为设置时间 20min，左侧第 1、2、3 位处于“OFF”位置，左侧第 4 位处于“ON”位置，为设置时间 40min
2	原理图	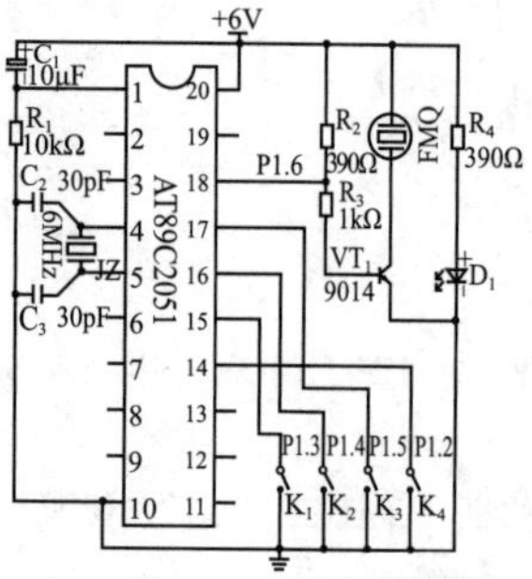 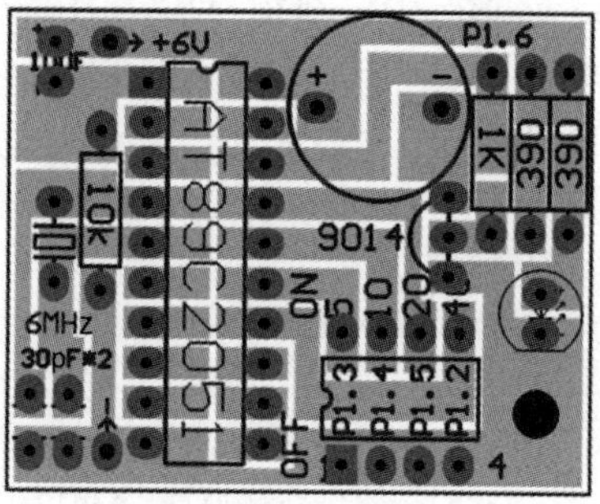
3	线路板图	
4	电子元件	电阻器、电容器、发光二极管、三极管均为普通元件，发光二极管为直径 5mm 高亮度发光管，蜂鸣器为直径 10mm 有源蜂鸣器，四位拨码开关封装形式为 DIP－8，AT89C2051 单片机带 2k 字节内存，可反复擦写 1000 次
5	汇编程序	ORG　0000H；程序从地址 0000H 开始执行；6MHz MAIN：SETB　P1.6；端口 P1.6＝1 LCALL　DEL；调用子程序 DEL LCALL　DEL；调用子程序 DEL CLR　P1.6；端口 P1.6＝0 MOV　R7，#00H SETB　P1.2；端口 P1.2＝1 SETB　P1.3；端口 P1.3＝1 SETB　P1.4；端口 P1.4＝1 SETB　P1.5；端口 P1.5＝1 LCALL　DEL；调用子程序 DEL JNB　P1.3，D5 JNB　P1.4，D10 JNB　P1.5，D20 JNB　P1.2，D40 LOOP：SETB　P1.6；端口 P1.6＝1 LCALL　DEL；调用子程序 DEL LCALL　DEL；调用子程序 DEL CLR　P1.6；端口 P1.6＝0

续表

5	汇编程序	LCALL　DEL60S；调用子程序 DEL60S SOUND：SETB　P1.6；端口 P1.6 =1 LCALL　DEL；调用子程序 DEL CLR　P1.6；端口 P1.6 =0 LCALL　DEL；调用子程序 DEL LCALL　DEL；调用子程序 DEL LCALL　DEL；调用子程序 DEL LCALL　DEL；调用子程序 DEL AJMP　SOUND；跳转到 SOUND 处执行 D5：MOV　R7，#4 D55：LCALL　DEL60S；调用子程序 DEL60S DJNZ　R7，D55 LJMP　LOOP D10：MOV　R7，#9 D100：LCALL　DEL60S；调用子程序 DEL60S DJNZ　R7，D100 LJMP　LOOP D20：MOV　R7，#19 D200：LCALL　DEL60S；调用子程序 DEL60S DJNZ　R7，D200 LJMP　LOOP D40：MOV　R7，#39 D400：LCALL　DEL60S；调用子程序 DEL60S DJNZ　R7，D400 LJMP　LOOP DEL：MOV　R1，#250 D1：MOV　R2，#248 D2：DJNZ　R2，D2 DJNZ　R1，D1 RET；子程序返回 DEL60S：MOV　R3，#240 D3：LCALL　DEL；调用子程序 DEL DJNZ　R3，D3 RET；子程序返回 END；程序结束
6	实际应用	用于定时提醒，比如：限定 10min 演讲，在第 9min 时，蜂鸣器提醒一下，定时时间到，蜂鸣器不断地“嘀—嘀—嘀”发声，提醒演讲者结束演讲

三十五、单片机 99min 可调定时器

1	实验效果	接通电源，蜂鸣器发出“嘀”的一声响，数码管显示 03，表示默认定时时间为 3min，如果想要定时 10min、15min、90min，可按住 K_1 按键不放，数码管示数将快速增大，当示数超过预期数字，可按一下 K_2 键减少，设定好时间后，电路开始计时，计时 90min，总误差小于 3s。当定时时间剩余 1min，蜂鸣器发出“嘀”的一声响，当定时时间到了，蜂鸣器将不断地发出“嘀—嘀—嘀”响声
2	原理图	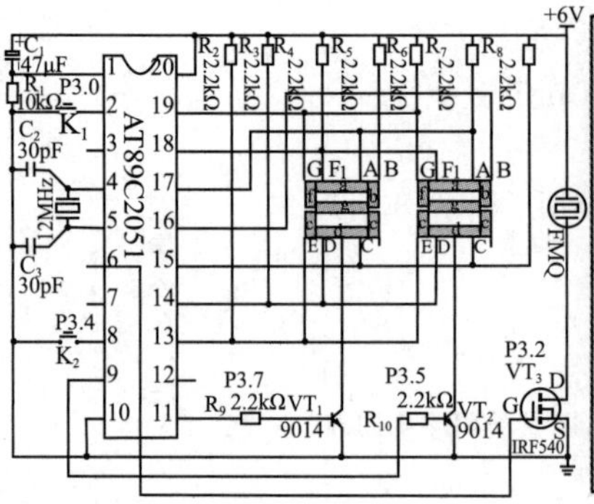 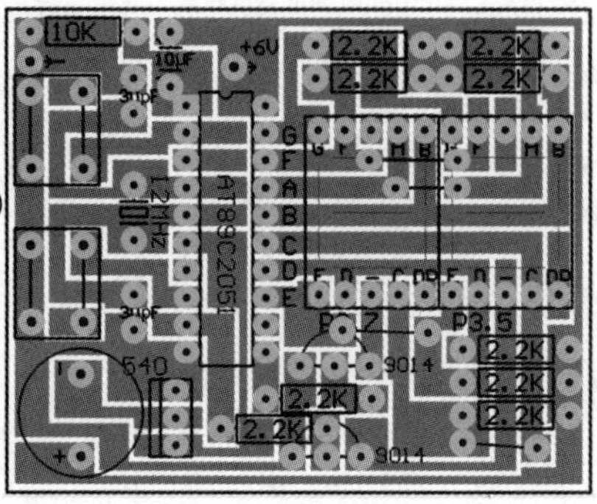
3	线路板图	
4	电子元件	电阻器、电容器、发光二极管、三极管、轻触开关均为普通元件，发光二极管为直径 5mm 高亮度发光管，蜂鸣器为直径 10mm 有源蜂鸣器，数码管为红色 0.56 英寸（约 14mm）共阴极数码管，IRF540 为 TO－220 封装场效应管，AT89C2051 单片机带 2k 字节内存，可反复擦写 1000 次
5	汇编程序	ORG　0000H；程序从地址 0000H 开始执行；12MHz AJMP　MAIN0；跳转到地址 MAIN0 处执行 ORG　0030H；程序从地址 0030H 开始执行 MAIN0： MOV　R2，#3；默认定时时间为 3min SETB　P3.2 LCALL　DEL；调用子程序 DEL LCALL　DEL；调用子程序 DEL LCALL　DEL；调用子程序 DEL LCALL　DEL；调用子程序 DEL CLR　P3.2 MAIN： JNB　P3.0，FUN1 JNB　P3.4，FUN2 MOV　R6，#229 LCALL　START AJMP　MAIN；跳转到地址 MAIN 处执行

续表

<table>
<tr><td>5</td><td>汇编程序</td><td>START：
LCALL　DISPLAY
JNB　P3.0，FUN1
JNB　P3.4，FUN2
DJNZ　R6，START
MOV　A，R2
CJNE　A，#02，NEXT1
SETB　P3.2
LCALL　DEL；调用子程序 DEL
LCALL　DEL；调用子程序 DEL
LCALL　DEL；调用子程序 DEL
LCALL　DEL；调用子程序 DEL
CLR　P3.2
NEXT1：CJNE　A，#01，NEXT2
LOOP：SETB　P3.2
LCALL　DEL；调用子程序 DEL
LCALL　DEL；调用子程序 DEL
LCALL　DEL；调用子程序 DEL
LCALL　DEL；调用子程序 DEL
CLR　P3.2
LCALL　DEL；调用子程序 DEL
LCALL　DEL；调用子程序 DEL
LCALL　DEL；调用子程序 DEL
LCALL　DEL；调用子程序 DEL
LJMP　LOOP
NEXT2：DEC　R2
RET；子程序返回
FUN1：INC　R2
MOV　A，R2
CJNE　A，#100，NEXT11
MOV　R2，#99
NEXT11：
LCALL　DISPLAY
LJMP　MAIN；跳转到 MAIN 开始执行
FUN2：
MOV　A，R2
CJNE　A，#00，NEXT22
MOV　R2，#1
NEXT22：DEC　R2
LCALL　DISPLAY</td></tr>
</table>

续表

<table>
<tr><td>5</td><td>汇编程序</td><td>LJMP　MAIN；跳转到 MAIN 开始执行
DISPLAY：MOV　A，R2
MOV　B，#10
DIV　AB
MOV　R4，A
MOV　R3，B
MOV　DPTR，#TAB
MOV　R0，#4
M0：MOV　R1，#250
M1：MOV　A，R3
MOVC　A，@ A + DPTR
MOV　P1，A
SETB　P3. 5
LCALL　DELAY；调用延时程序 DELAY
CLR　P3. 5
MOV　A，R4
MOVC　A，@ A + DPTR
MOV　P1，A
SETB　P3. 7；端口 P3. 7 = 1
LCALL　DELAY；调用延时程序 DELAY
CLR　P3. 7；端口 P3. 7 = 0
DJNZ　R1，M1
DJNZ　R0，M0
RET；子程序返回
DELAY：MOV　R7，#60
DJNZ　R7，$
RET；子程序返回
DEL：MOV　R4，#250
DDD1：MOV　R5，#248
DDD2：DJNZ　R5，DDD2
DJNZ　R4，DDD1
RET；子程序返回
TAB：DB　7FH，19H，0B7H，0BDH，0D9H，0EDH
DB　0EFH，39H，0FFH，0FDH
END；程序结束</td></tr>
<tr><td>6</td><td>实际应用</td><td>用于定时提醒，此电路可以定时 1～99min。比如：设定看电视时间 30min，当定时时间还剩余 1min 时，蜂鸣器发出“嘀”的一声响，当定时时间到了，蜂鸣器将不断地发出“嘀—嘀—嘀”响声，提醒人们定时时间到了</td></tr>
</table>

三十六、单片机 4 位数字显示电子表

1	实验效果	此电路为 4 位数字显示电子表，左侧两位数码管显示时钟，右侧两位数码管显示分钟，慢速地按一下按键开关 K_1（按下按键持续时间 2～3s），右侧两位数码管闪烁，快速地按一下按键开关 K_1（按下按键持续时间小于 1s），右侧两位数码管示数加 1，多次按下按键开关 K_1 可调整分钟显示数字，然后，慢速地按一下按键开关 K_1，左侧两位数码管闪烁，快速地按一下按键开关 K_1，左侧两位数码管示数加 1，多次按下按键开关 K_1 可调整时钟显示数字，调整完毕，慢速地按一下按键开关 K_1，电路进入时钟运行状态
2	原理图	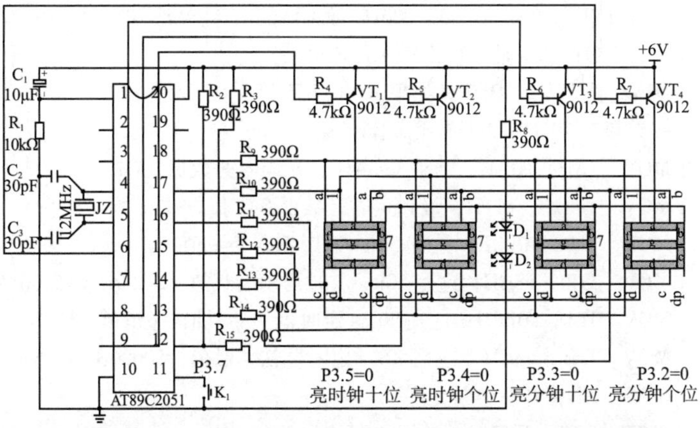
3	线路板图	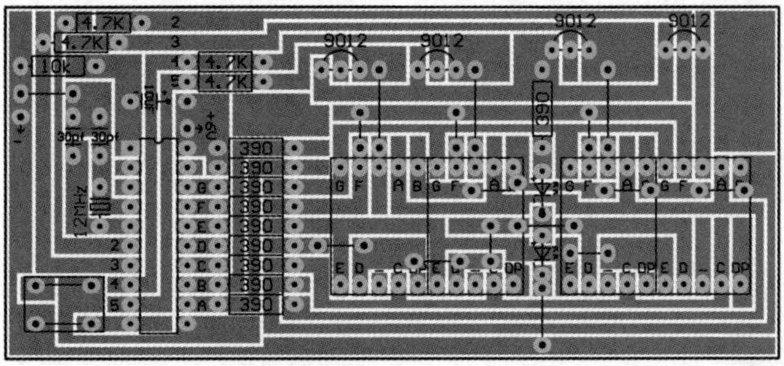
4	电子元件	电阻器、电容器、发光二极管、三极管、轻触开关均为普通元件，发光二极管为直径 3mm 高亮度发光管，数码管为红色 1.42cm 英寸共阳极数码管，AT89C2051 单片机带 2k 字节内存，可反复擦写 1000 次
5	汇编程序	ORG　0000H；程序从地址 0000H 开始执行； LJMP　MAIN；跳转到 MAIN 处执行 RETI；中断程序完成后返回 ORG　000BH LJMP　INTT0；跳转到 INTT0 处执行 ORG　0013H RETI；中断程序完成后返回 ORG　001BH

续表

<table>
<tr><td>5</td><td>汇编程序</td><td>LJMP　INTT1；跳转到 INTT1 处执行
ORG　0023H
RETI；中断程序完成后返回
ORG　002BH
RETI；中断程序完成后返回
；以下为时钟主程序 ++++++++++++++++++++++++++++++++
MAIN：MOV　R0，#70H；结果是 R0 = 70H
MOV　R7，#0BH；结果是 R7 = 0BH
MOV　20H，#00H；结果是 20H 单元内容为数据 00H
CLRDISP：MOV　@R0，#00H；关闭显示，结果是 70H 单元内容清零
INC　R0；结果是 R0 = 70H + 1 = 71H
DJNZ　R7，CLRDISP；如果 R7 减 1 不等于 0，就跳转
；结果是 70H－7AH 单元内容清零
MOV　7AH，#0AH；结果是 7AH 单元内容为数据 0AH
MOV　TMOD，#11H；设置定时计数器 0 工作方式 3
MOV　TL0，#0B0H；这是 50ms 定时器初始赋值
MOV　TH0，#3CH；这是 50ms 定时器初始赋值，3CB0H = 15536
MOV　TL1，#0B0H；这是 50ms 定时器初始赋值，65536 – 15536 = 50000
MOV　TH1，#3CH；这是 50ms 定时器初始赋值，50000μs = 50ms
SETB　EA；开总中断允许
SETB　ET0；开定时计数器 0 允许
SETB　TR0；定时计数器 0 开始运行
MOV　R4，#14H；结果是 R4 = 14H = 20D，1 秒 = 20 * 50ms
LOOP：LCALL　DISPLAY；调用时钟显示子程序 DISPLAY
JNB　P3.7，NEXT；如果 P3.7 = 0，跳转到 NEXT 处执行
SJMP　LOOP；如果 P3.7 = 1，跳转到 LOOP 处执行
NEXT：LJMP　SETM；跳转到 SETM 处执行
；以下为时钟显示子程序 ++++++++++++++++++++++++++++++++
DISPLAY：MOV　R1，#70H；结果是 R1 = 70H，
MOV　R5，#0FEH；结果是 R5 = 0FEH
PLAY：MOV　A，R5；结果是 A = R5 = 0FEH
MOV　P3，A；结果是 P3 = A = R5 = 0FEH = 11111110B，P3.0 = 0，只显示秒个位
MOV　A，@R1；显示数字由@R1 中的内容决定
；R1 = 70H，@R1 即地址 70H 中的内容
MOV　DPTR，#TAB
MOVC　A，@A + DPTR
MOV　P1，A
LCALL　DEL1MS
INC　R1
MOV　A，R5
JNB　ACC.5，POUT；循环左移 6 次时跳到 POUT 执行</td></tr>
</table>

续表

5	汇编程序	RL　A；循环左移 1 次 ；循环左移 1 次，显示秒十位，2 次，显示分个位，3 次，显示分十位 ；循环左移 4 次，显示时个位，5 次，显示时十位，6 次，不显示 MOV　R5，A AJMP　PLAY POUT：SETB　P3.5；P3.5 =1，时十位不显示 MOV　P1，#0FFH；无数字显示 RET；子程序返回 ；以下为分钟调整程序 ++++++++++++++++++++++++++++++++ SETM：CLR　ET0；关闭定时计数器 0 允许 CLR　TR0；终止定时计数器 0 运行 LCALL　DL1S；调用延时 1 秒子程序 JB　P3.7，CLOSEDIS；如果 P3.7 =1，跳转到 CLOSEDIS 处执行 MOV　R2，#06H；如果 P3.7 =0，那么 R2 =06H SETB　ET1；开定时计数器 1 允许 SETB　TR1；定时计数器 1 开始运行 SET2：JNB　P3.7，SET1；如果 P3.7 =0，跳转到 SET1 处执行 SETB　00H； SET4：JB　P3.7，SET3；如果 P3.7 =1，跳转到 SET3 处执行 LCALL　DEL05S JNB　P3.7，SETH；如果 P3.7 =0，跳转到 SETH 处执行 MOV　R0，#77H； LCALL　ADD1；调用子程序 ADD1 MOV　A，R3 CLR　C CJNE　A，#60H，HOUR；满 60 就跳转到 HOUR 处执行 HOUR：JC　SET4 LCALL　CLR0 CLR　C AJMP　SET4 CLOSEDIS：SETB　ET0；开定时计数器 0 允许 SETB　TR0；定时计数器 0 开始运行 CLOSE：JB　P3.7，CLOSE；如果 P3.7 =1，那么就在此处循环等待 LCALL　DISPLAY；如果 P3.7 =0，那么调用显示子程序 DISPLAY JB　P3.7，CLOSE；如果 P3.7 =1，那么就跳到 CLOSE 处循环等待 WAITH：JNB　P3.7，WAITH；如果 P3.7 =0，那么等待按键松开 LJMP　LOOP；跳转到 LOOP 处执行 ；以下为时钟调整程序 ++++++++++++++++++++++++++++++++ SETH：CLR　00H； SH1：JNB　P3.7，SET5；如果 P3.7 =0，跳转到 SET5 处执行 SETB　01H

续表

5	汇编程序	SET6：JB　P3.7，SET7；如果 P3.7 =1，跳转到 SET7 处执行 LCALL　DEL05S JNB　P3.7，SOUT；如果 P3.7 =0，跳转到 SOUT 处执行 MOV　R0，#79H； LCALL　ADD1；调用子程序 ADD1 MOV　A，R3 CLR　C CJNE　A，#24H，DAY；满 24 就跳转到 DAY 处执行 DAY：JC　SET6 LCALL　CLR0 AJMP　SET6 SOUT：JNB　P3.7，ST1 LCALL　DISPLAY JNB　P3.7，SOUT CLR　00H CLR　01H CLR　02H CLR　TR1 CLR　ET1 SETB　TR0；定时计数器 0 开始运行 SETB　ET0；开定时计数器 0 允许 LJMP　LOOP SET1：LCALL　DISPLAY； AJMP　SET2； SET3：LCALL　DISPLAY； AJMP　SET4； SET5：LCALL　DISPLAY； AJMP　SH1； SET7：LCALL　DISPLAY； AJMP　SET6； ST1：LCALL　DISPLAY； AJMP　SOUT； ；以下为 1 秒定时程序 +++++++++++++++++++++++++++++++++++ INTT0：PUSH　ACC；累加器入栈保护 PUSH　PSW；状态字入栈保护 CLR　ET0 CLR　TR0 MOV　A，#0B7H ADD　A，TL0 MOV　TL0，A MOV　A，#3CH

续表

5	汇编程序	ADD A，TH0 MOV TH0，A SETB TR0；定时计数器0开始运行 DJNZ R4，TOUT；如果R4减1不等于0就跳转，结果执行20次50ms ；以下为秒钟显示自动加1程序 ADDSEC：MOV R4，#14H； MOV R0，#71H；结果是R0=71H ACALL ADD1；调用加1子程序 MOV A，R3 CLR C CJNE A，#60H，ADDMIN；满60跳转到ADDMIN处执行 ；以下为分钟显示自动加1程序++++++++++++++++++++++++++++++++ ADDMIN：JC TOUT ACALL CLR0；调用清零子程序CLR0 MOV R0，#77H；结果是R0=77H ACALL ADD1；调用加1子程序 MOV A，R3 CLR C CJNE A，#60H，ADDHOUR；满60跳转到ADDHOUR处执行 ；以下为时钟显示自动加1程序++++++++++++++++++++++++++++++++ ADDHOUR：JC TOUT ACALL CLR0；调用清零子程序CLR0 MOV R0，#79H；结果是R0=79H ACALL ADD1；调用加1子程序 MOV A，R3 CLR C CJNE A，#24H，ADDDAY；满24跳转到ADDDAY处执行 ADDDAY：JC TOUT ACALL CLR0；调用清零子程序CLR0 TOUT：MOV 72H，76H；结果是72H单元内容=76H单元内容 MOV 73H，77H；结果是73H单元内容=77H单元内容 MOV 74H，78H；结果是74H单元内容=78H单元内容 MOV 75H，79H；结果是75H单元内容=79H单元内容 POP PSW；恢复状态字出栈 POP ACC；恢复累加器 SETB ET0；开定时计数器0允许 RETI；中断程序完成后返回 ；以下为调整时钟时数字闪烁程序++++++++++++++++++++++++++++++++ INTT1：PUSH ACC；累加器入栈保护 PUSH PSW；状态字入栈保护 MOV TL1，#0B0H

续表

5	汇编程序	MOV　TH1，#3CH DJNZ　R2，IOUT；如果 R2 减 1 不等于 0 就跳转到 MOV　R2，#06H；结果是 R2 = 06H，定时 6 * 50ms = 0. 3S CPL　02H；定时 0. 3S 时间到，02H 取反 JB　02H，FLASH1；如果 02H 位为 1，跳转到 FLASH1 处执行 MOV　72H，76H；结果是 72H 单元内容 = 76H 单元内容 MOV　73H，77H；结果是 73H 单元内容 = 77H 单元内容 MOV　74H，78H；结果是 74H 单元内容 = 78H 单元内容 MOV　75H，79H；结果是 75H 单元内容 = 79H 单元内容 IOUT：POP　PSW；恢复状态字出栈 POP　ACC；恢复累加器 RETI；中断程序完成后返回 FLASH1：JB　01H，FLASH2；如果 01H 位为 1，跳转到 FLASH2 处执行 MOV　72H，7AH；结果是 72H 单元内容 = 7AH 单元内容 MOV　73H，7AH；结果是 73H 单元内容 = 7AH 单元内容 MOV　74H，78H；结果是 74H 单元内容 = 78H 单元内容 MOV　75H，79H；结果是 75H 单元内容 = 79H 单元内容 AJMP　IOUT；跳转到 IOUT 处执行 FLASH2：MOV　72H，76H；结果是 72H 单元内容 = 76H 单元内容 MOV　73H，77H；结果是 73H 单元内容 = 77H 单元内容 MOV　74H，7AH；结果是 74H 单元内容 = 7AH 单元内容 MOV　75H，7AH；结果是 75H 单元内容 = 7AH 单元内容 AJMP　IOUT；跳转到 IOUT 处执行 ；加 1 子程序 ++ ADD1：MOV　A，@ R0；结果是累加器 A = 当前地址单元内容 DEC　R0；指向前一地址 SWAP　A；将累加器 A 的高、低 4 位数据交换 ORL　A，@ R0；前一地址单元内容放入累加器 A 低 4 位 ADD　A，#01H；累加器 A 内数据加 1 DA　A；对加法运算后结果进行 +6 修正，即进行十进制调整 MOV　R3，A；累加器 A 内数据移入 R3 ANL　A，#0FH；累加器 A 高 4 位清 0 MOV　@ R0，A；累加器 A 内数据放入到前一地址单元内容 MOV　A，R3；取回放入 R3 中的数据 INC　R0；指向当前地址 SWAP　A；将累加器 A 的高、低 4 位数据交换 ANL　A，#0FH；累加器 A 高 4 位清 0 MOV　@ R0，A；数据放回当前地址单元中 RET；子程序返回 ；清零子程序 ++ CLR0：CLR　A；累加器 A 清零

续表

5	汇编程序	MOV　@R0，A；当前地址单元内容清零 DEC　R0；指向前一地址 MOV　@R0，A；前一地址单元内容清零 RET；子程序返回 ；共阳极数码管代码表 C0H=11000000B，P1.0-1.5=0，P1.7=P1.6=1，即显示 0 TAB：DB　0C0H，0F9H，0A4H，0B0H，99H DB　92H，82H，0F8H，80H，90H，0FFH ；数字 0-9 显示码，无数字显示码 DEL1MS：MOV　R6，#14H；延时 1 毫秒子程序 D1：MOV　R7，#19H D2：DJNZ　R7，D2；12MNZ DJNZ　R6，D1； RET；子程序返回 DEL05S：MOV　R3，#20H；延时子程序 D3：LCALL　DISPLAY DJNZ　R3，D3 RET；子程序返回 DL1S： LCALL　DEL05S；延时子程序 LCALL　DEL05S； RET；子程序返回 END；程序结束
6	实际应用	此电路可用作日常生活中计时钟表

参考文献

［1］吴金戌，沈庆阳，郭庭吉．8051 单片机实践与应用［M］．北京：清华大学出版社，2002.

［2］刘秦．发明家与发明［M］．北京：现代出版社，2017.

［3］夏征农，陈至立．辞海（第六版缩印本）［M］．上海：上海辞书出版社，2010.

［4］张侠魂．静电敏感器件的防静电［C］．中国电子学会生产技术学会第四届装联学术年会论文集，1991：173.

［5］戴庆忠．电机史话（十一）［J］．东方电机，2000（4）：107－120.

后 记

为学生导航引路　助学生发明创新

2001 年 1 月，笔者的工作从校内教学调入校外科技活动。辅导学生无线电测向，获全国冠军；无线电测向小组获北京市金鹏科技奖，教师被评为石景山区优秀人才。随后，笔者申报立项北京市校外“十五”课题，获北京市优秀人才办公室专项经费资助，采购了一台电路板雕刻机。运用这台专业设备，笔者成功开发出几十种经典电子制作，在 2006 年《无线电》杂志上发表。后来，笔者被评为中学高级教师后，受聘为宋庆龄少年儿童发明奖专家评委。

2008 年 8 月，在北京市石景山区科委资助下，笔者编著出版《经典电子设计与实践 DIY》。“十三五”期间，又编著了《经典电子设计与实践 DIY2》《中小学生科技发明指南》。凭借扎实的专业功底和过硬的动手实力，持续开展无线电科技活动 19 年，累计培训学生 2000 多人。

2019 年 5 月，笔者主持的校外无线电科技活动项目，被评为北京市校外教育“精品项目”。

（一）项目亮点一：编写高质量教材 3 本，开发趣味性实验学材 104 例

教材一《经典电子设计与实践 DIY》。该教材由基础知识，经典电子线路设计实例，三级、二级少年电子技师理论实训四部分组成。编写目的：培养学生学习无线电科技的兴趣，锻炼他们的动手实践能力。教材特点：简单易学，可行有效。

教材二《经典电子设计与实践 DIY2》。该教材由无线电秘密和经典电子电路设计实例两部分组成。编写目的：解答电子爱好者学习电子科技知识的疑惑，更好地普及电子科技知识。教材特点：联系实际，学以致用。

教材三《中小学生科技发明指南》。该教材由开启发明大门、学生发明辅导、科技发明欣赏三部分组成。编写目的：辅导培训学生开展发明创新活动，参加发明创新比赛。教材特点：深入浅出，切合实际。

与此同时，开发配套《经典电子制作套件 104 例》。其中包括：红绿灯多谐振荡器、

带喇叭的收音机、单片机电子表、单片机电子琴、单片机寻迹小车、60 珠 LED 节能灯等。

这些制作元件排布合理，焊点设计精准，线路设计独特，具有典型的机器雕刻风格。焊盘结实耐焊，电路性能可靠，由简单到复杂，从焊接到编程，经反复实践证明，可确保制作实验 100% 成功，适合 5 岁以上学生从零开始。

（二）项目亮点二：开创“电子套餐”教学模式，采用“抽屉化”零件管理，展开复式小班滚动式辅导

“电子套餐”活动模式是一种类似于餐馆的快餐、套餐教学模式。特点是：机动性好，节奏快速。“抽屉化”零件管理就是将成千上万的电子元件装入塑料瓶或塑料袋，存放在几百只抽屉中，编号管理，比如：电子琴 253 号，电子表 255 号。需要时，拉开抽屉，取出即用。这样做的好处：学生可以随到随学，不限时间次数，无论年龄、能力差异。

（三）项目亮点三：培养电子科技兴趣爱好，打造电子科技活动品牌

学生在体验 30000V 高压静电实验活动中，都能全神贯注，不放过每一个细节。

（四）项目亮点四：传承工匠精神，培育创新人才

工匠精神是一种爱岗敬业、踏实肯干的职业精神，是一种追求卓越、精益求精的工作态度。教师以身作则，教学生发明创新。教师开发创新教程，规范创新活动辅导，建构培养模式，促进创新人才培养。教师教学生发明选题、网络查新、创新设计、实施改进、撰写文本、申报答辩。

（五）项目亮点五：教室设计实用安全，独具匠心

无线电科技教室正前方是多媒体设备。教室中央是 17 张电子焊接实验课桌，桌面铺设有磨砂钢化玻璃（这样做的好处是防水防烫绝缘，方便清洁卫生）。桌前设有断路器与定时器（避免实验过程中发生短路、触电、忘记关电源现象）。教室后排是 6 张电脑桌（含电脑，供学员电脑编程、设计电路，设计模型，上网学习使用）。教室侧面是一组元件抽屉柜，另外配置有线路板雕刻机、3D 打印机。

（六）项目创建体会

1. 明晰目标理念是项目创建的原始起点

无线电科技活动育人目标：传承工匠精神，培育创新人才，努力培育一批熟悉电子制作、擅长电脑编程、精通电路设计、尝试发明创新之未来电子工程师。

无线电科技活动活动理念：①培养兴趣，锻炼能力，活动育人；②尊重教育规律和学生身心发展规律，在校外电子科技活动、北京市青少年科技创新大赛活动中培养学生科学精神、实践能力和工匠精神、创新能力。

在明晰目标理念基础上创建的课程结构：分组复式活动，为培养未来电子工程师，理论与实践相结合，以实践为主，初级组学生熟悉电子制作，动手做 36 项较简单的制作实验；中级组学生擅长电脑编程，动手做 22 项编程实验；高级组学生精通电路设计、模型设计，动手做 46 项较复杂的实验；科创组学生尝试发明创新，发明 1 项创新作品参加科

技发明竞赛。

2. 编写教材是项目创建的核心要素

教材是根据课程标准选编的供教学用和要求学生掌握的基本材料。编写教材是将现有的材料及自己研究的成果加以整理编成教学用书。

学习材料的开发是教师根据学生学习实际、精心加工、设计学生学习材料，以引导学生完成学习任务。

无线电科技活动教材系统反映无线电科技课程标准与学科内容，是达成学科育人目标，落实课程标准的重要依据，也是传承知识技能载体，提升学科素养的有力支撑。

3. 依据规律、规范是项目创建的根本保证

无线电科技活动注重教材体系化、活动趣味化、项目课程化，为学生科技活动导航引路，助推发明创新走向成功，做出有益探讨。

4. 聚焦科研创新是项目创建的不竭动力

科研引领，只因教育面临实际问题与矛盾需求。

创新实践，只为思想上与时俱进，理念上不断提升，学识上博采众长，技艺上精益求精。

科研历练，打开校外无线电科技活动新局面，有效解决了教什么、怎么教的问题，更重要的是明确了为什么教、培养什么样人的问题。笔者曾撰写论文《开发无线电资源塑造创新型人才》获全国一等奖。

创新实践，促进校外无线电科技活动持续深入展开，扎实基础，活学善用，开发学生创新潜能，提升发展核心素养。笔者曾撰写活动方案《带橡皮的铅笔》获全国二等奖。

鲁迅先生曾说，其实地上本没有路，走的人多了也便成了路。在无线电科技活动项目开发与科技创新人才培养探索路上，笔者愿做一名实践者、探路人，为学生科技活动导航引路，助推发明创新走向成功。愿与大家携手奋进，共创辉煌！

在项目开发、科技创新人才培养过程中，得到了北京市校外教育同行、北京市石景山区校外领导的大力支持与帮助，在此表示衷心的感谢！